"十四五"职业教育国家规划教材

有机化合物制备技术

（第二版·富媒体）

池秀梅　张克军　主编

石油工业出版社

内 容 提 要

本书内容包括有机化合物制备实验室基础知识、有机化合物制备的基本操作、有机化合物物理常数测定、有机化合物的分离与纯化、有机化合物经典制备技术、有机化合物序列制备技术和天然有机化合物的提取。本书实验规程可靠、实用性强，体现环保理念，操作技术全面，便于训练学生基本操作技能，有利于提高动手能力。每个实验都编有"安全提示""实验成功的关键"等内容，便于指导教与学。

本书可作为"有机化学"课程的配套实验教材，也可作为有机化合物制备实训的参考书，适合高职高专院校化工类各专业师生使用。

图书在版编目（CIP）数据

有机化合物制备技术：富媒体/池秀梅，张克军主编. —2版. —北京：石油工业出版社，2024.9

"十四五"职业教育国家规划教材

ISBN 978-7-5183-6604-0

Ⅰ.①有… Ⅱ.①池… ②张… Ⅲ.①有机化合物-制备-高等职业教育-教材 Ⅳ.①O621

中国国家版本馆 CIP 数据核字（2024）第 059674 号

出版发行：石油工业出版社

（北京市朝阳区安华里二区1号　100011）

网　　址：www.petropub.com

编辑部：（010）64251362　图书营销中心：（010）64523633

经　　销：全国新华书店

排　　版：北京乘设伟业科技有限公司

印　　刷：北京中石油彩色印刷有限责任公司

2024年9月第2版　2024年9月第1次印刷

787毫米×1092毫米　开本：1/16　印张：17.5

字数：448千字

定价：48.00元

（如出现印装质量问题，我社图书营销中心负责调换）

版权所有，翻印必究

第二版前言

本书作为生物和化工类高职高专教材，自 2017 年 3 月出版以来，得到使用本教材的高职高专院校师生的普遍赞誉和好评，先后被评为"十三五"和"十四五"职业教育国家规划教材。本书编排新颖，具有知识性、趣味性、实用性和技术性等特点，对学生职业能力培养、综合素质养成有明显的促进作用。为了响应国家"十四五"职业教育规划，紧跟高职教育改革步伐，打造精品，2022 年 1 月，3 所高职高专院校教师和 2 家企业的专家对本书的修订进行了深入的探讨，达成了修订共识。本次修订在原书总框架体系不变的前提下，对第一版作了以下修改和完善：

(1) 结合教学实践经验，删除重复的、操作难度大的、合成方法比较传统的实验项目。

(2) 为了降低当前实验教学的危险性，培养绿色合成理念，拓宽学生视野，在部分制备实验中增加微量实验和新的合成方法，同时增加有机合成中既有现实意义，又有思想教育意义的实验项目。

(3) 使用信息化手段，扫描二维码即可显现相关实验项目的知识准备、操作过程和安全提示内容的视频、动画和图片，使学生更容易理解和学习相关内容，提高实验的成功率和安全性。

(4) 穿插知识拓展内容，强化课程思政，培养学生的"责任心、真功夫、好习惯"，使学生树立正确的价值观，为以后的工作和科研岗位奠定良好的"德育"基础。

本书第二版由大庆职业学院池秀梅、张克军担任主编，大庆职业学院王凤双、刘钊担任副主编，大庆职业学院周新新、宋春晖、刘钊和李玥，北京微瑞集智科技有限公司刘宇，大庆润滑油分公司曹跃和王淼，东北石油大学秦皇岛分校徐晶，克拉玛依职业技术学院金玲参与修订。其中第一章、第五章和阅读材料由宋春晖、刘宇、曹跃、王淼、徐晶、金玲编写；第二章、第三章由大庆职业学院李玥编写；第四章、第八章和附录由大庆职业学院周新新、王凤双编写；第六章、第七章由张克军和刘钊编写；富媒体资源由池秀梅、刘宇制作。全书由池秀梅、张克军统稿，并由大庆职业学院李莉教授担任主审。

在本书编写过程中，得到了大庆职业学院各级领导以及相关部门、北京微瑞集智科技有限公司、大庆化工有限公司、兄弟院校的大力支持和协助，在此深表感谢。

由于水平和学识所限，书中不当之处敬请广大读者批评指正。

编者
2023 年 11 月

第一版前言

本书是根据全国高职石油化工生产技术类专指委、中国化工教育协会全国化工高等职业教育教学指导委员会的基本要求编写的。

针对高职高专培养生产、管理、服务一线的专科层次的高素质技能型专门人才的目标,本书结合近几年石油化工类专业人才培养方案改革的要求,从培养技术应用型、技能型和服务型人才的需要出发,对课程体系和教学内容进行了适当调整,注重实践技能的培养,是一本主要培养有机合成实验基本操作技能和综合应用能力的实验教材。

本书内容包括有机化合物制备实验室基础知识、有机化合物制备的基本操作、有机化合物物理常数测定、有机化合物的分离与纯化、有机化合物经典制备技术、有机化合物序列制备技术和天然有机化合物的提取,具有下述特点:

(1)体现以能力培养为主线的教学思想,训练学生的操作技能。每个实验都让学生得到一方面技能的训练。

(2)体现职业教育思想,突出实用性。设计了一些具有知识性、趣味性、实用性的实验内容,使实验内容贴近生产、生活和科研。

(3)体现以学生为主体的教学思想,培养学生的学习能力。教材中的各章节编排符合教学规律,做到由浅入深、循序渐进、层次分明。在合成实验项目中按照工作过程设定了资料准备、方案的确定、方案的实施、产品的检测与评价、实验成功的关键等环节。本书编排新颖、实践性强,旨在加强实验教学的综合性训练,提高学生的推理能力,诱发学生的创新意识。

(4)体现以学生为本、安全第一的理念。为了规避实验风险,保护实验者的健康和安全,保障实验安全顺利进行,各实验均设有安全操作的注意事项和应急预案环节,以警示实验中存在的危险性及应对措施,并介绍了危险化学品的应急处理方法。

本书由大庆职业学院池秀梅担任主编,大庆职业学院张克军担任副主编,大庆职业学院周新新、宋春晖、周佳、李玥、刘钊、曲艺及大庆润滑油二厂曹跃、王淼参编。其中第一章、第五章由刘钊、曲艺、曹跃、王淼编写,第二章由李玥编写,第三章由周佳编写,第四章、第八章及附录由周新新、宋春晖编写,第六章、第七章由池秀梅、张克军编写。全书由池秀梅完成统稿,并由大庆职业学院李莉教授主审。

高职教育发展速度很快,教学改革也在不断深化,我们编写本书尽了最大努力,但限于水平,疏漏之处在所难免,恳请专家及使用本教材的师生提出宝贵意见。

编者
2016 年 10 月

目 录

第一部分 有机化合物制备支撑技术

第一章 有机化合物制备实验室基础知识 ………………………………………… 3
 第一节 有机化合物制备实验室安全知识 ……………………………………… 3
 第二节 有机化合物制备常用仪器 ……………………………………………… 6
 阅读材料 实验误操作事故案例及实验室安全事故典型案例 ………………… 13

第二章 有机化合物制备的基本操作 …………………………………………… 14
 第一节 加热与冷却 ……………………………………………………………… 14
 第二节 干燥和干燥剂 …………………………………………………………… 16
 第三节 搅拌和搅拌器 …………………………………………………………… 20
 第四节 玻璃管和塞子的简单加工 ……………………………………………… 23
 阅读材料 把握好"度" …………………………………………………………… 29

第三章 有机化合物物理常数测定 ……………………………………………… 31
 第一节 有机化合物熔点及其测定 ……………………………………………… 31
 第二节 有机化合物沸点及其测定 ……………………………………………… 37
 第三节 有机化合物折射率及其测定 …………………………………………… 40
 第四节 有机化合物旋光度及其测定 …………………………………………… 44
 第五节 红外光谱 ………………………………………………………………… 48
 阅读材料 有机波谱分析的新技术 ……………………………………………… 51

第四章 有机化合物的分离与纯化 ……………………………………………… 53
 第一节 重结晶及其操作 ………………………………………………………… 53
 第二节 升华及其操作 …………………………………………………………… 58
 第三节 简单蒸馏及其操作 ……………………………………………………… 60
 第四节 水蒸气蒸馏及其操作 …………………………………………………… 64
 第五节 减压蒸馏及其操作 ……………………………………………………… 66
 第六节 分馏及其操作 …………………………………………………………… 70
 第七节 液—液萃取及其操作 …………………………………………………… 72
 第八节 液—固萃取及其操作 …………………………………………………… 76
 第九节 柱色谱分离及其操作 …………………………………………………… 79

第十节　薄层色谱法及其操作 …………………………………………………… 82
第十一节　纸色谱分离及其操作 …………………………………………………… 86
第十二节　有机微波合成技术及其操作 …………………………………………… 89
阅读材料　创新引领高质量发展新型萃取技术 …………………………………… 92

第二部分　有机化合物制备项目训练

第五章　有机化合物制备概述 …………………………………………………… 97
第一节　有机化合物的制备程序 …………………………………………………… 97
第二节　有机化合物的制备装置 …………………………………………………… 98
第三节　有机化合物的制备效果分析 …………………………………………… 102
阅读材料　辩证唯物主义世界观的养成,实践是检验真理的唯一标准 ……… 103

第六章　有机化合物经典制备技术 …………………………………………… 105
第一节　有机合成原料溴乙烷的制备 …………………………………………… 105
第二节　有机合成原料溴丁烷的制备 …………………………………………… 110
第三节　有机合成原料环己烯的制备 …………………………………………… 115
第四节　有机合成主要溶剂正丁醚的制备 ……………………………………… 119
第五节　香料添加剂 β-萘乙醚的制备 …………………………………………… 123
第六节　无铅汽油抗震剂甲基叔丁基醚的制备 ………………………………… 126
第七节　香料添加剂乙酸乙酯的制备 …………………………………………… 131
第八节　增塑剂邻苯二甲酸二丁酯的制备 ……………………………………… 136
第九节　香料添加剂乙酸异戊酯的制备 ………………………………………… 141
第十节　合成洗涤剂十二烷基硫酸钠的制备 …………………………………… 145
第十一节　解热镇痛药阿司匹林的制备 ………………………………………… 151
第十二节　有机合成原料乙酰乙酸乙酯的制备 ………………………………… 156
第十三节　食品添加剂肉桂酸的制备 …………………………………………… 161
第十四节　食品防腐剂苯甲酸的制备 …………………………………………… 165
第十五节　重要有机二元酸己二酸的制备 ……………………………………… 170
第十六节　苯甲酸与苯甲醇的制备 ……………………………………………… 174
第十七节　甜味香料二苯甲酮的制备 …………………………………………… 178
第十八节　染料指示剂甲基橙的制备 …………………………………………… 183
阅读材料　冷遇化动力,动力创奇迹 …………………………………………… 187

第七章　有机化合物序列制备技术 …………………………………………… 190
第一节　合成有机染料对位红 …………………………………………………… 190

第二节	合成重要化工原料三苯甲醇	198
第三节	合成局部麻醉剂苯佐卡因	204
第四节	合成植物生长调节剂 2,4-二氯苯氧乙酸	209
第五节	合成止咳酮 4-苯基-2-丁酮的加成物	214
第六节	合成解热镇痛药非那西汀	217
第七节	合成 ε-己内酰胺和尼龙 6	224
第八节	合成抗癫痫药 5,5-二苯基乙内酰脲	230
阅读材料	勤于探索 敢于担当 家国情怀	235

第八章 天然有机化合物的提取 ... 237

第一节	从橙皮中提取柠檬烯	237
第二节	从菠菜中提取天然色素	239
第三节	从黄连中提取黄连素	241
第四节	从花生中提取花生油	243
第五节	从丁香中提取丁香酚	245
第六节	从烟叶中提取烟碱	247
第七节	从毛发中提取 L-胱氨酸	249
第八节	从青蒿中提取青蒿素	251
阅读材料	呦呦鹿鸣,食野之蒿	253

附录 ... 255

附录一	常见元素的相对原子质量	255
附录二	常见有机溶剂的性质及纯化	255
附录三	常用酸碱相对密度表	260
附录四	常用有机化合物的物理常数	263
附录五	常用试剂的配制程序及方法	266

参考文献 ... 269

《有机化合物制备技术》富媒体资源目录

序号	项目	名称	页码
1	3-1 有机化合物熔点及其测定	视频 3-1-1 熔点的测定操作知识准备	31
2		视频 3-1-2 熔点的测定操作	33
3	3-2 有机化合物沸点及其测定	视频 3-2-1 沸点的测定操作知识准备	37
4		视频 3-2-2 沸点的测定操作	38
5	4-1 重结晶及其操作	视频 4-1-1 重结晶操作知识准备	53
6		视频 4-1-2 重结晶操作	55
7	4-3 简单蒸馏及其操作	视频 4-3-1 简单蒸馏操作知识准备	61
8		视频 4-3-2 简单蒸馏操作	61
9	4-4 水蒸气蒸馏及其操作	视频 4-4-1 水蒸气蒸馏操作知识准备	64
10		视频 4-4-2 水蒸气蒸馏操作	65
11	4-5 减压蒸馏及其操作	视频 4-5-1 减压蒸馏操作知识准备	67
12		视频 4-5-2 减压蒸馏操作	68
13	4-6 分馏及其操作	视频 4-6-1 分馏操作知识准备	70
14		视频 4-6-2 简单分馏操作	71
15	4-7 液—液萃取及其操作	视频 4-7-1 液—液萃取操作知识准备	72
16		视频 4-7-2 液—液萃取操作	74
17	4-8 液—固萃取及其操作	视频 4-8-1 液—固萃取操作知识准备	77
18		视频 4-8-2 液—固萃取操作	77
19	4-9 柱色谱分离及其操作	视频 4-9-1 柱色谱分离操作知识准备	79
20		视频 4-9-2 柱色谱分离操作	80
21	4-10 薄层色谱分离及其操作	视频 4-10-1 薄层色谱分离操作知识准备	83
22		视频 4-10-2 薄层色谱分离操作	83
23	6-1 有机合成原料溴乙烷的制备	视频 6-1-1 溴乙烷制备知识准备	105
24		视频 6-1-2 溴乙烷制备过程	107
25		视频 6-1-3 溴乙烷精制过程	108
26		图片 6-1-4 溴乙烷安全提示和应急处理	109
27	6-2 有机合成原料溴丁烷的制备	视频 6-2-1 溴丁烷制备知识准备	110
28		动画 6-2-2 溴丁烷制备过程	112
29		动画 6-2-3 溴丁烷精制过程	112
30		图片 6-2-4 溴丁烷安全提示和应急处理	114

续表

序号	项目	名称	页码
31	6-3 有机合成原料环己烯的制备	视频6-3-1 环己烯制备知识准备	115
32		动画6-3-2 环己烯制备过程	117
33		动画6-3-3 环己烯精制过程	117
34		图片6-3-4 环己烯安全提示和应急处理	119
35	6-4 有机合成主要溶剂正丁醚的制备	视频6-4-1 正丁醚制备知识准备	120
36		动画6-4-2 正丁醚制备过程	121
37		动画6-4-3 正丁醚精制过程	121
38		图片6-4-4 正丁醚安全提示和应急处理	122
39	6-7 香料添加剂乙酸乙酯的制备	视频6-7-1 乙酸乙酯制备知识准备	131
40		动画6-7-2 乙酸乙酯制备过程	133
41		动画6-7-3 乙酸乙酯精制过程	133
42		图片6-7-4 乙酸乙酯安全提示和应急处理	135
43	6-9 香料添加剂乙酸异戊酯的制备	视频6-9-1 乙酸异戊酯制备知识准备	141
44		动画6-9-2 乙酸异戊酯制备过程	143
45		动画6-9-3 乙酸异戊酯精制过程	143
46		图片6-9-4 乙酸异戊酯安全提示和应急处理	144
47	6-11 解热镇痛药阿司匹林的制备	视频6-11-1 阿司匹林制备知识准备	151
48		动画6-11-2 阿司匹林制备过程	153
49		动画6-11-3 阿司匹林精制过程	153
50		图片6-11-4 水杨酸安全提示和应急处理	155
51	6-12 有机合成原料乙酰乙酸乙酯的制备	视频6-12-1 乙酰乙酸乙酯制备知识准备	156
52		动画6-12-2 乙酰乙酸乙酯制备过程	158
53		动画6-12-3 乙酰乙酸乙酯精制过程	158
54		图片6-12-4 乙酰乙酸乙酯安全提示和应急处理	160
55	6-13 食品添加剂肉桂酸的制备	视频6-13-1 肉桂酸制备知识准备	161
56		动画6-13-2 肉桂酸制备过程	163
57		动画6-13-3 肉桂酸精制过程	163
58		图片6-13-4 苯甲醛安全提示和应急处理	164
59	6-15 重要有机二元酸己二酸的制备	视频6-15-1 己二酸制备知识准备	170
60		动画6-15-2 己二酸制备过程	172
61		动画6-15-3 己二酸精制过程	172
62		图片6-15-4 己二酸安全提示和应急处理	173

续表

序号	项目	名称	页码
63	6-18 染料指示剂甲基橙的制备	视频 6-18-1 甲基橙制备知识准备	183
64		动画 6-18-2 甲基橙制备过程	185
65		动画 6-18-3 甲基橙精制过程	185
66		图片 6-18-4 二甲苯胺安全提示和应急处理	186
67	7-2 合成重要化工原料三苯甲醇	视频 7-2-1 三苯甲醇合成知识准备	198
68		动画 7-2-2 三苯甲醇合成过程	202
69		动画 7-2-3 三苯甲醇精制过程	203
70		图片 7-2-4 三苯甲醇安全提示和应急处理	204
71	7-7 合成 ε-己内酰胺和尼龙6	视频 7-7-1 ε-己内酰胺合成知识准备	224
72		动画 7-7-2 ε-己内酰胺合成过程	228
73		动画 7-7-3 ε-己内酰胺合成过程	228
74		图片 7-7-4 己内酰胺安全提示和应急处理	229
75	8-3 从黄连中提取黄连素	视频 8-3-1 黄连素提取知识准备	241
76		动画 8-3-2 黄连素提取操作	242
77		动画 8-3-3 黄连素精制操作	242
78		图片 8-3-4 乙醇安全提示和应急处理	242

第一部分 有机化合物制备支撑技术

知识能力目标
1. 掌握有机化合物制备实验室规则和实验室安全知识；
2. 学习并熟悉有机化合物制备中的常用仪器及其洗涤、干燥方法；
3. 学习并掌握有机化合物制备的基本操作技术并能熟练操作；
4. 学习并理解有机化合物物理常数的测定方法并能熟练操作；
5. 掌握有机化合物基本分离技术并能熟练操作。

素质能力目标
1. 培养良好的学习习惯、科学的思维方式、正确的价值观；
2. 培养有事业心和责任感、吃苦耐劳、踏实肯干的工作精神；
3. 培养甘于奉献、勇于担当的主人翁精神；
4. 培养化工生产规范意识、质量意识和安全环保意识；
5. 培养对企业文化和工作方式的认同；
6. 培养对工作精益求精的科学求实精神；
7. 培养严谨、细致的职业素质与团队合作精神。

第一章 有机化合物制备实验室基础知识

通过本章的学习,学生应熟悉有机化合物制备实验人员安全守则;掌握防毒及中毒后的现场急救方法;熟悉预防化学烧伤、玻璃割伤;熟悉现场操作的安全注意事项。

第一节 有机化合物制备实验室安全知识

有机化合物制备过程中所用的试剂、药品可能是有毒、可燃、有腐蚀性或有爆炸性的,所用的仪器大部分是玻璃制品,使用不当就易发生着火、中毒、烧伤、爆炸等事故。因此实验者必须认识到有机化合物制备实验室是潜在危险场所,必须时刻重视安全问题,掌握有机化合物制备过程中基本的安全知识,遵守操作规程,加强安全措施,以避免事故的发生。

一、有机化合物制备实验室规则

为了保证实验正常进行和培养实验者良好的实验作风,必须遵守下列实验室规则:

(1)实验开始前,必须认真预习,理清实验思路,了解实验中使用的药品的性能和有可能引起的危害及相应的注意事项,做到心中有数、思路清晰,以避免手忙脚乱。

(2)仔细检查仪器是否有破损,掌握正确安装仪器的要点,并弄清水、电、气的管线开关和标记,保持清醒头脑,避免违规操作。

(3)实验中应认真操作、仔细观察、认真思考、如实记录,不得擅离岗位,应随时注意反应是否正常,有无碎裂和漏气的情况,及时排除各种事故隐患。

(4)有可能发生危险的实验,应采用防护措施进行操作,如戴防护手套、眼镜、面罩等,实验应在通风橱内进行。

(5)实验室内严禁吸烟、饮食、高声喧哗。

(6)实验中所用的化学药品,不得随意散失、遗弃,更不得带出实验室,使用后须放回原处。实验后的残渣、废液等不得随意排放,应倒入指定容器内统一处理。

二、有机化合物制备实验室应急知识

1. 水、电、燃气的安全使用

实验者必须了解、熟悉实验室中水、电、燃气开关及安全用具(灭火器等)的位置,掌握它们的使用方法。实验中,应先将电器设备上的插头与插座连接好,再打开电源开关。不要用湿手或手握湿物时插、拔电源插头。使用电器前,应检查线路连接是否正确,电器内外要保持干燥,不能有水或其他溶剂。实验完毕后,应关闭电源,拔掉插头。使用完燃气后,应立即关闭燃气开关。

离开实验室时,应注意检查水、电、燃气开关是否关闭。

2. 化学品的储存

有机化合物制备反应类型众多,使用的化学试剂也多种多样。有的化学试剂不稳定、易分解,有的易燃、易爆,有的有剧毒,因此对化学品的储存应格外重视。

在大多数情况下,实验室所用的化学药品都储存于玻璃瓶中。对于能与玻璃发生反应的化合物,如氢氟酸,则应使用塑料或金属的容器储存;碱金属应储存于煤油中;储存黄磷必须以水覆盖。

对光敏感的化合物,如醚类,在光照下更易形成过氧化物,应将这类化合物储存在棕色玻璃瓶中,避光保存。

可产生毒性或腐蚀性蒸气的物质,应放在通风、远离人员经常活动处的位置,或放在通风橱中的专门部位。

所有储存化学品的容器必须清洁并贴上耐久的标签。如用普通标签,最好用黑墨水书写。为使标签更加耐久,应在其上覆盖一层透明胶纸或涂上一层石蜡。

剧毒物品,如氰化物,应储存在加锁的橱柜或保险箱内。使用时做好记录,包括使用人、时间、称重前后的试剂瓶重等。贵重试剂,如重金属催化剂等,也应特殊保管、使用。

对化学危险品的储存和保管,必须按照爆炸物品、自燃品、遇水燃烧物品、强氧化剂和易燃性液体等分类合理放置、保管。对于易燃的危险品,应根据其闪点的高低再详细分类,以利于安全防火管理。实验室使用易燃液体(乙醚、二硫化碳、丙酮、苯、环己烷、甲苯、乙醇、甲醇、石油醚等)时应特别小心,其周围环境必须避免明火。加热与处理低沸点溶剂时,应避免直接用火加热。

3. 常见事故的预防与处理

1)火灾的预防与处理

控制意外燃烧的条件,就可有效防止火灾。实验室中,使用或处理易燃试剂时,应远离明火。乙醇、乙醚、石油醚等低沸点、易挥发、易燃烧液体,不能用敞口容器盛放,更不能用明火直接加热,而应在回流或蒸馏装置中用水浴或蒸汽浴进行加热。

一旦不慎发生火情,切勿惊慌,应立即切断电源,迅速移开附近一切可燃物,再根据具体情况,采取适当的灭火措施,将火熄灭。容器内着火,可用石棉网或湿布盖住容器口,使火熄灭;实验台面或地面小范围着火,可用湿布或沙土覆盖熄灭;电器着火,可用二氧化碳、四氯化碳或干粉灭火器灭火;衣服着火时,应用厚外衣淋湿后包裹使其熄灭,严重时应卧地打滚,同时用水冲淋,将火熄灭。

2)爆炸的预防与处理

爆炸事故容易造成严重后果,实验室中应加以防范,杜绝此类事故发生。

实验室中的气体钢瓶应远离热源,避免暴晒与强烈震动。使用钢瓶或自制氢气、乙炔、乙烯等气体做燃烧实验时,一定要在除尽容器内的空气后再燃烧。

有些有机过氧化物、干燥金属炔化物和多硝基化合物都是易爆品,不能用磨口容器盛装,不能研磨,不能使其受热或受剧烈撞击。使用时必须严格按照操作规程进行。

仪器装置不正确,也会引起爆炸。在蒸馏或回流操作时,全套装置必须与大气相通,绝不能密闭。减压或加压操作时,应注意事先检查所用器皿的质量是否能承受体系的压力,器壁过薄或有裂痕都容易发生爆炸。

3)中毒的预防与处理

实验室中,人体的中毒主要是通过呼吸道、皮肤渗透及误食等途径发生的。在进行有毒或有刺激性气体产生的实验时,应在通风橱内操作或用气体吸收装置。若不慎吸入少量氯气或溴气,可用碳酸氢钠溶液漱口,然后吸入少量酒精蒸气,并到室外空气流通处休息,然后及时就医。

应当避免直接用手接触剧毒品。取用毒性较大的化学试剂时,应戴防护眼镜和橡皮手套。洒落在桌面或地面上的药品应及时清理。沾在皮肤上的有机物应当用大量清水和肥皂洗去,切勿用有机溶剂洗,否则只会增加化学药品渗入皮肤的速度。沾染过有毒物质的器皿,实验结束后都应立即清洗。

实验室内严禁饮食。不得将烧杯作饮水杯用,也不得用餐具盛放任何药品。

4) 灼伤的预防与处理

皮肤在接触高温、低温或腐蚀性物质后均可能被灼伤。为避免灼伤,实验操作这些物质时,最好戴橡胶手套和防护眼镜。若不小心发生灼伤,应及时正确处理。

(1) 酸灼伤:若酸液溅在皮肤上,立即用大量水冲洗,然后用5%碳酸氢钠溶液洗涤,再涂上油膏,并将伤口包扎好;若酸液溅在眼睛上,抹去溅在眼睛外面的酸,立即用水冲洗,用洗眼杯或将橡皮管套上水龙头用慢水对准眼睛冲洗,再用稀碳酸氢钠溶液洗涤,最后滴入少许蓖麻油;若酸液溅在衣服上,先用水冲洗,再用稀氨水洗,最后用水冲洗;若酸液溅在地板上,先撒石灰粉,再用水冲洗。

(2) 碱灼伤:若碱液溅在皮肤上,先用水冲洗,然后用饱和硼酸溶液或1%醋酸溶液洗涤,再涂上油膏,并包扎好;若碱液溅在眼睛上,抹去溅在眼睛外面的碱,用水冲洗,再用饱和硼酸溶液洗涤后,最后滴入少许蓖麻油;若碱液溅在衣服上,先用水冲洗,然后用10%醋酸溶液洗涤,再用氨水中和多余的醋酸,最后用水冲洗。

(3) 溴灼伤:若溴液溅在皮肤上,应立即用酒精洗涤,涂上甘油,用力按摩,将伤处包好;若因溴液溅入眼睛而受到溴蒸气刺激,暂时不能睁开眼睛时,可对着盛有卤仿或酒精的瓶内注视片刻;如不慎吸入溴蒸气时,可吸入氨气或新鲜空气解毒。

(4) 烫伤预防与处理:被热水烫伤后,一般先在灼伤处涂上红花油,然后涂烫伤膏。

上述各种急救法,仅为暂时减轻疼痛的措施。若伤势较重,在急救之后,应速送医院诊治。

5) 割伤的预防与处理

玻璃割伤是常见的实验室事故,防止玻璃破裂碎片的伤害是十分重要的。在安装玻璃仪器或切割玻璃管时,要防止其锐利的碎片或断裂面伤及皮肤造成出血。在装配仪器时施力要适当。将玻璃管(或温度计)装入橡皮塞时,孔径要适宜。玻璃管(棒)切割后,断面应在火上烧熔以消除棱角,并严格执行装配操作技术。

如果不慎发生割伤事故,要及时处理,首先要仔细观察伤口有没有玻璃碎片,若伤势不重,让血流片刻,再用消毒棉和硼酸水(或双氧水)洗净伤口,涂上碘酒后包扎好;若伤口深,流血不止时,可在伤口上下10cm之处用纱布扎紧,减慢流血,有助血凝,并随即到医务室就诊。

6) 环境污染的预防与处理

实验过程中产生的"三废"应及时妥善处理,以消除或减少对环境的污染。实验室产生的少量毒性较小的气体,可直接放空;若废气量较多或毒性较大,应通过化学方法进行处理后再放空。

有毒、有害的废液、废渣不可直接倾入垃圾中,应经化学处理使其转化为无害物后再排放。如氰化物可用硫代硫酸钠溶液处理,使其生成毒性较低的硫氰酸盐;含硫、磷的有机剧毒农药可先与氧化钙作用再用碱液处理,使其迅速分解失去毒性;硫酸二甲酯应先用氨水处理,再用漂白粉处理;苯胺可用盐酸或硫酸中和成盐;汞可用硫黄粉处理;含汞或其他重金属离子的废液可加入硫化钠,便可生成难溶的氢氧化物、硫化物等,可将其深埋于地下。

4. 常见危险品警示图标

在使用贴有危险品警示图标的药品和试剂时,要特别小心谨慎。常见危险品警示图标如图1-1所示。

图1-1 常见危险品警示图标

5. 有机化合物制备实验室消防器材与急救用具

(1)消防器材:包括泡沫灭火器、四氯化碳灭火器、二氧化碳灭火器、砂、毛毡、棉胎和淋浴用的水龙头。

(2)急救用具:可以备有红汞、紫药水、碘酒、双氧水、饱和硼酸溶液、1%醋酸溶液、5%碳酸氢钠溶液、70%酒精、玉树油、烫伤膏、药用蓖麻油、硼酸膏或凡士林、磺胺药粉、洗眼杯、消毒棉、纱布、胶布、剪刀、镊子、橡皮管等。

思 考 题

1. 实验室中应如何储存碱金属和黄磷?
2. 若在实验室不慎发生火情,应如何操作?
3. 实验室中,若发生酸、碱灼伤,应如何处理?

第二节 有机化合物制备常用仪器

有机化合物制备中,了解实验所用仪器及设备的性能、正确的使用和保养方法,是对每一个实验者最基本的要求。

一、玻璃仪器

玻璃仪器一般是由软质或硬质玻璃制作而成的。软质玻璃耐温、耐腐蚀性较差,但是价格便宜,因此一般用它制作的仪器均不耐温,如普通漏斗、量筒、吸滤瓶、干燥器等。硬质玻璃具有较强的耐温和耐腐蚀性,制成的仪器可在温度变化较大的情况下使用,如烧瓶、烧杯、冷凝器等。

玻璃仪器一般分为普通和标准磨口两种。在实验室常用的普通玻璃仪器有非磨口锥形瓶、烧杯、布氏漏斗、吸滤瓶、普通漏斗、分液漏斗等。常用的标准磨口仪器有圆底烧瓶、三口烧瓶、蒸馏头、冷凝器、接收管等。

标准接口玻璃仪器是具有标准磨口或磨口塞的玻璃仪器。由于仪器口塞尺寸的标准化、系统化及磨砂密合,凡属于同类规格的接口,均可任意连接,各部件能组装成各种配套仪器。不同规格的部件无法直接组装时,可通过使用标准转换接头连接。使用标准接口玻璃仪器可以免去配塞子的麻烦,也能防止反应物或产物被软木塞或橡皮塞污染。由于磨口塞磨砂性能良好,密合性可达到较高真空度,对蒸馏、减压蒸馏及无水条件下的反应有利,可为有毒或挥发性液体的实验提供一定的安全保障。

1. 常用玻璃仪器

常用玻璃仪器如图 1-2 所示。

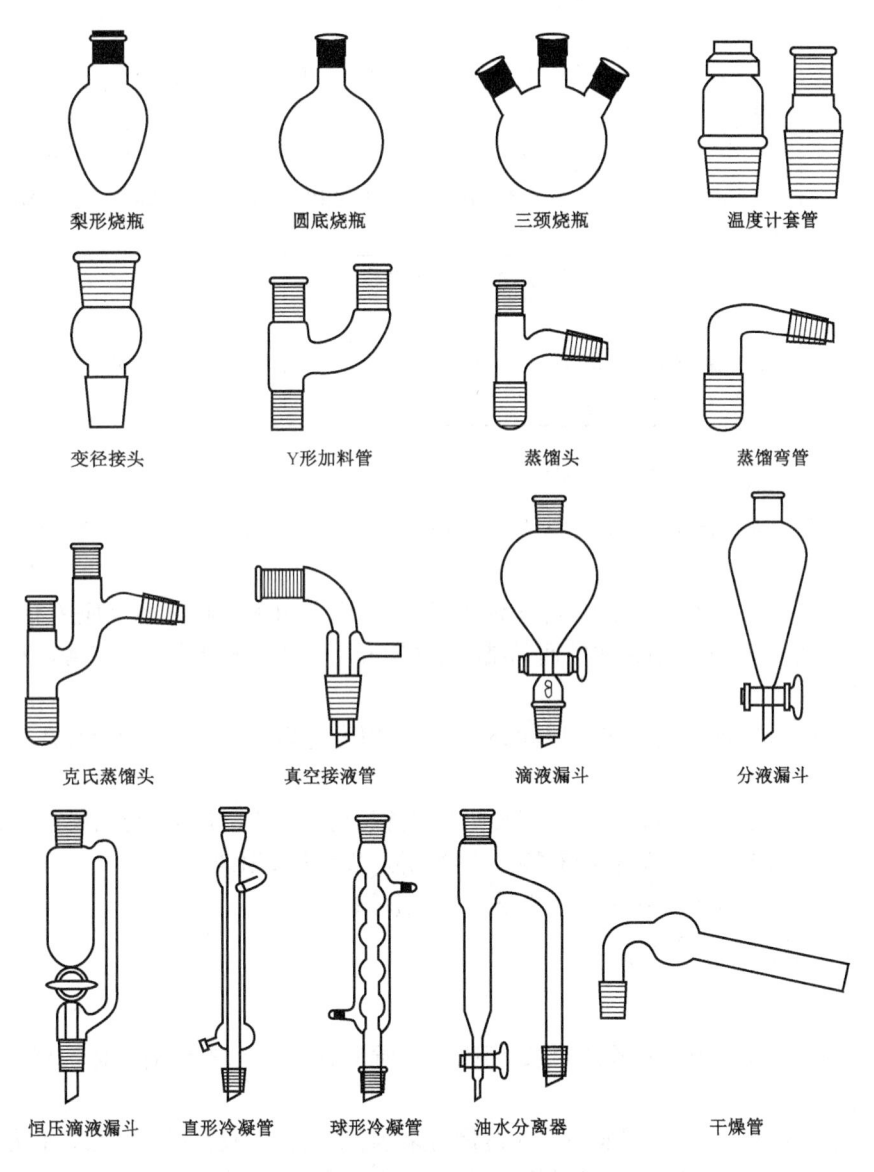

图 1-2 常用玻璃仪器

2. 常用玻璃仪器的主要用途

常用玻璃仪器的主要用途见表 1-1。

表 1-1　有机化合物制备常用玻璃仪器的用途

仪器名称	主要用途	备注
圆底烧瓶	在常温或加热条件下用作反应容器,两口和三口烧瓶可装配温度计、冷凝管、机械搅拌器等,主要用于回流和蒸馏	除了圆底烧瓶外,还有平底烧瓶,但平底的不耐压,不能用于减压蒸馏
冷凝管和分馏柱	冷凝管用于蒸馏、回流装置中;分馏柱用于分馏装置中,分馏多组分混合物	普通蒸馏常用直形冷凝管,回流常用球形冷凝管,沸点高于140℃时常用空气冷凝管
蒸馏头	与烧瓶组合后用于蒸馏	两口的为克氏蒸馏头,可用作减压蒸馏
接液管	在蒸馏装置中,承接冷凝管;带支管的接液管用于减压蒸馏	
恒压滴液漏斗	用于滴加液体,当反应体系内有压力时,仍可顺利滴加液体	不能用火直接加热,活塞不能互换
分液漏斗	用于液体洗涤、萃取、分离、滴加液体	不能用火直接加热,活塞不能互换
锥形瓶	用于储存液体、混合液体及少量溶液的加热,也可用作反应器	可于石棉网或电炉上直接加热,但不能用于减压蒸馏
烧杯	用于加热溶液、浓缩溶液及用于溶液混合和转移	
量筒	量取液体	切勿用火直接加热
吸滤装置	由吸滤瓶和布氏漏斗组合而成,用于减压过滤	不能用火直接加热
干燥管	装干燥剂,用于无水反应装置	

3. 使用标准磨口玻璃仪器注意事项

(1) 磨口处必须保持清洁,若沾有固体物质,会使磨口对接不严密,导致漏气甚至损坏磨口。

(2) 一般在使用时,磨口不需涂润滑剂,以免沾污反应物和产物。如反应中有强碱,则应涂润滑剂,以免磨口连接处因碱腐蚀而黏结,无法拆开。对于减压蒸馏,所有磨口都要涂真空脂,以免漏气。

(3) 装配时,轻轻地对旋连接磨口和磨塞,不要用力过猛。不要装得太紧,达到润滑密闭的要求即可。

(4) 安装磨口仪器时,注意整齐、正确,使磨口连接处不受歪斜应力,否则仪器易破裂。

(5) 用后应立即拆卸洗净,否则对接处常会黏固,以致拆卸困难。

(6) 洗涤磨口时,应避免用去污粉擦洗,以免损坏磨口。

4. 玻璃仪器的洗涤和干燥

1) 洗涤

玻璃仪器的洗涤应根据实验的要求、污物的性质及沾污程度,有针对性地选择不同的洗涤方法进行清洗。

对于水溶性污物,只要在仪器中加入适量自来水,稍用力振荡倒掉,再反复冲洗几次即可洗净。对于冲洗不掉的污物,可用毛刷蘸水和去污粉或洗涤液进行刷洗。

若黏结了"顽固"的污垢,则需根据污物性质选择合适的化学试剂进行浸泡后再刷洗。

有机合成实验室中常用有机溶剂、铬酸洗液、碱液进行浸泡洗涤。

玻璃仪器洗净的标志是将仪器倒置时,均匀的水膜顺器壁流下,不挂水珠。洗净后的仪器不能再用纸或布擦拭,以免纸或布的纤维再次污染仪器。

2) 干燥

自然干燥:对于不急用的仪器,可在洗净后将其倒置在仪器架上自然晾干。

烘箱干燥:将清洗过的仪器倒置控水后,放入烘箱内,在 105～110℃ 恒温约 30min 即可烘干。一般应在烘箱温度自然下降后再取出仪器。若因急用,在烘箱温度较高时,应戴帆布手套取出,并放于石棉网上冷却至室温后方可使用。

> **注意**
>
> 有刻度的仪器(如量筒)和厚壁器皿不耐高温,不宜用烘箱干燥。

热气干燥:电吹风、气流干燥器的干燥效果也很好。

二、金属用具

在有机化合物制备过程中,常用的金属器具有水浴锅、铁架台、铁环、铁三角架、烧瓶夹、冷凝管夹(又称万能夹)、双顶丝、弹簧夹、打孔器、螺旋夹等。这些仪器应放在实验室规定的地方,要保持这些仪器的清洁,经常在活动部位加上一些润滑剂,以保证活动灵活不生锈。常用的金属用具如图 1-3 所示。

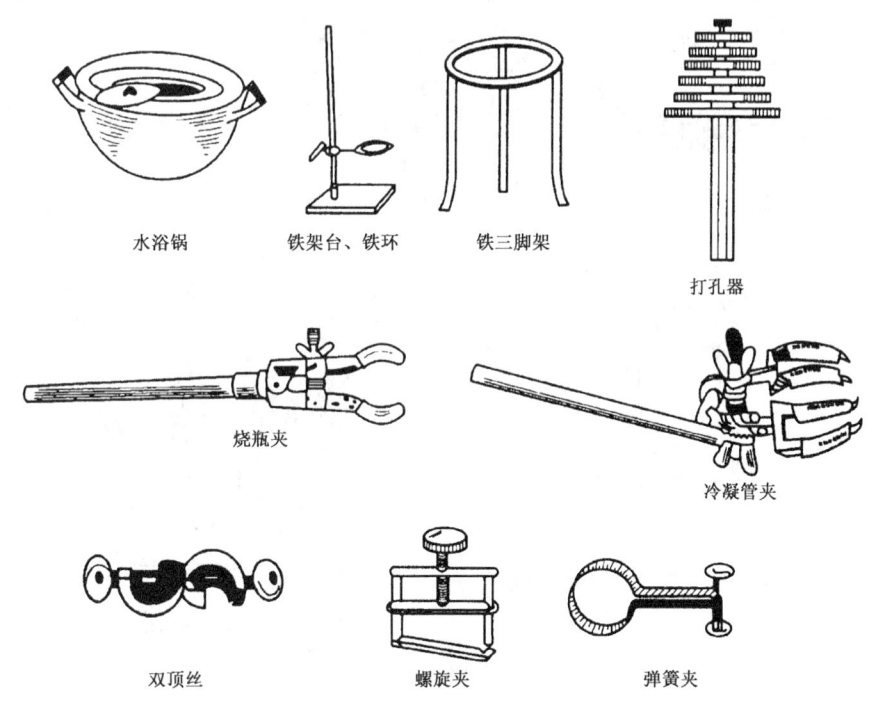

图 1-3 常用的金属用具

三、常用电器设备

(1)电热套:在玻璃纤维的半球形下面接绕着电热丝,是一种改装的电炉,为非明火加热器,使用安全方便。电热套的指示灯在电压为110~220V时会变亮,否则电热套就不能加热,常用的规格为100mL、250mL、500mL等。

(2)调压器:与电热套配套使用,通过调节电压的高低来调节电热套的加热温度。调压器的输入端与电源相接,输出端与加热套相连接,切记勿接反,否则会烧坏甚至酿成火灾。常用规格为0~20V。升温时电压必须慢慢增大,停止加热时应先将旋钮拨回零再断电。

(3)万用电炉:靠一条电热丝通上电流而产生的热量进行加热,万用电炉的电压应与电源电压相符,其功率一般有500W、600W、800W、1000W等。

(4)电动搅拌器:电动搅拌器由机座、电动机、调速器三大部分组成,电动机主轴配有搅拌轧头,通过搅拌轧头将搅拌棒轧牢。电动搅拌器可使互不相溶的反应增加接触,加速反应的进行,是一种有效的机械搅拌。开动电动搅拌器时拧动调速器旋钮,逐渐加快搅拌速度,不可启动太快,以防发生事故,关闭时应将旋钮拨到零再断电。

(5)气流烘干器:气流烘干器是一种用于快速烘干仪器的设备。使用时,将仪器洗干净后甩掉多余的水分,然后将仪器套在气流烘干器的多孔金属管上。注意随时调节热空气的温度。气流烘干器不宜长时间加热,以免烧坏电动机和电热丝。干燥后,可关闭加热开关,用自然风冷却。

常用的电器设备如图1-4所示。

电热套　　　　　　调压器　　　　　　万用电炉

电动搅拌器　　　　　气流烘干器

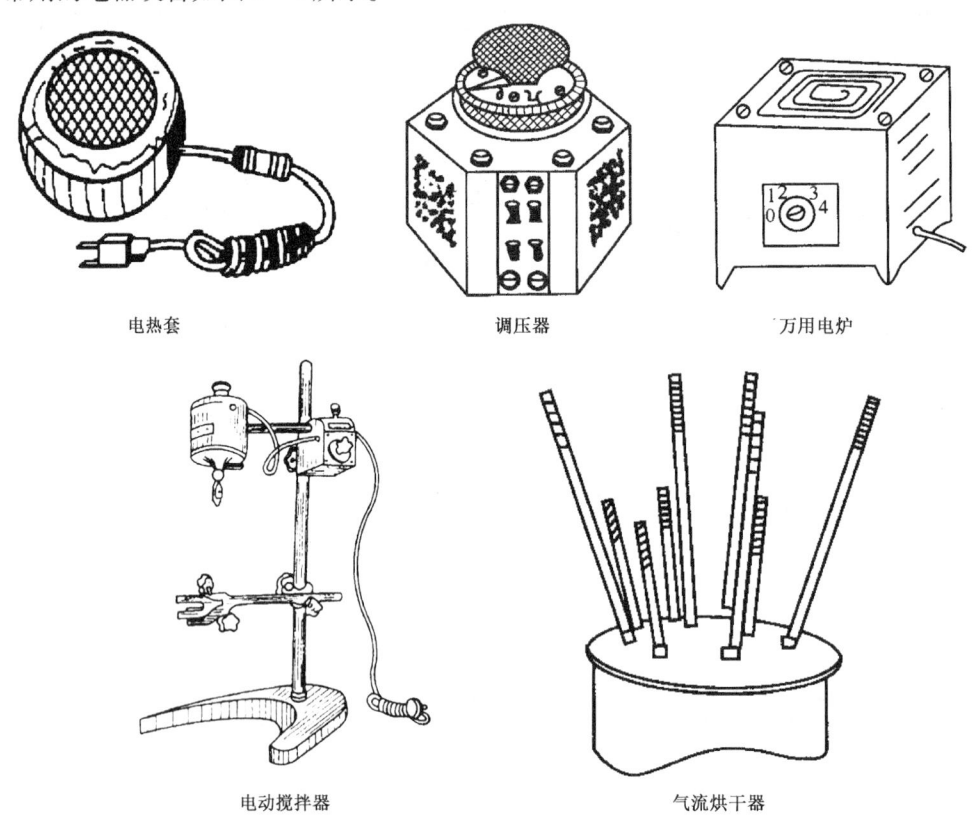

图1-4　常用的电器设备

四、装置的连接与装配

仪器安装的正确与否直接影响到实验的成败。在安装各类仪器时一般遵循以下原则：

(1)仪器与配件的规格和性能要适当。如反应烧瓶中所盛物料一般为其容积的 1/2～2/3；烧瓶有圆底和平底之分，圆底常用于需要加热的反应中。

(2)仪器与配件在安装前要洗涤和干燥。

(3)仪器与配件上的塞子要在组装之前配置好。使用橡皮塞连接或固定装置时，一般应先用甘油或水润湿玻璃管或温度计欲插入的一端，然后一手持塞子，一手握住玻璃管或温度计距塞子 2～3cm 处，均匀而缓慢地将其旋入塞孔内，不能用顶进的方法强行插入。

(4)安装仪器时，应选好主要仪器的位置，一般按先下后上、由左到右的顺序逐个将仪器连接并固定在铁架台上。要尽量使仪器的中心线都处在一个平面内。拆卸的顺序则与组装相反。拆卸前应先停止加热，移走热源，待稍微冷却后，再逐个拆掉。拆冷凝管时注意不要将水洒到电热套上。

(5)固定仪器的铁夹上应套有耐热橡皮管或贴有绒布，不能使铁器与玻璃仪器直接接触。铁夹在夹持时，不应太松也不能太紧，加热的仪器要夹住受热最低的部位，冷凝管应夹在受力的中央部位。组装仪器装置应正确、稳妥、严密、整齐、美观、便于操作。

五、有机化合物制备实验室相关操作

1. 玻璃磨口黏固

1) 敲击

当玻璃磨口塞黏固时，可以用木器轻轻敲击磨口部位的一方，使其因受震动而逐渐松动脱离。对于黏固着的试剂瓶、分液漏斗的磨口等，可将仪器的塞子与瓶口卡在实验台或木桌的棱角处，再用木器沿与仪器轴线成约 70°角的方向轻轻敲击，同时间歇地旋转仪器，如此反复操作几次，一般便可打开黏固不严重的磨口。

2) 加热

有些黏固着的磨口，不便敲击或敲击无效，可对黏固部位的外层进行加热，使其受热膨胀而与内层脱离。有些可用热的湿布对黏固处进行"热敷"、用电吹风或游动火焰烘烤磨口处等。

3) 浸润

有些磨口因药品侵蚀而黏固较牢或属结构复杂的贵重仪器，不宜敲击和加热，可用水或稀盐酸浸泡数小时后将其打开。如急用仪器，也可采用渗透力较强的有机溶剂(如苯、乙酸乙酯、石油醚及琥珀酸二辛酯磺酸钠等)滴加到磨口的缝隙间，使之渗透浸润到黏固着的部位，从而形成脱离。

2. 温度计被胶塞黏结

当温度计或玻璃管与胶塞、胶管黏结在一起而难以取出时，可用小螺丝刀或锉刀的尖柄端插入温度计(或玻璃管)与胶塞(或胶管)之间，使之形成空隙，再滴几滴水或甘油，如此操作并沿温度计(或玻璃管)周围扩展，同时逐渐深入，很快就能取出。

3. 仪器上的特殊污垢

当玻璃仪器上黏结了特殊的污垢，用一般的洗涤方法难以除去时，应先分辨出污垢的性质，然后有针对性地进行处理。

对于不溶于水的酸性污垢，如有机酸、酚类沉积物等，可用碱液浸泡后清洗；对于不溶于水的碱性污垢，如金属氧化物、水垢等，可用盐酸浸泡后清洗；如果是高锰酸钾沉积物，可用亚硫酸钠或草酸溶液清洗；二氧化锰沉积物可用浓盐酸使其溶解；沾有碘时，可用碘化钾溶液浸泡；硝酸银污迹可用硫代硫酸钠溶液浸泡后清洗；银镜（或铜镜）反应后黏附的银（或铜），加入稀硝酸微热后即可溶解；焦油或树脂状污垢，可用苯、酯类等有机溶剂浸溶后，再用普通方法清洗；有机物呈油状黏附于器壁上而难以洗掉时，可用铬酸洗液或碱液浸泡，然后用清水冲洗。

4. 烧瓶内壁有结晶析出

在回流操作或浓缩溶液时，经常会有结晶析出在液面上方的烧瓶内壁上，且附着牢固，不仅不能继续参加反应，有时还会因热稳定性差而逐渐分解变色。遇此情况，可轻轻振摇烧瓶，以内部溶液浸润结晶，使其溶解。如果装置活动受限，不能振摇烧瓶时，可用冷的湿布敷在烧瓶上部，使溶剂冷凝沿器壁流下时，溶解析出的结晶。

5. 快速干燥仪器

当实验中急需使用干燥的仪器，又来不及用常规方法烘干时，可先用少量无水乙醇冲洗仪器内壁两次，再用少量丙酮冲洗一次，除去残留的乙醇，然后用电吹风烘吹片刻，即可达到干燥效果。

6. 稳固水浴中的锥形瓶

当用冷水或冰浴冷却锥形瓶中的物料时，常会由于物料量少、浴液浮力大而使锥形瓶漂起，影响冷却效果，有时还会发生锥形瓶倾斜灌入浴液的事故。如果用长度适中的铅条做成一个小于锥形瓶底径的圆圈，套在锥形瓶上，就会使锥形瓶沉浸入浴液中。若使用的容器是烧杯，则可将圆圈套住烧杯，用铁丝挂在烧杯口上，使其稳固并达到充分冷却的目的。

7. 简易恒温冷却槽的制作

当某些实验需要较长时间保持低于室温时，用冷水或冰浴冷却往往达不到满意的效果。这时可自制一个简易的恒温冷却槽：用一个较大些的纸箱（试剂或仪器包装箱即可）作外槽，将恒温槽放入纸箱中作内槽，内外槽之间放上适量干冰，再用泡沫塑料作保温材料，填充空隙并覆盖住上部。干冰的用量可根据实验所需温度与时间来调整。这种冷却槽制作简便、保温效果好。

思 考 题

1. 实验室中，玻璃仪器洗净的标志是什么？
2. 实验室中玻璃磨口黏固时应如何处理？

阅读材料

实验误操作事故案例及实验室安全事故典型案例

一、实验误操作事故案例

2007年8月9日晚8时许,某高校实验室李某在准备处理一瓶四氢呋喃时,没有仔细核对,误将一瓶硝基甲烷当作四氢呋喃投到氢氧化钠中。约过了一分钟,试剂瓶中冒出了白烟。李某立即将通风橱玻璃门拉下,此时瓶口的烟变成黑色泡沫状液体。李某叫来同实验室的一名博士后请教解决方法,这时发生了爆炸,玻璃碎片将二人的手臂割伤。

事故原因:

该事故是由于当事人在投料时粗心大意,没有仔细核对所要使用的化学试剂而造成的。

实验台药品杂乱无序、药品过多也是造成本次事故的主要原因。

经验教训:

这是一起典型的误操作事故。它告诫我们,在实验操作过程中的每一个步骤都必须仔细、认真,不能有半点马虎;实验台、工作台要保持整洁,不用的试剂瓶要摆放到试剂架上,避免试剂打翻或误用造成的事故。

二、实验室安全事故典型案例

以下是发生过的实验室事故,告诫大家严守实验室安全。

1. 南京某大学化学实验室发生爆炸

2021年10月,南京某大学一化学实验室发生爆燃,共造成2死9伤。

2. 广东某大学化学实验室起火

2021年7月13日15时17分,广东某大学化学系化学实验室在实验过程中发生火情。现场一名博士后人员头发着火,诊断为轻微烧伤。

3. 北京某化学所发生爆炸

2021年3月31日,北京某化学所发生实验室安全事故,事故原因为反应釜高温高压爆炸,该事故导致1名研究生颅骨碎裂,当场死亡。

4. 南京某大学实验室发生火灾

2019年2月27日0时42分,南京某大学实验室发生火灾。无人员伤亡。

5. 北京某大学实验室发生爆炸

2018年12月26日,北京某大学一实验室发生爆炸,事故造成3人死亡。

6. 南京某大学实验室发生爆燃

2018年11月11日10时,南京某大学一实验室在实验过程中发生爆燃,事故发生后,强烈的冲击波将实验室大门炸飞,玻璃碴更是到处都是,而当时身处实验室内的多名师生受伤。现场21个学生被烧伤,其中8个学生重伤,多个学生烧伤面积达90%以上,事故造成的损失过亿元。

7. 上海某大学化学实验室发生爆炸

2017年3月,上海某大学一实验室发生爆炸,一名学生的手被炸伤。经该校化学系核查,当晚有2名本科生在实验室工作,受伤学生为三年级本科生,在处理一个约100mL的反应釜过程中,反应釜发生爆炸,学生左手大面积创伤,右臂贯穿伤、骨折。

为了确保实验室的安全,需要加强对实验室安全隐患的预防和管理,定期开展安全检查和培训,提高实验人员的安全意识和操作技能,减少实验室安全事故的发生。

第二章　有机化合物制备的基本操作

有机化合物制备是一门艺术。制备工作者不但要掌握目标化合物的设计与相关制备反应的知识,还要掌握有机化合物制备的基本操作技术,会根据不同的化学反应,选择与装配相应的实验装置,使反应有效进行。

第一节　加热与冷却

一、加热方法

为了提高反应速率,大多数有机反应需要加热。加热是化学反应中最基本的操作之一。在有机化合物制备实验室最常用的加热器有酒精灯、酒精喷灯、电热套、电炉以及马弗炉等。从加热的方式来看有直接加热和间接加热。

1. 直接加热

直接加热的主要设备有酒精灯和电炉。酒精灯使用方便,但加热强度不大,属明火,通常加热不易燃烧的物质。电炉使用较为广泛,加热强度可调控,但也属于明火热源。

在有机化合物制备实验室里一般要杜绝明火,不用直接加热,因为有很多有机物易挥发、易燃、易爆。

2. 间接加热

间接加热指通过传热介质作热浴的加热方式。其优点是受热面积大、受热均匀、浴温可控制、非明火。根据加热温度、升温速度等的需要,传热介质有空气、水、有机液体、熔融的盐和金属等。实验用间接加热主要有以下几种。

1）空气浴

空气浴即利用热空气间接加热,对于沸点80℃以上的液体均可采用。

将玻璃仪器放在石棉网上方约1cm处加热,其中间的间隙充满热空气,这就是最简单的空气浴。但因其加热过猛,受热很不均匀,故空气浴不适用于回流低沸点易燃液体,也不能用于减压蒸馏。

半球形的电热套属于比较好的空气浴,因为电热套中的电热丝是由玻璃纤维包裹着的,较安全,一般可加热至400℃,并可用调压变压器控制温度。电热套主要用于回流加热,而蒸馏或减压以不用为宜,因为在蒸馏过程中随着容器内物质逐渐减少,会使容器壁过热。电热套有各种规格,取用时要与容器的大小相适应。

2）水浴

当加热的温度不超过100℃时,最好使用水浴加热,水浴为较常用的热浴。

使用水浴时,勿使容器触及水浴器壁或其底部。如果加热温度稍高于100℃,则可选用适当无机盐类的饱和水溶液作为热溶液。

由于水浴中的水不断蒸发,适时添加热水,使水浴中水面经常保持稍高于容器内的液面。

3) 油浴

油浴的适用温度为 100~250℃，优点是使反应物均匀受热，反应物的温度一般低于油浴液 20℃ 左右。

常用的油浴液有甘油(可以加热到 140~150℃，温度过高时则会分解)、植物油(如菜油、蓖麻油和花生油等，可以加热到 220℃，常加入 1% 对苯二酚等抗氧化剂，便于久用)、石蜡(能加热到 200℃ 左右，冷到室温时凝成固体，保存方便)、液状石蜡(可以加热到 200℃ 左右，温度稍高并不分解，但较易燃烧)。

用油浴加热时，要特别小心，防止着火，当油的冒烟情况严重时，应立即停止加热。万一着火也不要慌张，可首先关闭热源，再移去周围易燃物，然后用石棉板盖住油浴口，火即可熄灭。

油浴中应悬挂一支温度计，可以观察油浴的温度和有无过热现象，便于控制温度。

油量不能过多，否则受热后有溢出而引起火灾的危险。使用油浴时要极力防止产生可能引起油浴燃烧的情况。

加热完毕后，将容器提离油浴液面，仍用铁夹夹住，放置在油浴上面。待附着在容器外壁上的油流完后，用纸和干布将容器擦净。

4) 沙浴

一般用铁盆装干燥的细海沙(或河沙)，将反应容器半埋在沙中加热。沙浴使用安全，适合加热 250~350℃ 的范围，但沙浴的缺点是传热慢、温度上升慢、不易控制。因此，沙层要薄一些。沙浴中要插入温度计，温度计水银球要靠近反应器。使用沙浴时，桌面要铺石棉板，以防辐射热烤焦桌面。

5) 微波加热

微波一般都是由高压直流电或 50Hz 交流电倍压整流后利用某种特殊器件获得的，这个部件就是磁控管。微波在传输过程中，当遇不同物质时，因为这些物质的介电常数、介电损耗系数、比热容、形状和水的含量不同，就会产生反射、吸收或穿透现象，即吸收介质对微波有着吸收、穿透和反射的性能。随着物质的不同，其各项比例也不一样。在微波炉中，要加热的物质通常含有水分和其他物质，它们将吸收更多的微波能，并将其转换为热能。

二、冷却方法

在有机化合物制备实验中，有时需采用一定的冷却剂进行冷却操作。有的反应、分离提纯需要在一定的低温条件下进行；有的反应因大量放热而难以控制，为除去过剩热量，需要冷却。根据不同的要求，选用不同的冷却方法。

1. 冰水冷却

冰水冷却多用冰水在容器外壁流动，或将反应器浸在冷水中，交换走热量。也可用水和碎冰的混合物做冷却剂，可冷却至 0~5℃，它比单纯使用冰块有较强的冷却效能。如果水不妨碍反应进行时，也可将碎冰直接投入反应器中，以更有效地保持低温。

2. 冰盐冷却

要在 0℃ 以下进行操作时，常用按不同比例混合的碎冰和无机盐作为冷却剂。冰盐浴不宜用大块冰，可将盐研细，冰砸碎(或用冰片花)成小块，使盐均匀包在冰块上。在使用过程中应随时加以搅拌，这样冰冷效果才好。常用的冰盐冷却剂见表 2-1。

表 2-1 常用的冰盐冷却剂

盐类	盐/碎冰 g/100g	最低温度 ℃	盐类	盐/碎冰 g/100g	最低温度 ℃
NH$_4$Cl	25	-15	CaCl$_2$·6H$_2$O	100	-29
NaCl	30	-20	CaCl$_2$·6H$_2$O	143	-55
NaNO$_3$	50	-18			

> **注意**
> 温度低于 -38℃ 时不能用水银温度计,而应采用内装有机液体的低温温度计。

3. 干冰或干冰与有机溶剂混合冷却

使用干冰(固体的二氧化碳)可冷却至 -60℃ 以下,如将干冰加到乙醇、异丙醇、丙酮、乙醚或氯仿等适当溶剂中,可冷却至 -78℃,但在开始加热时会猛烈起泡。

应将这种冷却剂放在杜瓦瓶(广口保温瓶)中或其他绝热效果好的容器中,以保持其冷却效果。

4. 低温浴槽

低温浴槽是一个小冰箱,冰室口向上,蒸发面用筒状不锈钢槽代替,内装酒精,外设压缩机,循环氟利昂制冷。压缩机产生的热量可用水冷或风冷散去。可装外循环泵,使冷酒精与冷凝器连接循环。还可装温度计等指示器。反应瓶浸在酒精液体中。低温浴槽适于 -30~30℃ 范围的反应使用。

思 考 题

1. 有机化合物制备过程中,常用的间接加热法有哪些?
2. 油浴加热过程中,应注意什么?

第二节 干燥和干燥剂

在进行有机化合物制备时,经常需要除去所用试剂、溶剂或所得产物中含的水分,这就是干燥。它是常用的基本操作,具有十分重要的意义。

一、干燥方法

根据除水原理,干燥的方法可分为物理方法和化学方法两种。

1. 物理方法

物理方法有烘干、晾干、吸附、分馏、共沸蒸馏和冷冻等。近年来,还常用离子交换树脂和分子筛等方法来进行干燥。

离子交换树脂是一种不溶于水、酸、碱和有机溶剂的高分子聚合物。分子筛是含水硅铝酸盐的晶体。它们是多孔性吸水固体，受热后会释放出水分子，可反复使用。

2. 化学方法

化学方法是利用加入干燥剂来除去水分的方法。根据干燥剂除水作用的不同，可分为两类：

（1）能与水结合，进行可逆反应，生成水合物，例如

$$CaCl_2 + nH_2O \rightleftharpoons CaCl_2 \cdot nH_2O$$

许多无水金属盐类化合物，如无水硫酸镁、无水硫酸钠、无水硫酸钙等，属于此类。

（2）与水发生不可逆的化学反应，生成新的化合物，从而将水分除去，例如

$$2Na + 2H_2O \longrightarrow 2NaOH + H_2\uparrow$$

金属钠、五氧化二磷、氧化钙等，属于此类。

3. 使用干燥剂时应注意的问题

（1）干燥剂与水的反应为可逆反应时，反应达到平衡需要一定时间。因此，加入干燥剂后，一般最少要两个小时或更长一点的时间后才能收到较好的干燥效果。因反应可逆，不能将水完全除尽，故干燥剂的加入量要适当，一般为溶液体积的5%左右。当温度升高时，这种可逆反应的平衡向脱水方向移动，所以在蒸馏前，必须将干燥剂滤除，否则被除去的水将返回液体中，另外，若将盐倒（或留）在蒸馏瓶底，受热时会发生迸溅。

（2）干燥剂与水发生不可逆反应时，使用这类干燥剂在蒸馏前不必滤除。

（3）干燥剂只适用于干燥少量水分。若水的含量大，干燥效果不好。因此，萃取时应尽量将水层分净，这样干燥效果好，且产物损失少。

二、液体物质的干燥

1. 液体干燥剂的选择

液体有机物的干燥，通常是将干燥剂直接加到被干燥的液体有机物中进行。所以，选择合适的干燥剂非常重要。

选用干燥剂的原则是干燥剂与被干燥的液体有机化合物不发生化学反应，且不溶于该化合物中；吸水容量较大，干燥效能较高，干燥速度较快，价格低廉。

吸水容量指单位质量的干燥剂吸水量。干燥效能是指达到平衡时液体被干燥的程度。对于形成水合物的无机盐干燥剂，常用吸水后结晶水的蒸气压来表示干燥效能。如硫酸钠形成1个分子具10个结晶水分子的水合物，其吸水容量达1.25。氯化钙最多能形成1个分子具6个水分子的水合物，其吸水量为0.97。二者在25℃时的水蒸气压力分别为260Pa和39Pa。因此，硫酸钠的吸水容量较大，但干燥效能弱；而氯化钙吸水容量较小，但干燥效能强。在干燥含水量较大而又不易干燥的化合物时，常先用吸水容量较大的干燥剂除去大部分水分，再用干燥效能强的干燥剂进行干燥。常用干燥剂的性能与应用范围见表2-2、表2-3。

2. 干燥剂的用量

干燥剂的用量一般根据被干燥物质的性质、含水量、干燥剂自身的吸水量来决定。分

子中有亲水基团的有机物(如醇、醚、胺、酸等),其含水量一般较大,需要的干燥剂多些。如果干燥剂吸水量较小,效能较低,需要的用量也较大。一般每 10mL 液体加 0.5~1g 干燥剂即可。

表 2-2 干燥有机物常用的干燥剂

干燥剂	酸碱性	适用有机物	干燥效果
H_2SO_4(浓)	强酸性	饱和烃、卤代烃	吸湿性较强
P_2O_5	酸性	烃、醚、卤代烃	吸湿性很强,吸收后需蒸馏分离
Na	强碱性	卤代烃、醇、脂、胺	干燥效果好,但速度慢
Na_2O、CaO	碱性	醇、醚、胺	效率高,作用慢,干燥后需蒸馏分离
KOH、NaOH	强碱性	醇、醚、胺、杂环	吸湿性强,快速有效
K_2CO_3	碱性	醇、酮、胺、脂、腈	吸湿性一般,速度较慢
$CaCl_2$	中性	烃、卤代烃、酮、醚	吸水量大,作用快,效率不高
$CaSO_4$	中性	烃、醇、醚、醛、酮、芳香烃	吸水量小,作用快,效率高
Na_2SO_4	中性	烃、醚、卤代烃、醇、酚、醛、酮酯、胺、酸	吸水量大,作用慢,效率低,价格便宜
$MgSO_4$	中性	烃、醚、卤代烃、醇、酚、醛、酮酯、胺、酸	较 Na_2SO_4 作用快,效率高
3A 分子筛 4A 分子筛		各类有机物	快速有效吸附水分,并可再生使用

表 2-3 几种干燥剂的残留水分

干燥剂	P_2O_5	$Mg(ClO_4)_2$	BaO	KOH	$CaSO_4$	H_2SO_4	$CaCl_2$	分子筛
残留水分	$2×10^{-5}$	$5×10^{-4}$	$7×10^{-4}$	$2×10^{-2}$	$5×10^{-2}$	$1×10^{-2}$	0.2	$1×10^{-3}$

3. 干燥时的温度

对于生成水合物的干燥剂,加热虽可加快干燥速度,但远远不如水合物放出水的速度快,因此,干燥通常在室温下进行。

4. 干燥液体有机物操作步骤与要点

(1)首先尽可能除净被干燥液体有机物中水分,不应有任何可见水层或悬浮水珠。

(2)将待干燥液体有机物放入锥形瓶中,加入适量干燥剂,塞紧瓶口,轻轻振摇后静置观察,如发现液体混浊或干燥剂黏在瓶壁上,应继续补加干燥剂并振摇,直至液体澄清后,再静置半小时或放置过夜。若干燥剂能与水发生反应生成气体,还应装配气体出口干燥管。可用无水硫酸铜(白色,遇水变为蓝色)检验干燥效果。

(3)将干燥好的液体滤入蒸馏瓶中,然后进行蒸馏。

> **注意**
>
> 加入干燥剂颗粒的大小要适中,太大则吸水缓慢、效果差;若过细则吸附有机物多,影响收率。

三、气体物质的干燥

1. 气体干燥剂的选择

有机化合物制备过程中产生的气体常带有酸雾、水汽和其他杂质,必须根据气体及所含杂质的种类、性质合理选择吸收剂、干燥剂,进行净化和干燥处理。常用的气体干燥剂见表2-4。

表2-4 常用气体干燥剂

气 体	常用干燥剂
H_2、O_2、N_2、CO、CO_2、SO_3	H_2SO_4(浓)、$CaCl_2$、P_2O_5
Cl_2、HCl、H_2S	$CaCl_2$
NH_3	$CaO(CaO+KOH)$
HI、HBr	CaI_2、$CaBr_2$
NO	$Ca(NO_3)_2$

2. 气体干燥方法

(1)吸附法:常用吸附剂是氧化铝和硅胶。氧化铝的吸水量可达到其自身质量的15%~20%,硅胶可达到20%~30%。

(2)干燥管(塔)、洗气瓶:干燥剂的选择可依气体性质而定。一般液体(如水、浓硫酸)装在洗气瓶中,固体(如无水氯化钙、硅胶)装在干燥管(塔)内。

使用干燥管(塔)干燥气体时,盛放的干燥剂主要以块状或颗粒状固体为主,但不能装得太实,也不宜使用粉末,否则气体难以通过。

使用装在洗气瓶中的浓硫酸做干燥剂时,其用量不可超过洗气瓶容量的1/3,通入的气体流速也不宜太快,以免影响干燥效果。

四、固体物质的干燥

固体物质的干燥是指除去残留在固体中的微量水分或有机溶剂。可根据实验需要和物质的性质不同,选择适当的干燥方法。

1. 自然晾干

对于在空气中稳定、不分解、不吸潮的固体物质,可将其放在洁净干燥的表面皿上,摊成薄层,上面盖一张滤纸,以防污染,在空气中自然晾干,此法既简便又经济。

2. 加热干燥

对于熔点较高且遇热不分解的固体物质,可放在表面皿或蒸发皿中,用烘箱烘干。

固体有机物烘干时应注意加热温度必须低于其熔点或分解点30℃以下。

3. 干燥器干燥

对于易吸潮、易分解或易升华的固体物质,可放在干燥器内进行干燥。常用的干燥剂有硅胶、氯化钙(可吸收微量水分)和石蜡片(可吸收微量有机溶剂)等。干燥剂吸水较多后应及时更换。

干燥器有普通干燥器(图2-1)、真空干燥器(图2-2)和真空恒温干燥器三种。

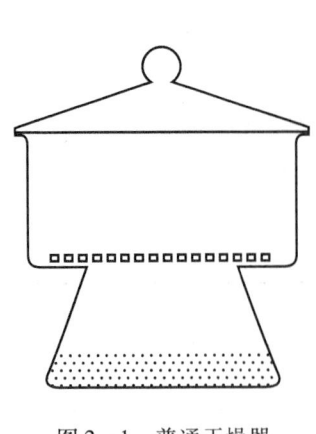

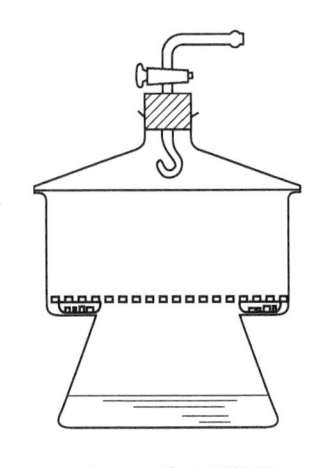

图 2-1　普通干燥器　　　　　　图 2-2　真空干燥器

普通干燥器是磨口的厚壁玻璃器皿,磨口处涂有凡士林,以便使其更好地密合,内有一带孔的瓷板,用以承放被干燥物品。瓷板下面装有干燥剂,以吸收从固体有机物蒸发出来的溶剂。由于普通干燥器干燥固体物质需要较长时间,干燥效率不高,故更多地用来存放易吸潮的样品。

真空干燥器在干燥器的盖上带有一玻璃旋塞,用于连接水泵或油泵,以便进行减压抽气,这样可以使干燥速度加快,干燥效果更好。

思 考 题

1. 对有机化合物进行干燥时,为什么要两个小时以上?
2. 干燥过程时,干燥剂的用量一般取多少合适?

第三节　搅拌和搅拌器

搅拌是有机化合物制备过程常见的基本操作之一。搅拌的目的是使反应物混合得更均匀,反应体系的热量容易散发和传导,反应体系的温度更加均匀,从而有利于反应的进行。特别是对非均相反应来说,搅拌是更为必不可少的操作。

一、搅拌方法

搅拌的方法有两种:人工搅拌和机械搅拌。对于简单的、反应时间不长的,而且反应体系中放出的气体是无毒的制备实验,可以用人工搅拌。而对于比较复杂的、反应时间较长的,而且反应体系中放出的气体是有毒的制备实验,则用机械搅拌。

二、常用的搅拌器

实验中常用的搅拌器有玻璃棒、磁力搅拌器和电动搅拌器等。

1. **玻璃棒**

玻璃棒是有机化合物制备实验中最常用的搅拌器具。使用时手持玻璃棒上部,轻轻转动手腕,用微力使其在容器中的液体内均匀搅动。

搅动液体时,应注意不能将玻璃棒沿容器壁滑动,也不能朝不同方向乱搅而使液体溅出容器外,更不能用力过猛以致击破容器。

2. **磁力搅拌器**

磁力搅拌器又叫电磁搅拌器,如图 2-3 所示。使用时,在盛有溶液的容器中放入转子(密封在玻璃或合成树脂内的强磁性铁条),将容器放在磁力搅拌器上。通电后,底座中的电动机使磁铁转动,所形成的磁场使置于容器中的转子跟着转动,转子又带动了溶液的转动,从而起到了搅拌作用。磁力搅拌适用于体积小、黏度低的液体。

带有加热装置的磁力搅拌器,可在搅拌的同时进行加热,使用十分方便,如图 2-4 所示。

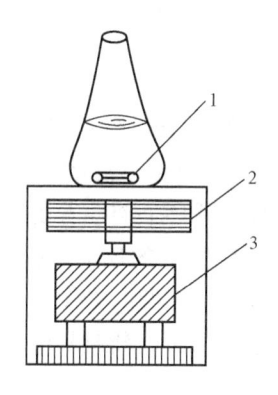

图 2-3 磁力搅拌器
1—转子;2—磁铁;3—电动机

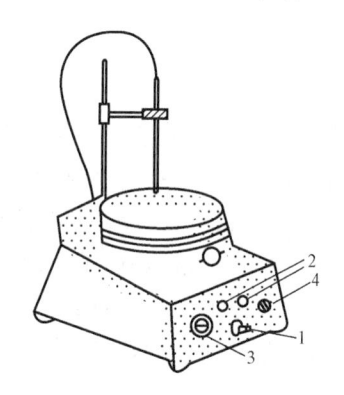

图 2-4 磁力加热搅拌器
1—电源开关;2—指示灯;3—调速旋钮;4—加热调节旋钮

在使用磁力搅拌器时应注意:

(1)磁力搅拌器工作时必须接地。

(2)转子要沿容器壁轻轻滑入容器底部。

(3)先将转子放入容器中,再将容器放在搅拌器上。打开电源后,要缓慢调节调速旋钮进行搅拌。速度过快,会使转子脱离磁铁的吸引,不停地跳动,出现此情况时,应迅速将调速旋钮调到停止的位置,待转子停止跳动后再逐步加速。

(4)搅拌结束后,要先取出转子,再倒出液体,及时清洗转子并保存好。

3. **电动搅拌器**

对于需要快速和长时间的搅拌,在实验中常采用电动搅拌器。它适用于大体积反应、固—液反应和黏度较大的反应。电动搅拌器由四部分组成,如图 2-5 所示。

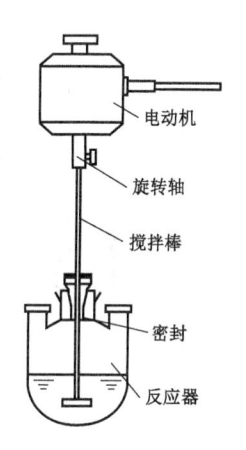

图 2-5 电动搅拌器

1)动力部分

动力部分包括电动机和调速变压器两部分。搅拌强度是通过调节调速变压器来实现的。

在启动搅拌系统前,首先要将调速旋钮调至最小,然后才可打开电源开关。启动后,缓慢加快搅拌速度至合适的速度。使用完毕,必须将调速旋钮调至最小。

2)搅拌棒

电动搅拌器的搅拌棒通常由玻璃、不锈钢棒或聚四氟乙烯等耐腐蚀材料制成,其形式多样,可根据搅拌的剧烈程度选用不同的形式。常用的电动搅拌棒形式如图2-6所示。

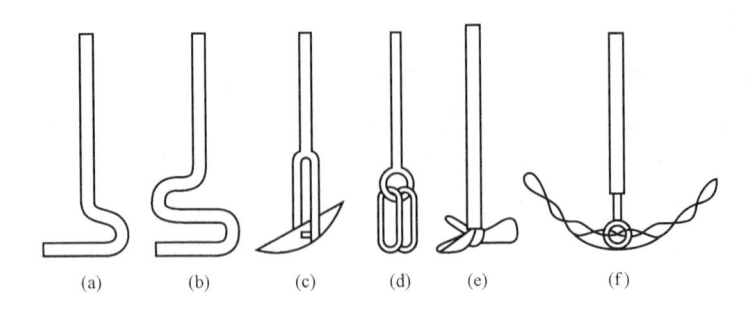

图2-6 电动搅拌棒形式

图2-6中,(a)和(b)搅拌棒可由玻璃棒简单制成;(c)和(d)搅拌棒具有灵活的搅拌头,可插入到窄口反应瓶中使用;(e)为不锈钢桨式搅拌棒,适用于两相不混溶的体系,其优点是搅拌平稳,搅拌效果好;(f)为玻璃搅拌棒,棒下端为玻璃圆环,圆环上连接着由镍铬合金、钛合金等金属线编成的小圆环,特别适用于搅拌固体易于黏附到瓶壁上的反应。搅拌棒与电动机的转轴连在一起时要保证同心,转动灵活,以减少搅拌棒转动时的摆动,如图2-5所示。在搅拌过程中要随时注意搅拌棒的转动情况,防止搅拌棒因转速过高而震断或从电动机上脱落。

3)密封部分

在进行密封反应时,应采用相关的防漏气措施,采用密封装置,常用密封装置如图2-7所示。电动搅拌棒的密封连接见图2-8。

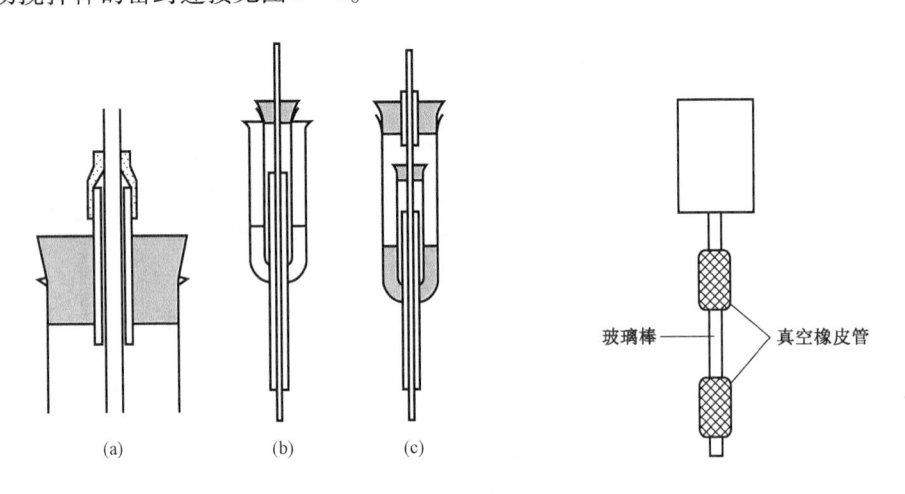

图2-7 常用密封装置   图2-8 电动搅拌棒的密封连接

图2-7中,(a)为简单密封装置。外管是内径比搅拌棒略粗的玻璃管,上接标准磨口,取一段长约2cm、内径必须与搅拌棒粗细适合、弹性较好的橡皮管套于玻璃管上端,然后自玻璃管下端插入搅拌棒,使固定在玻璃管上端的橡皮管与搅拌棒紧密接触,从而达到密封的效果。

在搅拌棒和橡皮管之间滴加少量甘油,可对搅拌棒起润滑和密封作用。这种简单密封装置在减压(1.3~1.6kPa)时也可使用。(b)和(c)为液体密封装置,常用的密封液体是水、液状石蜡、甘油或汞(由于汞蒸气有毒,所以尽量不使用汞)。

> **注意**
>
> 搅拌棒与玻璃管或液封管的软木塞或橡皮塞的孔必须钻得光滑笔直。

4)反应器

反应器通常为三口烧瓶,中间的口装搅拌器,两侧的口中,一口装温度计或滴液漏斗,一口装回流冷凝器。此处电动搅拌装置的安装比较复杂,需要认真地进行。一般先根据所需要的高度固定电动机的高度,然后用橡皮管将已插入封管中的搅拌棒连接到轴上,再小心地将三口烧瓶套上至搅拌棒下端距瓶底约5mm,将三口烧瓶用烧瓶夹固定,最后检查这几件仪器安装得是否正直、稳固。

4. 其他搅拌方式

振荡是一种特殊的搅拌方式。固相合成时经常使用点接触式振荡器。多种样品在同一条件下反应时(如恒温),也经常使用振荡器。

超声波振荡也是一种特殊的搅拌方式。除了反应搅拌外,超声波振荡器常用来清洗玻璃仪器。

思 考 题

1. 有机化合物制备过程中,常用的搅拌器有哪些?
2. 使用磁力搅拌器时,应注意什么?

第四节 玻璃管和塞子的简单加工

在有机化合物制备过程中,经常遇到对玻璃管和塞子进行加工的问题,如塞子钻孔和自己动手用玻璃管制作弯管、滴管、毛细管等,因而熟悉简单的玻璃加工操作和塞子的钻孔技术,是基本实验操作的基本要求之一。

一、玻璃管的简单加工

1. 玻璃管(棒)的切割

1)折断法

玻璃管的切割操作分两步,一是锉痕,二是折断。

锉痕: 选择干净、粗细合适的玻璃管,平放在试验台边缘,左手的拇指按住玻璃管(棒)要截断的地方,右手拿锉刀,用锉刀的棱锋压在切割点上,朝一个方向用力锉,左手同时将玻璃管(棒)缓慢朝相反方向转动,这样,玻璃管(棒)上便会锉出一道清晰、细直的锉痕,如图 2-9 所示。

> **注意**
>
> 锉痕时只向一个方向即向前或向后锉,不能来回拉锉,否则断口不整齐。

折断:当锉出了凹痕之后,下一步就是把玻璃管折断。双手握住锉痕两端,锉痕朝外,两手拇指抵住锉痕背面,稍稍用力向前推,同时向两端拉(三分推力,七分拉力),这样就可以折成整齐的两段,如图 2-10 所示。有时为了安全起见,常用布包住玻璃管,同时尽可能远离眼睛,以免玻璃碎片伤人。玻璃管的断口很锋利,容易划破皮肤,又不易插入塞子的孔道中,所以要将断口在灯焰上烧平滑。熔烧时间不能太长,以防口径变形。

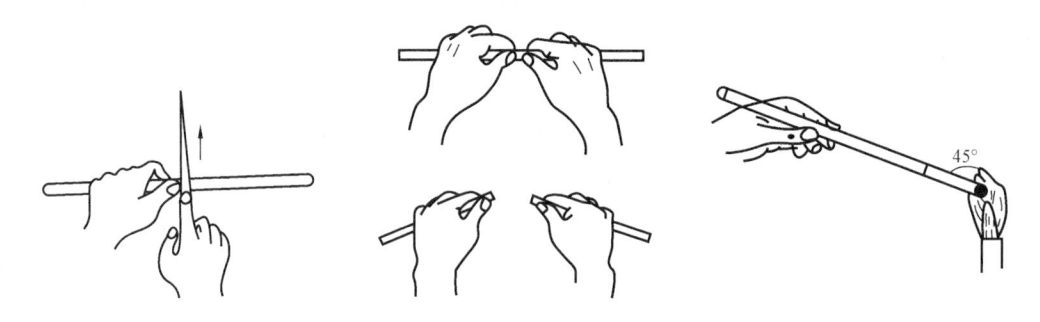

图 2-9 玻璃管的锉痕   图 2-10 玻璃管的折断和熔烧

2)点炸法

要在接近玻璃管端口处折断时,可用点炸法,以避免两手不方便平衡用力。

按上述方法在切割点处锉痕,滴上水,然后将一根拉细的玻璃棒用灯焰加热至白炽而成珠状熔滴,迅速将此熔滴触压到滴过水的锉痕一端,锉痕由于聚集强热而炸裂,并不断扩展成整圈,玻璃管(棒)自行断开。若裂痕未扩展成整圈,可再次熔烧玻璃棒,用熔滴在裂痕的末端引导,重复此操作,直至玻璃管(棒)完全断开。

2. 玻璃管的弯曲

有机化合物制备过程中,常常要用到不同弯度的玻璃管。将玻璃管放在火焰中受热至一定温度时,使其逐渐变软,离开火焰后,可在短时间内弯曲至所需要的角度。

1)酒精喷灯

酒精喷灯通过燃烧汽化后的酒精蒸气以获得高的温度,加热温度一般为 800~1000℃。常用的酒精喷灯有座式和挂式两种,如图 2-11 所示。它们都有灯管、空气调节器和预热盘。座式酒精喷灯的预热盘下面是储存酒精的酒精壶;而挂式酒精喷灯的预热盘下方则是一根金属管,并经橡皮管与酒精贮罐相连。

酒精喷灯的正常火焰,明显地分为三个锥形区域,如图 2-12 所示。焰心在最内层,是空气和酒精蒸气的混合区,未燃烧,温度最低,约为 300℃。还原焰在中层,酒精燃烧不完全,分解为含碳的产物,火焰具有还原性,呈淡蓝色,温度较高。氧化焰在最外层,酒精燃烧完全,火焰呈淡紫色,因含有过量的空气而具有氧化性。处于还原焰上端的氧化焰部分具有火焰的最高温度。

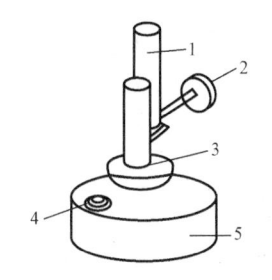

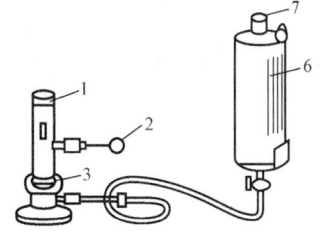

图2-11 酒精喷灯的类型和构造图
1—灯管;2—空气调节器;3—预热盘;4—铜帽;
5—酒精壶;6—酒精贮罐;7—盖子

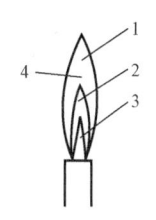

图2-12 正常火焰
1—氧化焰;2—还原焰;
3—焰心;4—最高温处

2）酒精喷灯的使用方法

添加酒精:使用前,旋开注酒精的螺旋盖,通过漏斗将酒精加入贮壶(罐)内。为了安全,座式灯所加酒精不要超过贮罐容积的4/5。随即将盖旋紧,避免漏气。然后将灯身倾斜70°,使灯管内的灯芯沾湿,以免灯芯烧焦。挂式灯要先关好酒精贮罐的下口,再加酒精。

预热和点燃:先向预热盘中加少量酒精并点燃之,待盘内酒精快烧完时再在灯管上口点燃灯焰。若经两次预热都不能点燃灯时,可待火焰完全熄灭而且灯冷却后往贮罐内添加酒精,并用探针疏通出气口,然后再行预热和点燃。

调节火焰:转动空气调节器,使火焰达到所需的温度。一般情况下,进入的空气越多,即氧气越多,火焰温度越高。若空气进入量合适时,火焰应明显分为三层,且可听到嘶嘶的响声。

灭酒精喷灯:用毕后,将空气入口转至最大处,可用事先准备的废木板(或湿布)平压灯管上方,火焰即可熄灭,然后垫着机具旋松螺旋盖(以免烫伤),使罐内温度较高的酒精蒸气逸出。

> **注意**
>
> ▶ 酒精喷灯工作时,灯座下绝不能有任何热源,环境温度一般应在35℃以下,周围不要有易燃物。
>
> ▶ 当罐内酒精耗剩20mL左右时,应停止使用,如需继续工作,要将酒精喷灯熄灭并降温后再增添酒精,不能在酒精喷灯燃着时向罐内加注酒精,以免引燃罐内的酒精蒸气。
>
> ▶ 使用酒精喷灯时如发现罐底凸起,要立即停止使用,检查喷口有无堵塞、酒精有无溢出等,待查明原因、排除故障后再使用。

3）弯制玻璃管的方法

常用的弯制玻璃管操作有快弯法和慢弯法两种。

快弯法又称吹气弯曲法,如图2-13所示。将玻璃管一端先用橡皮头或棉花堵上,也可以先熔封。将待弯部位在小火中来回移动预热,然后在氧化焰中均匀、缓慢旋转加热,加热面应约为玻璃管直径的 3 倍。玻璃管慢慢软化到接近流淌的程度,注意保持玻璃管不变形,使玻璃管离开火焰,将玻璃管迅速按竖直、弯曲、吹气三个连续动作,弯制成所需的角度。如果一次弯曲的角度不合适,可以在吹气后,立即进行小幅度调整。在弯管时要注意弯管在同一平面上。

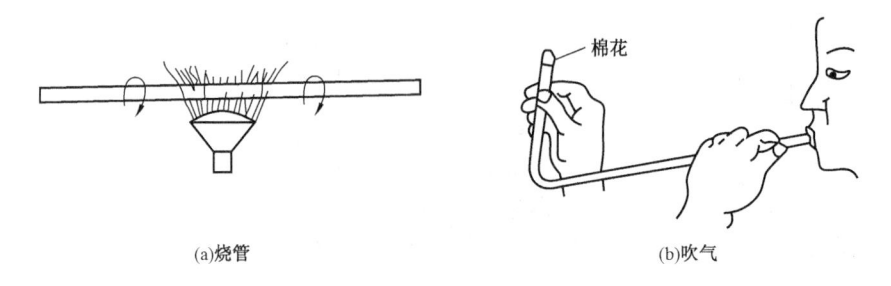

(a) 烧管　　(b) 吹气

图 2-13　快弯法

慢弯法又叫分层次弯曲法。如图 2-14 所示,将弯曲部位先放在火焰上预热,再放入氧化焰中加热。加热时,要求两手均匀、缓慢地向同方向转动玻璃管,不能向内或向外用力,避免改变管径。当受热部位软化后,离开灯焰,轻轻弯成一定角度(约 20°),如此反复操作,直至弯成所需角度即可。检查弯好的玻璃管的外形,如图 2-14(b) 所示为合格。

(a) 弯管　　(b) 弯成的玻璃管　　(c) 不合格玻璃管

图 2-14　慢弯法

合格的弯曲玻璃管,从整体上看,应该在同一平面内,无瘪陷、扭曲,内径均匀。

> **注意**
>
> 当玻璃管弯出一定角度后,再加热时,就应使顶角的内外两侧轮流受热,同时两手要将玻璃管在火焰上作左右往复运动,以使弯曲部位受热均匀。弯管时,不能急于求成,烧得太软或弯得太急,容易造成瘪陷和纠结;若烧得不软,用力过大,则容易折断。

加工后的玻璃管应及时地进行退火处理。方法是将经高温熔烧的玻璃管,趁热在弱火焰中加热或烘烤片刻,然后慢慢地移出火焰,再放在石棉网上冷却至室温。不经退火的玻璃管质脆易碎。

> **注意**
>
> 制好的玻璃制品在变硬后应置于石棉网上,千万不能置于瓷板上或沾冷水,否则会破裂。

3. 玻璃管的拉伸

1）滴管的制作

选取粗细、长度适当的干净玻璃管，两手持玻璃管两端，将中间部位放入喷灯火焰中加热，并不断地朝一个方向慢慢转动，使之受热均匀，避免玻璃管熔化后由于重力作用而造成的下垂。等玻璃管烧至发黄变软时，立即离开火焰。两手以同样速度旋转玻璃管，同时慢慢向两边拉伸，直到其粗细程度符合要求时为止。

拉出的细管应与原来的玻璃管在同一轴线上，不能歪斜，如图 2-15 所示。待冷却后，从拉细部分中间切断，得到两根玻璃管，将尖嘴在弱火焰中烧圆，将粗的一端烧熔，在石棉网上垂直下压，使端头直径稍微变大，配上橡皮乳头，即得两根滴管。

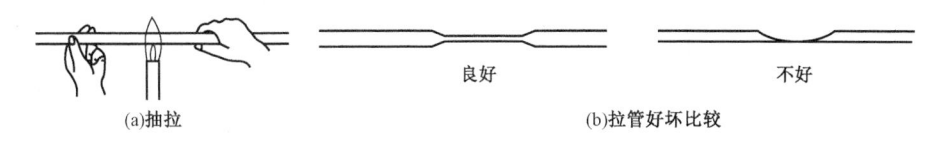

(a)抽拉　　　　　(b)拉管好坏比较

图 2-15　滴管的拉制

2）毛细管的制作

先将玻璃管内部洗净后烘干。拉制手法与滴管制作时一样，只是玻璃管烧得更软些，受热部位红黄时，从火焰中移出，两手平稳地、边往复旋转边水平拉伸，拉伸速度先慢后快，拉成内径 1~1.5mm 和 3~4mm 的两种毛细管，冷却后将内径 1~1.5mm 的毛细管用砂片截成 15~20cm 长，将此毛细管的两端在小火上封闭，当要使用时，在这根毛细管的中央切断，这就是两根熔点管。将直径 3~4mm 的毛细管截成 7~8cm 长，在小火上封闭其一端，另将直径约 1mm 的毛细管截成 8~9cm 长，封闭其一端，这两根毛细管就可组成沸点管了，如图 2-16 所示。

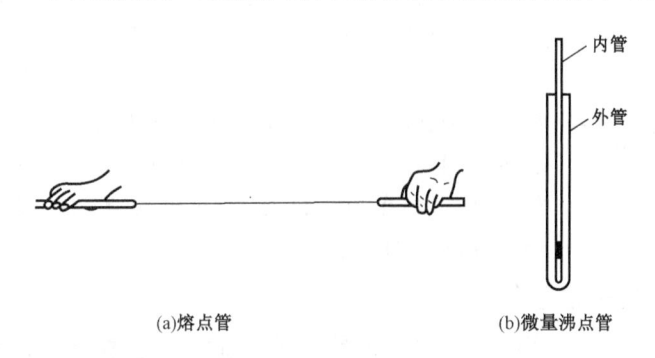

(a)熔点管　　　　　(b)微量沸点管

图 2-16　毛细管的制作

4. 搅拌棒的弯制

选取粗细合适的玻璃棒，在煤气灯的强火焰上烧，不断地来回转动，使之受热均匀，当烧到一定程度（不要太软，以免变形）时，从火中取出，用镊子弯成所需的形状。弯好后再在弱火焰上烤一会儿，进行退火。

二、塞子的选择和钻孔

在有机化合物制备过程中，常用的塞子有软木塞和橡皮塞，软木塞不易被有机物侵蚀，但它的气密性较差,而橡皮塞易受有机溶剂的侵蚀和溶胀,但它的密封性较好,容易取得。借助于塞子可将不同仪器连接起来,装配成各种反应装置。在有机化合物制备过程中大量选用橡皮塞。

1. 橡皮塞的选择

塞子进入瓶颈或管颈的部分不应少于塞子本身高度的 1/3,也不大于 2/3,一般在 1/2 为宜,如图 2-17 所示。

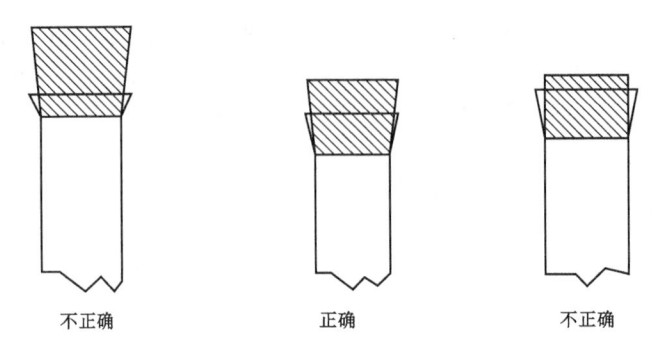

不正确　　正确　　不正确

图 2-17　塞子大小的配置

2. 塞子的钻孔

为橡皮塞钻孔时,选择钻孔器的孔径应比玻璃管的直径略大一些,使玻璃管恰好插入橡皮塞。钻孔前,在钻孔器的前部应涂一层凡士林(或甘油),起润滑作用。

钻孔时,塞子下面垫一块小木板,防止钻孔器将桌面钻破。将塞子小的一端朝上,左手扶住,右手持钻孔器,顺时针旋转施加压力,转至 1/2 时,逆时针旋出,然后从另一面钻孔,最后用圆锉刀修复,如图 2-18 所示,钻孔器应始终与桌面保持垂直。若对软木塞钻孔时,为了防止软木塞裂开,应先在滚压器内用力慢慢滚压一遍,钻孔时,钻孔器的口径应较玻璃管略小,可从塞子两面对准钻孔,直至将孔钻通。若钻的孔略小(或孔道不光滑),可用小圆锉修整到合适为止。

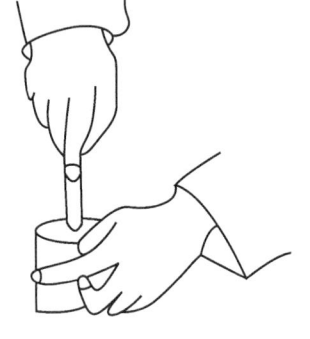

图 2-18　塞子的钻孔

3. 玻璃管插入塞子的方法

应先将插入塞子的玻璃管用水或甘油润湿一下,然后一手捏住塞子,另一手握住 2~3cm 玻璃管处,慢慢旋转(可用转动塞子的方式),绝对不能采用"使劲顶入"的方式插入塞孔,也不能握着远离插入塞子一端的玻璃管处。插入或拔出玻璃管时,手指千万不能捏在玻璃管的弯曲处,以防玻璃管折断而伤手,如图 2-19 所示。

三、实验 2-1　玻璃管的简单加工操作

1. 实验目标

(1) 学习简单玻璃加工操作方法;
(2) 能安全、熟练地使用酒精喷灯;

(a)正确　　　　　　　　　　(b)不正确

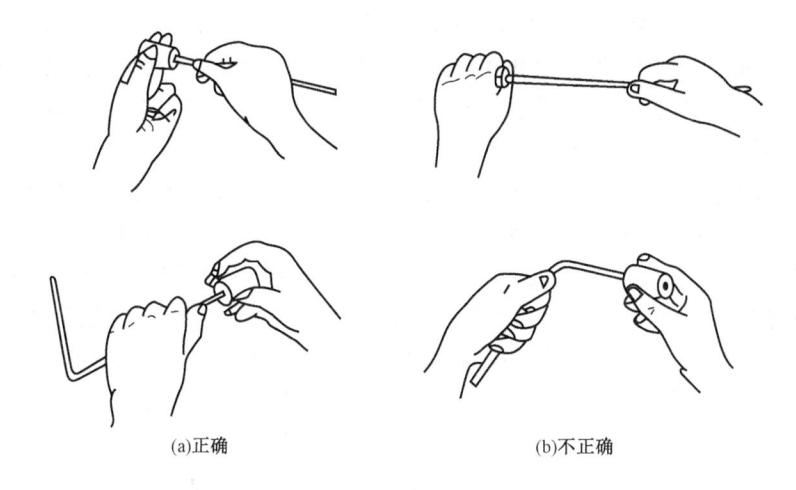

图 2-19　玻璃管插入塞子

(3)可以制作几种简单的玻璃器具。

2. 实验用品

酒精喷灯、扁锉、镊子、石棉网、玻璃管和玻璃棒。

3. 实验过程

领取直径7mm、长1.4m的玻璃管3根,直径5mm、长0.5m的玻璃棒1根,直径10mm、长40~50cm的薄壁玻璃管2根,完成下列任务。

(1)按操作要求练习切割玻璃管,将其截成数等份。

(2)用直径7mm的玻璃管制作总长度为150mm的滴管,其粗端长为120mm,细端内径为1.5~2.0mm、长30~40mm。粗端烧软后在石棉网上按一下,外缘凸出,便于装乳头胶帽。

(3)用直径10mm的薄壁玻璃管拉制成长150mm、直径1mm两端封口的毛细管10根。

(4)用3根直径为7mm的玻璃管制作30°、75°和90°角的玻璃弯管各一支。

(5)用长18cm及12cm长的玻璃棒各一根,两端在火焰中烧圆,作搅棒用。另用直径5mm、长30~35cm的玻璃棒弯制玻璃搅棒一根。

思 考 题

1. 切割、弯曲玻璃管和拉制毛细管时应注意哪些问题？
2. 玻璃管加工完毕为什么要退火？

阅读材料

把握好"度"

什么叫"度"？"度"是计量长短的标准,"同律度量衡";是按一定计量标准划分的单位,如温度、湿度、弧度、角度、速度;是反映事物程度、限度的标尺,如强度、密度、亮度。同时,"度"还是一个哲学范畴,是事物保持质的规定性的数量界限,反映事物质和量的统一。

"欹器"是仰韶文化时期的一种器皿,呈梭形,不能竖立,中间部分有两耳,以绳穿之,悬于两杆之间。当里面空的时候,因重力作用,欹器是斜的;当水到六分的时候,欹器竖直而立,处在正中的位置;当水超过七分就会发生倾覆,水会流光。宋仁宗曾在朝上为群臣演示欹器,向群臣宣示"虚则欹、中则正、满则覆"的中正持国之道。

世间万物,皆有其度。一些出类拔萃者,因为掌握了本行工作的内在规律,把握了实际操作的"度",而使自己的业务及技术水平达到了炉火纯青的程度。譬如厨师恰当把握"火候",演员恰当把握"分寸",医生恰当把握"剂量",画家恰当把握"色调"等,都属于这种情况。

如何把握好工作中的"度",有人总结了适时、适情、适度的"三适原则",颇有一些道理。同时,还要做到"三思":一思事情是不是依法依规,二思做法是不是遵循规律,三思工作目标能否实现。如此就能把握好工作的"火候"和"分寸",达到事半功倍之效。

黑格尔说过,举凡一切人世间的事物,皆有其一定的尺度,超越这个尺度就会招致沉沦和毁灭。把握好"度",是一种智慧,是一个人成熟练达的体现。它体现学识、知识、胆识,更昭示胸怀、眼界、格局。只有通过持之以恒的学习,通过实践锻炼和总结,通过刻苦的思想锤炼,才能"不畏浮云遮望眼"。

第三章　有机化合物物理常数测定

有机化合物的物理常数主要包括熔点、沸点、密度、折射率和旋光度等,它们分别以具体的数值表达化合物的物理性质,这些物理性质在一定程度上反映了分子结构的特性。所以,物理常数是有机化合物的特性常数,通过物理常数的测定来鉴别有机化合物是十分重要的。此外,杂质的存在,必然引起物理常数的改变,所以,测定物理常数也可以作为检验纯度的标准。

通常而言,固体试样可以测其熔点,液体试样测密度、折射率等,具有旋光活性的物质还可以测旋光度。

第一节　有机化合物熔点及其测定

每一种纯的固体有机物都具有一定的熔点,熔点是固体有机化合物最重要的物理常数之一,不仅可以用来鉴定固体有机化合物,同时也是检验有机化合物纯度的标志之一。所以,熔点的测定是有机化合物定性分析中一项重要的操作,熔点测得不准,容易导致错误的结论。

一、实验原理

在常温、常压下,物质吸热,从固态转变成液态的过程叫熔化,反之,物质放热,从液态转变为固态的过程叫凝固。在一定条件下,固态和液态达到平衡状态相互共存时的温度,就是该物质的熔点。物质从开始熔化(初熔)到完全熔化(全熔)的温度范围叫熔点范围,又称为熔程或熔距,一般为0.5~1℃。

纯物质通常有很敏锐的熔点,且熔点范围狭窄,一般不超过1℃。如果含有杂质,熔点就会降低,熔程也会增长,通常都在1℃以上。所以,熔点是检验固体有机化合物纯度的重要标志,有时还可通过测定纯度较高的有机化合物的熔点来进行温度计的校正。

在鉴定未知物时,如果测得的熔点与某已知物的熔点相同(或相近),并不能就此完全确认它们为同一化合物,因为有些不同的有机物却具有相同或相近的熔点,此时,可将二者等比例混合,测该混合物的熔点,若熔点不变,则可认为是同一物质,否则便是不同物质。但对于受热易分解的化合物,即使纯度很高,也无确定的熔点,且熔距较宽。

二、毛细管法测熔点

测定熔点有两种方法:常量法和微量法。常量法测定熔点比较准确,但需要较大量的样品才能满足测定熔点的需要。因此,测定有机化合物的熔点,通常采用微量法。

1. 实验装置

中华人民共和国国家标准GB/T 617—2006《化学试剂:熔点范围测定通用方法》规定了用毛细管法测定有机试剂熔点的通用方法,适用于结晶或粉末熔点的测定。

毛细管法(微量法)是测定熔点最常用的基本方法,一般都是采用热浴加热。优良的热浴应该装置简单、操作方便,特别是加热要均匀、升温速度要容易控制。在实验室中一般采用的熔点测定装置有提勒管或双浴式熔点测定器。

(1)提勒管(Thiele tube,又称b形管)熔点测定装置如图3-1(a)所示。内盛浴液,液面高度以刚刚超过上侧管1cm为宜,加热部位为侧管顶端,这样可便于管内浴液较好地对流循环。将装好样品的熔点管用小橡胶圈固定在分度值为0.1℃的测量温度计上,并使样品部分位于水银球中部。附有熔点管的温度计通过侧面开口的橡胶塞安装在提勒管中。这种装置比较简单,使用方便,测定速度快;但加热不够均匀,所测熔点的温度范围大,准确性稍差。

(2)双浴式熔点测定装置如图3-1(b)所示。测定装置由圆底烧瓶、试管、侧面开口塞、测量温度计、辅助温度计及熔点管组成。在250mL圆底烧瓶中盛放溶液(用量约为容积的2/3),将试管通过一侧面开口的橡胶塞固定在烧瓶中,距瓶底约15mm处。试管中可加浴液,也可使用空气浴(不加浴液),然后将缚有熔点管的温度计通过一侧面开口的橡胶塞固定于试管中,距管底约1cm处,另将一辅助温度计用小橡胶圈固定在温度计的外露部位。这种装置通过油浴和空气浴加热样品,样品受热均匀,温度上升缓慢,所以准确性较高,熔程范围较小;但装置稍复杂,加入的热浴物质(如甘油、液体石蜡等)用量较多,测定熔点速度较慢。

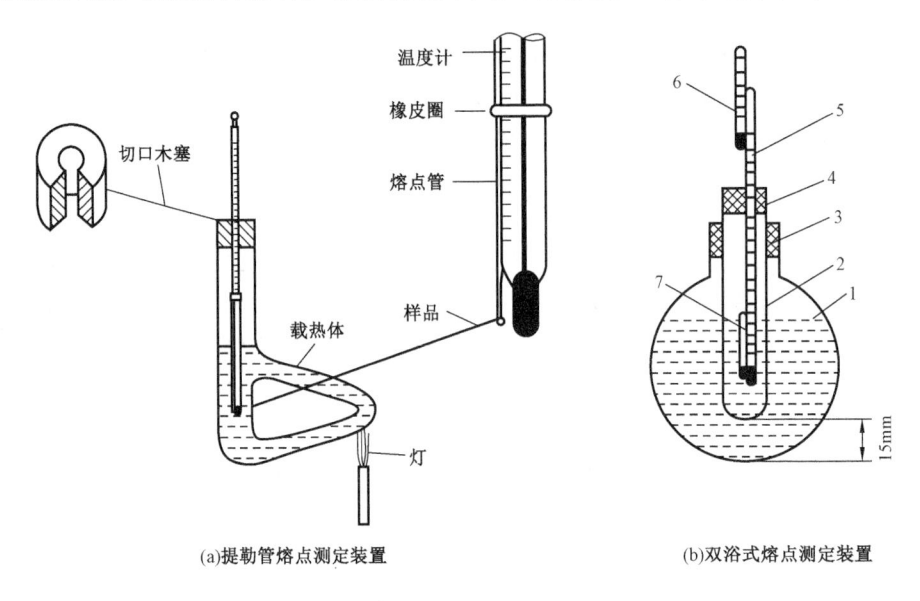

图3-1　熔点测定装置

1—圆底烧瓶;2—试管;3,4—侧面开口塞;5—测量温度计;6—辅助温度计;7—熔点管

> **注意**
>
> 微量熔点测定装置所配的塞子最好是软木塞,因为软木塞的耐热性好,而橡皮塞在高温下易变黏。在软木塞上一定要锉一通气孔。加热时仪器内的空气膨胀,如无通气孔,内部压力太大时,易将塞子爆出,不仅易使实验失败,还易造成事故。

(3)应选用沸点高于被测物质全熔温度的,而且性能稳定、清澈透明、黏度小的液体作为载热体。常用载热体见表3-1。

表 3-1　常用的载热体

载热体	最高使用温度,℃	载热体	最高使用温度,℃
液体石蜡	230	浓硫酸	220
甘油	230	有机硅油	350
石蜡	250~350	磷酸	300

有机硅油是无色透明、热稳定性较好的液体,具有对一般化学试剂稳定、无腐蚀性、闪点高、不易着火以及黏度变化不大等优点,故使用广泛。

2. 实验过程

1) 熔点管的制作

取长 60~70mm、直径 1~1.5mm 的玻璃管,用小火将一端封口,作为熔点管。

视频 3-1-2 熔点的测定操作

2) 样品的装入

将干燥过的研磨成粉末状的待测样品 0.2~0.3g 置于干燥、洁净的表面皿上,堆成小堆,然后将熔点管开口一端垂直插入样品中,再将毛细管开口端朝上,在桌面上激几下,如此重复取样品数次,最后使毛细管从直立的 40~50cm 长的玻璃管中自由落下至表面皿上,这样重复几次,使样品在毛细管中致密均匀,样品高度一般为 2~3mm,每种样品装 2~3 根。

3) 安装仪器

将提勒管固定在铁架台上,装入溶液,然后按图 3-1(a) 安装附有熔点管的温度计。注意温度计刻度值应置于塞子开口侧并面向操作者以便于读数,熔点管应附于温度计侧面而不能在下面或背面,以便观察管内固体的熔化情况。

4) 加热测熔点

用酒精灯在提勒管侧管弯管处的底部加热。开始时升温速度可稍快,大约保持每分钟上升 5℃,当热浴温度距所测样品熔点约 10~15℃时,放慢加热速率,大约保持在每分钟 1~2℃,越接近熔点升温速率越慢,每分钟 0.2~0.3℃。升温速率是测得准确结果的关键,这样处理才可有充分时间传递热量,使固体熔化又可准确、及时地观察到样品的变化和温度计所示读数。记下样品开始塌落并有液体相产生(初熔)和固体完全熔化时(全熔)的温度计读数,即为该化合物的熔程。

熔点的测定至少应有两次重复的数据。第二次测定时,必须待浴液温度降低至熔点以下 20℃左右。每次测定必须用新的熔点管重新装样,不得将已测过的熔点管冷却,使样品固化后再做第二次测定。因为有时某些化合物部分分解,有些经加热会转变为具有不同熔点的其他结晶形式。测定结果要平行(相差不大于 0.5℃),否则需测第三次。

5) 实验后处理

(1) 熔点测定后,温度计的读数需对照校正图进行校正。

(2) 要等熔点浴冷却后,方可将加热液倒回瓶中。温度计冷却后,用纸擦去热液方可用水冲洗,以免温度计水银球破裂。

三、温度计的校正

用上述方法测定熔点时,熔点的读数与实际熔点之间常有一定的差距,原因是多方面的,

温度计的影响是一个重要的因素。因此,在测定熔点(或沸点)前,需要对温度计进行校正。校正温度计的方法有:

1. 比较法

选一支标准温度计与要进行校正的温度计在同一条件下测定温度,比较其所指示的温度值。

2. 定点法

选择数种已知准确熔点的标准样品,见表3-2,测定它们的熔点,以观察到的熔点(t_2)为纵坐标,以此熔点(t_2)与准确熔点(t_1)之差作横坐标,如图3-2所示,从图中求得校正后的正确温度误差值,例如测得的温度为100℃,则校正后应为101.3℃。

表3-2 一些有机化合物的熔点

样品名称	熔点,℃	样品名称	熔点,℃
冰—水	0	水杨酸	159
对二氯苯	53.1	D-甘露醇	168
对二硝基苯	174	对苯二酚	173~174
邻苯二酚	105	对羟基苯甲酸	214.5~215.5
苯甲酸	122.4	蒽	216.2~216.4

零点的确定最好用蒸馏水和纯冰混合物,在一个15cm×2.5cm的试管中放入蒸馏水20mL,将试管浸入冰盐浴中,至蒸馏水部分结冰,用玻璃棒搅动使之成为冰—水混合物,将试管从冰盐浴中移出,然后将温度计插入冰—水中,用玻璃棒轻轻搅动混合物,到温度恒定3min后再读数。

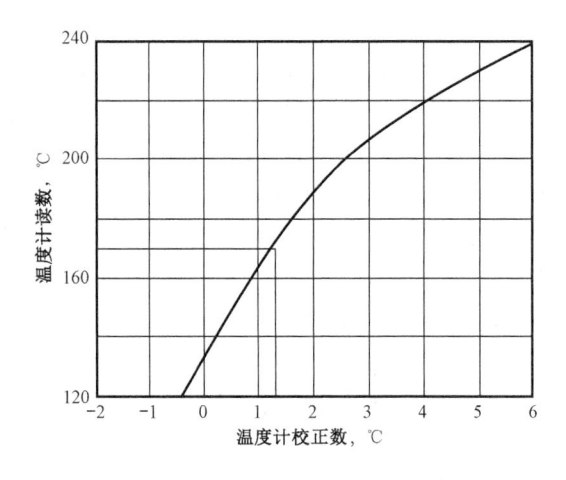

图3-2 定点法温度计刻度校正示意

四、显微熔点测定仪测熔点

毛细管法测定熔点的优点是简单、方便,但不能观察晶体在加热过程中的变化。为了克服这一缺点,可采用显微熔点测定仪。

1. **实验装置**

显微熔点测定仪可测量微量样品(2～3颗小粒晶体),测量熔点为室温至300℃的样品,可观察晶体在加热过程中的变化情况,如升华、分解等。这类仪器型号较多,图3-3所示为其中的一种。

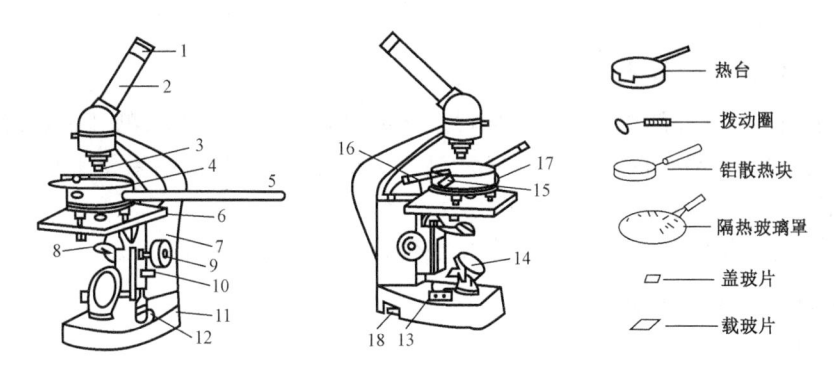

图3-3 显微熔点测定仪示意图

1—目镜;2—棱镜检偏部件;3—物镜;4—热台;5—温度计;6—载热台;7—镜身;8—起偏振件;9—粗动手轮;10—止紧螺丝;11—底座;12—波段开关;13—电位器旋钮;14—反光镜;15—拨动圈;16—上隔热玻璃;17—地线柱;18—电压表

2. **实验过程**

(1)将研细微量样品放在两片洁净的载片玻璃之间,放在加热台上。调节镜头,使显微镜焦点对准样品,从而从镜头中可看到晶体外形。开启加热器,调节加热速率,当接近样品熔点时,控制温度使每分钟上升1～2℃。当样品的结晶棱角开始变圆时是熔化的开始,温度为初熔温度。结晶形状完全消失时的温度为全熔温度。

(2)测定熔点后,停止加热,稍冷却后用镊子拿走载玻片,将一厚铝板盖放在热板上,加快冷却,然后清洗载玻片以备再用。

五、实验3-1 熔点的测定

1. **实验目标**

(1)学习熔点的测定原理及操作方法;
(2)掌握熔点仪的操作方法;
(3)能利用毛细管法测定熔点;
(4)学会温度计的校正方法。

2. **实验用品**

提勒管、熔点管、温度计(200℃)、玻璃管(40cm)、表面皿、玻璃钉。
乙酰苯胺、苯甲酸、未知化合物(可用尿素、肉桂酸、乙酰苯胺等)样品、甘油。

3. **实验过程**

1)测乙酰苯胺的熔点

取0.1g乙酰苯胺,在洁净干燥的表面皿上研细后,填装两支熔点管,安装好仪器,缓慢加热,测其熔点,观察熔点管中样品的变化,记录初熔和全熔的温度。样品全熔后,撤离并熄灭酒

— 35 —

精灯,待温度下降10℃以上后,取出温度计,将熔点管弃去,换上另一支盛有样品的熔点管,重复测定一次。

2) 测定苯甲酸的熔点

取0.1g苯甲酸,在洁净干燥的表面皿上研细后,填装两支熔点管,测其熔点。记录结果,检验苯甲酸的纯度。

3) 测定未知样品的熔点

将一份未知样品放在洁净干燥的表面皿上研细,填装三支熔点管,测其熔点,其中第一次加热速度稍快一些,粗测一次,得到粗略熔点后,再精测两次,测得结果要平行(相差不大于0.5℃),否则需测第三次。

根据所测熔点,推测可能的化合物,并用混合熔点法确定该未知物。

4. 实验数据记录与处理

实验数据按表3-3记录。

表3-3 熔点的测定结果记录表

试 样		始熔,℃	全熔,℃	熔程,℃
乙酰苯胺	第一次			
	第二次			
苯甲酸	第一次			
	第二次			
未知物	第一次			
	第二次			
	第三次			

测定熔点时,温度计不是完全浸没在热浴液中的,有一段水银柱外露在空气中,由于受空气冷却的影响,会使观测到的温度比真实浴液温度低一些,因此,可通过下式进行校正。

$$t = t_1 + \Delta t_1$$

其中

$$\Delta t_1 = 0.00016(t_1 - t_2)h$$

式中 t——待测样品的熔点,℃;

t_1——测量温度计的读数,℃;

t_2——辅助温度计的读数,℃;

h——测量温度计外露在热浴液面的水银柱高度所对应的刻度值。

5. 实验成功的关键

(1) 装入样品不应有空隙,否则传热不均匀会影响测定结果。

(2) 沾于管外的粉末需拭去,以免沾污加热液体。

(3) 对于易分解、易脱水、易吸潮或升华的试样,应将熔点管的另一端也熔封。

(4) 加热过程应注意观察是否有萎缩、软化、放出气体以及分解现象。

(5) 已测定过熔点的样品,经冷却后,虽然固化,但也不能再用于第二次测定。因为有些物质受热后会发生部分分解,还有些物质会转变成不同熔点的其他结晶形式。

(6)热浴所用的载热体要根据所需温度选定。温度在140℃以下,最好用液体石蜡或甘油。140~220℃时可选用浓硫酸。220℃以上则可选用热稳定性优良的硅油为载热体。

6. 安全提示

在实验时应戴防护目镜,防止热的油浴灼伤。

思 考 题

1. 测定熔点时,若有下列情况将会产生什么结果?
(1)熔点管壁太厚;
(2)熔点管底部未完全封闭,尚有一针孔;
(3)熔点管不洁净;
(4)样品未完全干燥或含有杂质;
(5)加热太快。
2. 是否可以使用第一次测熔点时已经熔化了的有机样品再做第二次测定?为什么?
3. 测定熔点有什么意义?
4. 已测得甲、乙两样品的熔点均为130℃,将它们以任何比例混合后测得的熔点仍为130℃,这说明什么问题?
5. 加热快慢为何影响熔点的测定?在什么情况下加热可以快一些,在什么情况下加热则要慢一些?

第二节 有机化合物沸点及其测定

沸点是液体有机化合物重要的物理常数之一,在使用、分离和纯化液体有机化合物的过程中具有重要意义。沸点和折射率也是检验液体有机化合物纯度的标志。

一、实验原理

沸点是指液体的蒸气压与外界压力相等时的温度。纯净液体受热时,其蒸气压增大,当液体蒸气压等于外界大气压时,液体沸腾,此时对应的温度称为该液体的沸点。由于沸点随气压的改变而发生变化,所以如果不是在标准气压下进行的沸点测定,必须将所测得的沸点加以校正。

视频 3-2-1 沸点的测定操作知识准备

纯物质在一定压力下有恒定的沸点,其沸点范围(沸程)一般不超过1~2℃,若含有杂质,则沸程增大,因此测定沸点可以鉴定有机化合物及其纯度。一些标准化合物的沸点见表3-4。

> **注意**
> 并非具有固定沸点的液体就一定是纯净物,因为有时某些共沸混合物也具有固定的沸点,所以沸程小的物质,未必就是纯净物。

表 3-4 一些标准化合物的沸点

样品名称	沸点,℃(101.325kPa 下)	样品名称	沸点,℃(101.325kPa 下)	样品名称	沸点,℃(101.325kPa 下)
丙酮	56.1	水	100.0	苯胺	184.5
溴乙烷	78.5	甲苯	110.6	苯甲酸甲酯	199.5
氯仿	61.3	丁醇	117.7	硝基苯	210.9
乙酸乙酯	77.06	丙醇	97.2	水杨酸甲酯	223.0
异丙醇	82.5	环己醇	161.1	对硝基甲苯	238.3

二、测定方法

沸点的测定有常量法和微量法两种。常量法的装置和操作方法与蒸馏操作相同。液体不纯时沸程很长,在这种情况下无法确定液体沸点,应先将液体用其他方法提纯后再进行测定。如果提供的液体不足以做沸点的常规测定(溶液的量在 10mL 以下),应采用微量法测定沸点。微量法的优点是消耗很少量样品就能满足测定要求,缺点是只有样品特别纯才能得到准确值,如果试样含少量易挥发杂质,则所得的沸点值偏低。

三、微量法测定沸点

1. 实验装置

1) 外管的制作

用内径约为 1cm、壁厚约为 1mm 的玻璃管拉制成内径约为 4mm 的细管,截取长 70~80mm 的一段,封闭其一端,封口底要薄。此管作为外管。

视频 3-2-2 沸点的测定操作

2) 内管的制作

内管又称起泡管,它有两种制作方法。

(1) 取内径为 1mm、长 90~110mm 的两根毛细管,各将其一端熔封,然后将两封口在灯焰上对接,冷却后,在离接头 4~5mm 处平整地截断,作为内管。

(2) 取一内径 1mm、长 80~90mm 毛细管,封闭其一端作为内管。

3) 实验装置的组装

用细吸管置几滴液体样品于外管中,样品高度约 10mm。将内管插入外管,并使其封口对接处位于样品液面以下(如采用第 2 种方法制作的内管,则将内管开口向下插入外管的样品中),然后将沸点管用橡皮圈固定于温度计的一侧,使外管中样品的位置处于温度计水银球的中部,如图 3-4(a)所示。将温度计插入 b 型管的热浴中,如图 3-4(b)所示,插入深度与测定熔点时的要求相同。

2. 实验过程

将热浴慢慢加热,使温度均匀上升,由于气体受热膨胀,内管中便有断断续续的小气泡冒出,当温度上升到接近样品的沸点时,气泡增多,此时应调节火焰,降低升温速度。当温度稍高于样品沸点时,便有一连串的小气泡出现,应立即停止加热,使浴温自行冷却。气泡逸出的速度渐渐减慢,仔细观察并记录最后一个气泡出现而刚欲缩回内管时的温度,即为毛细管内液体的蒸气压与外界压力平衡时的温度,亦即该液体样品的沸点。可重复测定几次,要求几次温度计读数相差不超过 1℃。

φ5mm玻璃管

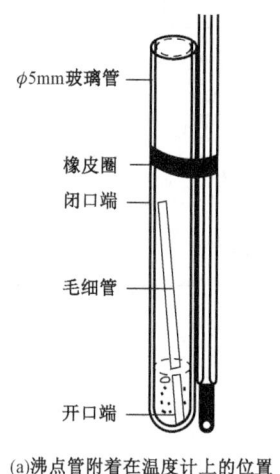

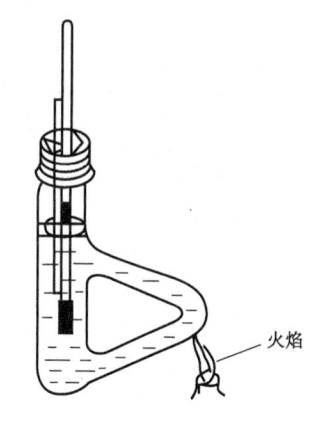

橡皮圈

闭口端

毛细管

开口端

(a)沸点管附着在温度计上的位置

火焰

(b)b形管测沸点装置

图3-4 微量法测定沸点的装置

四、实验3-2 沸点的测定

1. 实验目标

(1)学习沸点的测定原理及操作方法;
(2)掌握微量法测定沸点的操作方法;
(3)能利用沸点管法测定沸点。

2. 实验用品

提勒管1个,长6~8cm毛细管(内径1~2mm)9根,沸点管9根,100℃温度计1支,酒精灯1盏,橡皮圈、铁架台各1个。

丙酮、乙醇、未知化合物样品。

3. 实验过程

(1)用吸管将0.5mL丙酮(约1cm)装入外管,将内管(毛细管)开口一端插入外管底部,将外管固定在温度计上并一同放入装有热浴的b形管中,将热浴慢慢加热,使温度均匀上升,内管内气体受热膨胀会有小气泡逸出。当加热到该液体的沸点时,将有一连串的小气泡不断逸出。停止加热,让热浴慢慢冷却。当液体开始不冒气泡,气泡将要缩入内管时,表示毛细管内的蒸气压与外界压力相等,此时的温度即为该液体的沸点。更换内外管,重复测定两次。

(2)同样方法测乙醇和未知化合物,各测三次,记录数据。

(3)100℃温度计的校正:用电炉煮沸一锅水,将使用的温度计放入沸水中,读数。读数与水沸点的差值就是需校正的温度。

4. 实验数据记录与处理

实验数据按表3-5记录。

表 3-5 沸点的测定结果记录表

试样		测量值,℃	平均值,℃	校正平均值,℃
丙酮	第一次			
	第二次			
	第三次			
乙醇	第一次			
	第二次			
	第三次			
未知化合物	第一次			
	第二次			
	第三次			

5. 实验成功的关键

（1）被测样品不宜太少,以防液体全部汽化。
（2）防止沸点内管里有大量气泡冒出,应尽量将沸点内管里的空气除净。
（3）每支内管只可用于一次测定。
（4）加热不可过剧,否则液体迅速蒸发至干而无法测定;但必须将样品加热至沸点以上再停止加热。若在沸点以下就移去热源,液体就会立刻进入毛细管内,这是由于管内聚集的蒸气压力小于大气压的缘故。

思 考 题

1. 微量法测定沸点时,为什么将最后一个气泡刚欲缩回内管时的温度作为沸点？
2. 微量法测定沸点时,如发生如下情况,将会产生什么结果？
（1）沸点内管空气未排除干净;（2）沸点内管未封好;（3）加热太快。
3. 测定某种液体有固定的沸点,能否认为该液体是一个纯的化合物？为什么？

第三节 有机化合物折射率及其测定

折射率是有机化合物最重要的物理常数,它能精确而方便地被测出来。作为液体物质纯度的标准,它比沸点更可靠,利用折射率可鉴定未知化合物。

一、实验原理

在确定的外界条件（温度、压力）下,光线从一种透明介质进入另一种透明介质时,由于光在两种不同透明介质中的传播速度不同,光传播的方向就要改变,在分界面上发生折射现象。
根据折射定律,折射率是光线入射角的正弦与折射角的正弦之比,即

$$n = \frac{\sin\alpha}{\sin\beta}$$

当光由介质 A 进入介质 B 时,如果介质 A 对于介质 B 是光疏物质,则折射角 β 必小于入射角 α,当入射角为 90°时,$\sin\alpha = 1$,这时折射角达到最大,称为临界角,用 β_0 表示。很明显,在一定条件下,β_0 也是一个常数,它与折射率的关系是

$$n_D = \frac{1}{\sin\beta_0}$$

可见,测定临界角 β_0,就可以得到折射率,这就是阿贝折光仪的基本光学原理,如图 3-5 所示。

为了测定 β_0 值,阿贝折光仪采用了"半暗半明"的方法,就是让单色光由 0~90°的所有角度从介质 A 射入介质 B,这时介质 B 中临界角以内的整个区域均有光线通过,因此是明亮的,而临界角以外的全部区域没有光线通过,因此是暗的,明暗两区界线十分清楚。如果在介质 B 的上方用一目镜观察,就可以看见一个界线十分清楚的半明半暗视场,如图 3-6 所示。

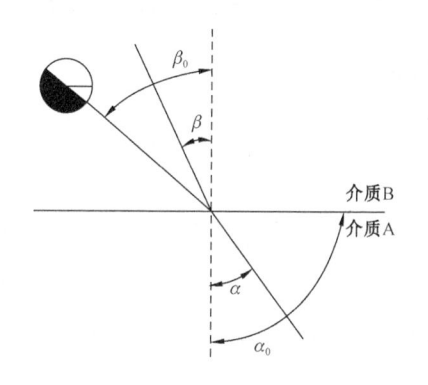

图 3-5 光的折射现象

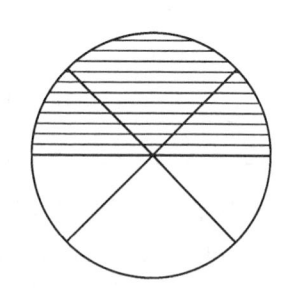

图 3-6 折光仪在临界角时的目镜视野图

因各种液体的折射率不同,要调节入射角始终为 90°,在操作时只需旋转棱镜转动手轮即可。从刻度盘上可直接读出折射率。

二、实验仪器

在有机化合物制备实验室里,一般都用阿贝折光仪来测液体有机物的折射率。其工作原理就是基于光的折射现象。在折光仪上直接读出的不是临界角 β 的度数,而是已计算好的折射率,其基本结构如图 3-7 所示。

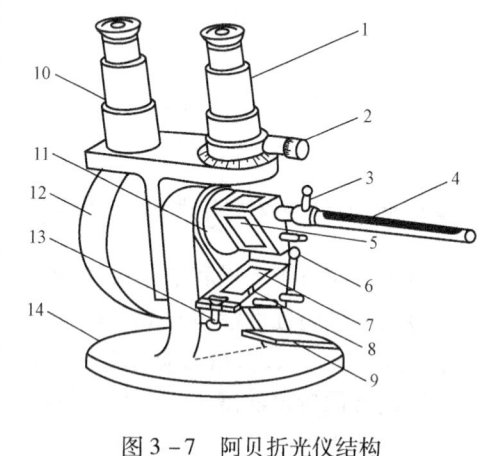

图 3-7 阿贝折光仪结构
1—测量镜筒;2—阿米西棱镜手轮;3—恒温器接头;
4—温度计;5—测量棱镜;6—铰链;7—辅助棱镜;
8—加样品孔;9—反光镜;10—读数镜筒;11—转轴;
12—刻度盘罩;13—棱镜锁紧扳手;14—底座

三、实验过程

用阿贝折光仪测定有机化合物的折射率时,基本操作如下:

(1)将折光仪置于光源充足的桌面上,记录温度计所示温度。

(2)旋开棱镜锁紧扳手,打开棱镜,用干净的脱脂棉球蘸少许洁净的丙酮,单方向擦洗反

射镜和进光棱镜(切勿来回擦)。

(3)待溶剂挥发干后,用滴管将待测液体滴加到进光棱镜的磨砂面上2~3滴,关紧棱镜,使液体夹在两棱镜的夹缝中呈一液层,液体要充满视野,无气泡。若被测液体是易挥发物,则在测定过程中,需从棱镜侧面的小孔注加样液,保证样液充满棱镜夹缝。

(4)打开遮光板,合上反射镜,调节目镜视度,使十字线成像清晰,旋转刻度调节手轮并在目镜视场中找到明暗分界线的位置,再转动色散调节手轮使分界线不带任何色彩,微调刻度调节手轮,使明暗分界线对准十字线的中心,如图3-6所示,再适当转动聚光镜,使视场清晰,从镜筒读出折射率。

(5)测定完毕后,用洁净柔软的脱脂棉或镜头纸,将棱镜表面的样品揩去,再用蘸有丙酮的脱脂棉球轻轻朝一个方向擦干净。待溶剂挥发干后,关上棱镜。在测定样品之前,对折光仪应进行校正。通常是测纯水的折射率,将重复两次所得纯水的平均折射率与其标准值比较。校正值一般很小,若数值太大,整个仪器应重新校正。不同温度下纯水的折射率见表3-6。

表3-6　不同温度下纯水的折射率

温度,℃	14	15	16	18	20	22	24	26	28
n_D	1.33348	1.33341	1.33333	1.33317	1.33299	1.33281	1.33262	1.33241	1.33221
温度,℃	30	32	34	36	38	40	42	44	46
n_D	1.33192	1.33164	1.33136	1.33107	1.33079	1.33051	1.33023	1.32992	1.32959

若需测量不同温度时的折射率,将温度计旋入温度计座中,接上恒温器的通水管,将恒温器的温度调节到所需测量温度,接通循环水,待温度稳定10min后即可测量。如果温度不是标准温度,可根据下列公式计算标准温度下的折射率,有

$$n_D^{20} = n_D^t - 0.00045(t - 20)$$

式中　t——测定时的温度;
　　　D——钠光灯D线波长(589nm);
　　　n_D^{20}——20℃时水的折射率;
　　　n_D^t——温度为t时水的折射率。

四、阿贝折光仪的维修及保养

(1)仪器应置于干燥和空气流通的室内,以免光学零件受潮后生霉。

(2)当测试腐蚀性液体时应及时做好清洗工作,防止侵蚀损坏。仪器使用完毕后必须做好清洁工作,放入箱内,箱内应存有干燥剂(变色硅胶)以吸收潮气。

(3)经常保持仪器清洁,严禁油手或汗手触及光学零件。若光学零件表面有灰尘,可用高级麂皮或长纤维的脱脂棉轻擦后用电吹风机吹去。如光学零件表面沾上了油垢,应及时用酒精—乙醚混合液擦干净。

(4)仪器应避免强烈振动或撞击,以防止光学零件损伤及影响精度。

五、实验3-3　折射率的测定

1. 实验目标

(1)明确测定折射率的意义和用途;

(2)学会使用阿贝折光仪测定物质的折射率的方法;
(3)了解阿贝折光仪的结构。

2. 实验用品

阿贝折光仪、恒温水浴及循环泵、橡皮管、校正仪器用水、擦镜纸。
正丁醇、乙酸乙酯、乙酸正戊酯、无水乙醇。

3. 实验过程

(1)用橡皮管将仪器进水口与恒温水浴相连接,开动恒温水浴及循环泵,使恒温水进入测量棱镜5的夹套,使棱镜保持在(20.0±0.1)℃。
(2)用滴管吸取少许无水乙醇,滴在棱镜表面,清洗镜面,再用擦镜纸吸干、擦净。
(3)转动刻度盘反光镜,合上测量棱镜旋钮,观察刻度盘目镜,将刻度值调至1.3993附近。
(4)转动铰链,打开测量棱镜,用滴管滴加正丁醇数滴,滴在棱镜的毛玻璃上,使液体在毛玻璃上展成薄膜,迅速关闭测量棱镜,并旋紧。
(5)观察测量镜筒,调节反射镜使得到合适的亮度。转动阿米西棱镜手轮,使目镜中的彩色基本消失,能观察到清晰的明暗界面,再转动测量棱镜旋钮,观察测量镜筒,将明暗界面调节至目镜中十字线的交叉点处。通过读数镜筒读出折射率数值,精确至4位小数。记下测量时的温度值与折射率数值。
(6)打开测量棱镜,用擦镜纸轻轻地单向擦拭。用无水乙醇将镜面擦洗干净。
(7)用上面的方法测定乙酸乙酯、乙酸正戊酯的折射率。

4. 实验数据记录与处理

实验数据按表3-7记录。

表3-7 折射率的测定结果记录表

试样		测量值	平均值	标准温度下折射率
正丁醇	第一次			
	第二次			
	第三次			
乙酸乙酯	第一次			
	第二次			
	第三次			
乙酸正戊酯	第一次			
	第二次			
	第三次			

5. 实验成功的关键

(1)使用折光仪前后都应仔细认真地擦洗棱镜面,并待晾干后再关闭棱镜。
(2)折光仪的棱镜必须注意保护,不得被镊子、滴管等用具造成刻痕。不能测定强酸、强碱等有腐蚀性的液体。
(3)仪器在使用和储藏时均不得置于日光照射下或靠近热的地方,用完后必须将金属匣内水倒净,并封闭管口,然后将仪器装入木箱,置于干燥处保存。

(4)大多数有机物液体的折射率在 1.3000~1.7000 之间,若不在此范围内,就看不到明暗界面,所以不能用阿贝折光仪测定。

思 考 题

1. 为什么液体的折射率总在 1.3000~1.7000 之间而不会是 1?
2. 擦洗棱镜时应注意什么?
3. 阿贝折光仪没有用钠的 D 光作光源,为什么结果却相同?

第四节 有机化合物旋光度及其测定

比旋光度是有机化合物的一个特征物理常数。当平面偏振光通过含有某些光学活性的化合物液体或溶液时,能引起旋光现象,使偏振光的平面向左或向右旋转(按顺时针方向转动称为右旋,用"+"表示;按逆时针方向转动称为左旋,用"-"表示)。通过测定旋光性化合物的旋光度来计算化合物的比旋光度,从而可以定性鉴定化合物,也可以测定旋光性物质的纯度或溶液的浓度,还可以测定旋光性物质的反应速率常数,即研究旋光性物质的反应机理等。

一、实验原理

物质的旋光度与溶液的质量浓度、溶剂、温度、旋光管长度和所用光源的波长等都有关系,因此,常用比旋光度$[\alpha]_\lambda^t$来表示各物质的旋光性。

纯液体的比旋光度为

$$[\alpha]_\lambda^t = \frac{\alpha}{L \cdot \rho}$$

溶液的比旋光度为

$$[\alpha]_\lambda^t = \frac{\alpha}{L \cdot c}$$

式中 $[\alpha]_\lambda^t$——旋光性物质在温度为 t、光源波长为 λ 时的比旋光度;
α——标尺盘转动角度的读数,即旋光度;
L——旋光管的长度,dm;
ρ——液体的密度,g/cm³;
c——溶液的浓度,g/mL。

二、实验仪器

用旋光仪测定旋光度,市售的旋光仪有两种类型,一种是直接目测的旋光仪,另一种是自动显示数值的。直接目测的旋光仪的结构和原理如图 3-8、图 3-9 和图 3-10 所示。

起偏镜,即第一尼科棱镜,其作用是将各向振动的可见光变成偏振光。

检偏镜,即第二尼科棱镜,用来测定偏振光的旋转角度,它随着刻度盘一起转动。

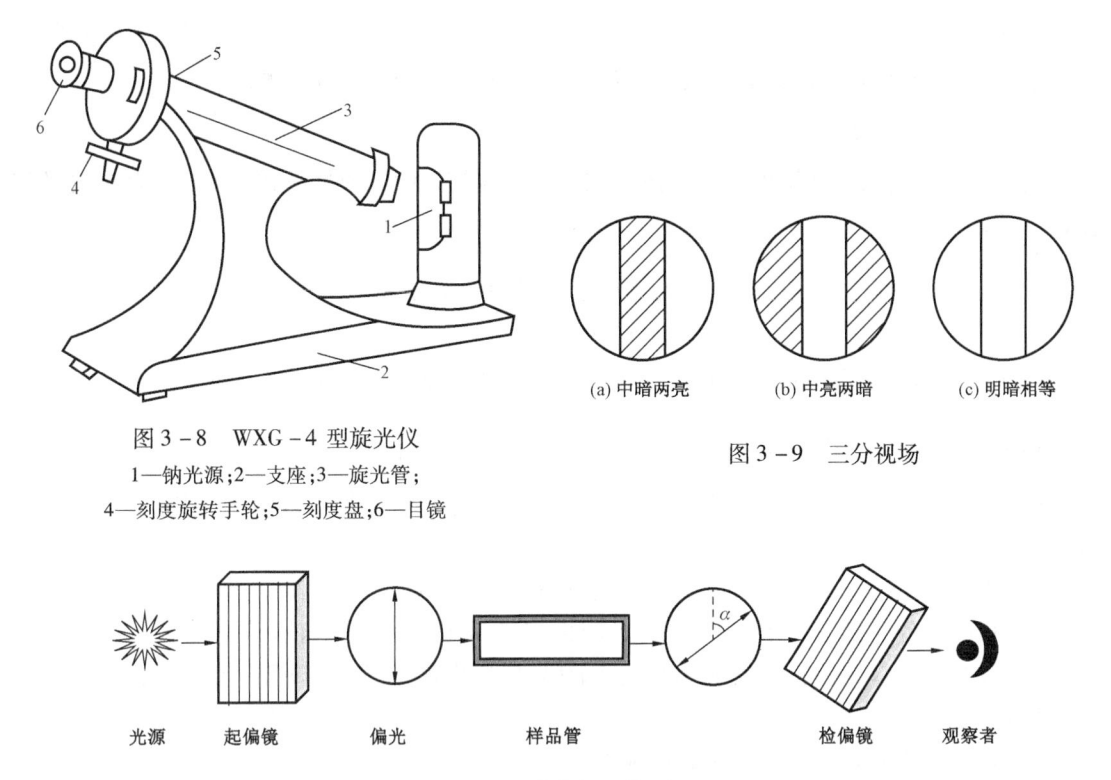

图 3-8　WXG-4 型旋光仪
1—钠光源；2—支座；3—旋光管；
4—刻度旋转手轮；5—刻度盘；6—目镜

(a) 中暗两亮　　(b) 中亮两暗　　(c) 明暗相等

图 3-9　三分视场

光源　起偏镜　偏光　样品管　检偏镜　观察者

图 3-10　旋光仪工作原理

当两块尼科尔棱镜的晶轴互相平行时，偏振光可以全部通过，当在两棱镜之间的旋光管放入旋光性物质溶液时，由于旋光性物质使偏振光的振动平面旋转了一定角度，所以偏振光就不能通过第二棱镜。只有将检偏镜也相应旋转一定角度后，才能使偏振光全部通过。此时，检偏镜旋转的角度就是该旋光性物质的旋光度。

三、实验过程

用旋光仪测定有机化合物的旋光度时，基本操作如下。

1. 仪器预热

接通电源，开启旋光仪上的电源开关，预热 5min，使钠光灯发光强度稳定，即可开始测定。

2. 校正仪器零点

将旋光管洗净，一端盖子旋紧，从另一端注入蒸馏水，使液面凸出管口，将盖片紧贴管口推入盖好，不能有气泡，旋紧这一端盖子（不漏水即可，过紧会使玻璃盖引起应力，影响读数），擦干后置于旋光仪暗盒中。开启钠光灯，调整目镜使视场清晰，在 0°附近旋转检偏镜使视场明暗均匀，如图 3-9(c)所示，记下读数。测量三次，取平均值为旋光仪零点读数。

3. 样品测定

取出旋光管，倒出蒸馏水，用待测溶液洗涤 2~3 次。在旋光管中装满该待测溶液，擦干管壁后放入仪器中。旋转刻度盘，使目镜中三分视场消失（与零点校正时相同），记录此时刻度盘的读数，加上（或减去）校正值即为该溶液的旋光度。

4. 结束测定

全部测定结束后,取出旋光管,倒出溶液,洗净备用,关闭旋光仪电源。

5. 计算比旋光度

记下样品管的长度及溶液温度。按公式换算为比旋光度。根据下式可求出样品的光学纯度($o.p.$)。

$$o.p. = \frac{[\alpha]_D^t \text{观测值}}{[\alpha]_D^t \text{理论值}} \times 100\%$$

光学纯度即旋光性产物的比旋光度除以光学纯度标样在相同条件下的比旋光度。

四、旋光仪的维修及保养

(1)仪器应放在干燥通风处,防止潮气侵蚀,尽量在20℃的工作环境中使用仪器,搬动仪器应小心轻放,避免振动。

(2)光源(钠光灯)积灰或损坏,可打开机壳擦净或更换。

(3)机械部件摩擦阻力增大,可以打开门板,在伞形齿轮蜗杆处加少许钟油。

(4)如果发现仪器停转或其他元件损坏故障,应按电原理图详细检查,或由厂方维修人员进行检修。

(5)打开电源后,若钠光灯不亮,可检查保险丝。

五、实验3-4　旋光度的测定

1. 实验目标

(1)明确测定旋光度的意义和用途;

(2)了解旋光仪的结构,学会使用旋光仪测定物质的旋光度的方法;

(3)学习比旋光度的计算。

2. 实验用品

WXG-4型圆盘旋光仪、数字自动旋光仪。

蒸馏水、10%酒石酸溶液或10%葡萄糖溶液、浓度未知的酒石酸溶液或葡萄糖溶液。

3. 实验过程

(1)接通电源,预热仪器,校正仪器零点。

(2)分别用10cm和20cm长样品管测定一已知浓度样品溶液的旋光度,计算其比旋光度。比较其结果。

(3)用10cm长或20cm长样品管测定浓度未知的酒石酸溶液或葡萄糖溶液的旋光度,由文献查比旋光度,计算其浓度。

(4)用自动旋光仪测定样品的旋光度。

① 开机:将仪器电源接入220V交流电源,打开电源开关,这时钠光灯应启亮,需经5min钠光灯预热,使之发光稳定。打开光源开关,若光源开关扳上后钠光灯熄灭,则再将光源开关上下重复扳动一两次,使钠光灯在直流下点亮为正常。打开测量开关,这时数码管应有数字显示。

② 零点的校正:将装有蒸馏水或其他空白溶剂的样品管放入样品室,盖上箱盖,待示数稳定后,按清零按钮。样品管中若有气泡,应先让气泡浮在凸颈处。通光面两端的雾状水滴,应用软布揩干。试管螺帽不宜旋得过紧,以免产生应力,影响读数。样品管安放时应注意标记的位置和方向。按下复测开关,使读数盘仍回到零处。重复操作三次。

③ 测定旋光度:将样品管取出,倒掉空白溶剂,用待测溶液冲洗 2~3 次,将待测样品注入样品管,按相同的位置和方向放入样品室内,盖好箱盖。仪器数显窗将显示出该样品的旋光度。逐次按下复测按钮,重复读几次数,取平均值作为样品的测定结果。

④ 关机:仪器使用完毕后,应依次关闭测量开关、光源开关、电源开关。

4. 实验数据的记录和处理

(1)实验数据按表 3-8 记录。
(2)计算比旋光度。
(3)计算未知样的浓度。

表 3-8 旋光度的测定结果记录表

试样		测定值	平均值	修正值
已知浓度样品	第一次			
	第二次			
	第三次			
未知浓度样品	第一次			
	第二次			
	第三次			

5. 实验成功的关键

(1)旋光仪的各镜面应保持清洁,防止酸、碱、油污等的沾污。

(2)有时虽然目镜中三分视场消失,但所观察到的视场十分明亮,且无论向左或向右旋转刻度盘,都不能立即出现三分视场,这种现象称为"假零点",此时不能读数。

(3)旋光管中盛装待测液体(含蒸馏水)时,不能有气泡,否则会影响测定结果的准确性。

(4)测定前,需将旋光仪透镜及旋光管两端的镜片用镜头纸擦拭干净,以免影响观测效果。

思 考 题

1. 若测得某物质的比旋光度为 +18°,如何确定其是 +18°还是 -342°?

2. 葡萄糖有变旋现象,假定给你一个新配置的 α-葡萄糖和 β-葡萄糖的混合溶液,试描述将如何着手测定溶液中葡萄糖的浓度?

3. 若用 2dm 长的样品管测定某光学纯物质的比旋光度为 +20°,试计算具有 80% 光学纯度的该物质的溶液(20g/mL)的实测旋光度是多少?

4. 测定旋光度时为什么样品管内不能有气泡存在?

第五节 红外光谱

波谱分析已成为进行物质分子结构分析和鉴定的主要方法之一。波谱法主要应用红外光谱、紫外光谱、核磁共振和质谱(简称为四谱)。本部分主要介绍红外光谱。

红外光谱(Infrared Spectroscopy,IR)的研究始于20世纪初,自1940年红外光谱仪问世,红外光谱在有机化学研究中广泛应用。新技术(如发射光谱、光声光谱、色红联用等)的出现,使红外光谱技术得到发展。

一、实验原理

红外吸收光谱法是以一定波长(2.5~25μm)的红外光照射样品时,若光的频率正好与分子中某个基团振动能级的跃迁频率相同,则该分子就吸收此频率光,从而产生吸收光谱。测定样品分子对不同波长的红外光的吸收强度,就可以得到该样品的红外吸收光谱。图3-11所示为3-甲基-1-戊烯的IR谱图。图中的纵坐标为透光度T,横坐标为波数v。

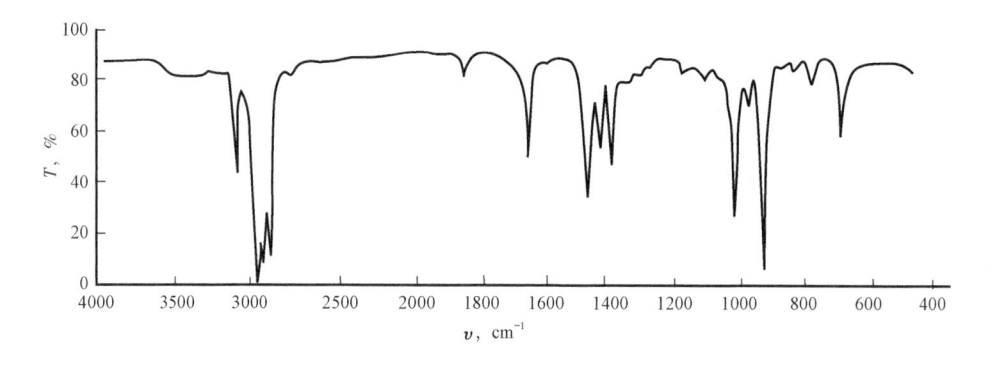

图3-11 3-甲基-1-戊烯的IR谱图

谱图解析如下:

(1) C—H 不对称伸缩振动和对称伸缩振动为

$$CH_3 \begin{cases} v_{as} 2962 cm^{-1} \pm 10 cm^{-1} \\ v_s 2872 cm^{-1} \pm 10 cm^{-1} \end{cases} \quad CH_2 \begin{cases} v_{as} 2926 cm^{-1} \pm 10 cm^{-1} \\ v_s 2853 cm^{-1} \pm 10 cm^{-1} \end{cases}$$

(2) CH_2、CH_3 的变形振动为

$$CH_3 \begin{cases} 1450 cm^{-1} \pm 20 cm^{-1} \\ 1380 \sim 1365 cm^{-1} \end{cases} \quad CH_2 \quad 1465 cm^{-1} \pm 20 cm^{-1}$$

(3) 双键 C=C 伸缩振动,$1648 \sim 1638 cm^{-1}$。

(4) 双键 —C=CH_2 的变形振动,$995 \sim 985 cm^{-1}$,$910 \sim 950 cm^{-1}$(双峰)。

(5) 双键上 =C—H 的伸缩振动,$3092 \sim 3077 cm^{-1}$。

在不同化合物中,某种官能团的红外吸收峰的位置基本上相同,分子中其余部分对其影响不大,原因是与该官能团的振动频率直接相关的是成键原子的质量和键的力常数。据此可以根据吸收峰的位置来判断官能团的种类。只要结构有差别,得到的IR光谱就有差别。利用这一特性可以进行有机物的结构剖析、定性鉴定和定量分析。

绝大多数有机化合物的基团振动出现在 4000~400cm^{-1}（中红外区），因此红处光谱法研究和应用最多的也在此区。该法具有样品用量少、不破坏样品、分析速度快、灵敏度高的特点，而且，样品无论是气态、液态、固态均可分析，应用范围非常广。

二、实验仪器

目前，使用最广泛的红外光谱仪是傅里叶变换红外光谱仪（FT-IR），它主要由光学台和计算机两大部分组成，其中光学台又由光源、迈克尔逊（Michelson）干涉仪和检测器三个基本单元组成，其基本构造如图 3-12 所示（Nicolet510P 型 FT-IR）。

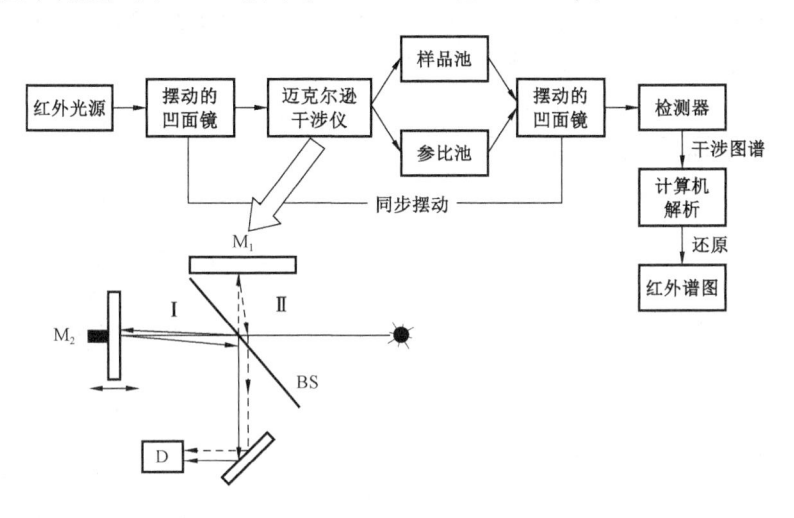

图 3-12　Nicolet510P 型 FT-IR

M$_1$—固定镜；M$_2$—动镜；D—检测器；BS—光束分装器；Ⅰ—反射光程；Ⅱ—折射光程

三、实验过程

1. 气体样品的制备和测定

气体样品不做任何处理就可直接装入气体样品池进行分析。

气体样品池一般为两端装有可透红外光的窗片玻璃池，结构如图 3-13 所示。

操作时，先从管 1 口抽真空，再由管口 2 导入被测气体至所需压力即可。

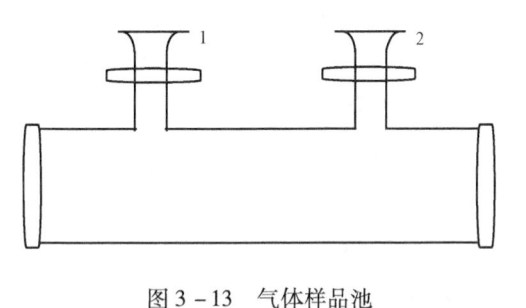

图 3-13　气体样品池

2. 液体样品的制备和测定

溶液样品或易挥发液体样品使用可拆式样品池进行测定。纯液体样品或由挥发性溶剂配制的溶液样品可直接滴在盐片上进行测定。

3. 固体样品的制备和测定

采用溴化钾压片法。将样品 1~2mg 在玛瑙研钵中研细后加入约 100~200mg 溴化钾粉末，一起研磨至 2μm 以下且混合均匀，在压片机上压成透明薄片（厚约 1mm）后进行测定。

四、实验 3-5　苯甲酸红外光谱的测绘——KBr 压片法

1. 实验目标

(1) 学习用红外吸收光谱仪进行化合物的定性分析；
(2) 掌握各种状态样品的制备方法；
(3) 了解红外光谱仪的工作原理及其使用方法。

2. 实验原理

由苯甲酸分子结构可知,分子中各原子基团的基频峰的频率在 4000~650 cm^{-1} 范围内,原子基团的基本振动形式与基频峰的频率的关系如表 3-9 所示。

表 3-9　原子基团的基本振动形式与基频峰的频率的关系

原子基团的基本振动形式	基频峰的频率,cm^{-1}
$\nu_{=C-H}$(Ar 上)	3077,3012
$\nu_{C=C}$(Ar 上)	1600,1582,1495,1450
$\delta_{=C-H}$(Ar 上邻接五氢)	715,690
ν_{O-H}(形成氢键二聚体)	3000~2500(多重峰)
δ_{O-H}	935
$\nu_{C=O}$	1400
δ_{C-O-H}(面内弯曲振动)	1250

用 KBr 晶体稀释苯甲酸标样和试样,研磨均匀后,分别压制成晶片作参比,在相同的实验条件下,分别测绘标样和试样的红外吸收光谱,然后依照获得的两张图谱,对照上述的原子基团基频峰的频率及其吸收强度,若两张图谱一致,则可认为该试样是苯甲酸。

3. 实验用品

Nicolet510P 型 FT-IR、压片机、玛瑙研钵、红外干燥灯。
KBr 粉末(光谱纯)、苯甲酸试样、丙酮。

4. 实验条件

波数范围 4000~400 cm^{-1},扫描次数 40 次,室温 18~20℃,相对湿度小于 65%,压片压力 68.6 MPa。

5. 实验过程

(1) 苯甲酸试样晶体的制作。取 1~2 mg 苯甲酸试样(必须是干燥的)于玛瑙研钵中研细后加入 KBr 粉末约 200 mg 一同研磨,至 2μm 以下,然后转移至模具中,按顺序放好各种部件后,置于压片机中先抽真空 5 min,然后边抽气边加压,观察压力表,当达到 68.6 MPa 时,停止加压,维持 5 min 后,解压至压力表指针为"0",取出模具,即得到直径 1 cm 的厚约 1 mm 透明的晶片。
(2) 以空气为空白作一红外谱图。
(3) 样品架上插入苯甲酸试样片,按计算机提示作图。
(4) 在苯甲酸红外光谱图上标出各特征吸收峰,确定其归属。
(5) 也可用同样的方法做苯甲酸标样的谱图,与样品比较,看是否一致。

6. 实验数据记录与处理

（1）记录实验条件。

（2）在苯甲酸试样红外吸收光谱图上，标出各特征吸收峰的波数，并确定其归属。

（3）将苯甲酸试样光谱图与其标准红外光谱图 3-14 进行对比，如果两张图谱上的特征吸收峰及其吸收强度一致，可认为该试样是苯甲酸。

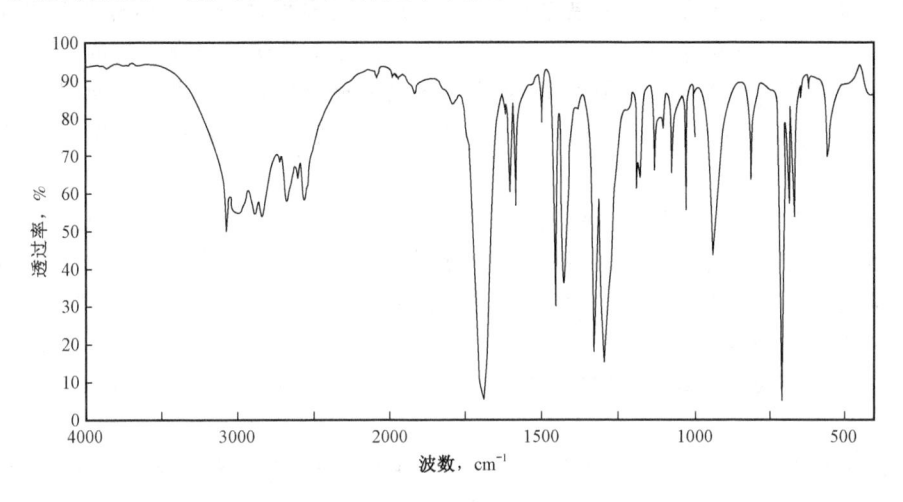

图 3-14 苯甲酸标准红外光谱谱图

7. 实验成功的关键

（1）红外光谱分析用样品必须无水并具有高纯度，否则含杂质和水的红外吸收会使谱图解析困难，水还会腐蚀氯化钠或溴化钾制成的样品池。

（2）进行气体样品测定时，要将气体槽内的空气抽净，然后装入样气至所需压力。

（3）盐片必须保存在干燥器中，为了防潮，制液膜的操作宜在红外灯下进行。测试完毕先用软纸吸去样品，然后用氯仿或四氯化碳清洗、干燥后放回干燥器中以免受潮。如果样品易挥发，则要使用密封池。

思 考 题

1. 红外光谱实验室为什么要求温度 18～25℃、相对湿度 60%？
2. 化合物的红外吸收光谱是如何发生的？
3. 化合物的红外光谱能提供哪些信息？
4. 仅根据红处吸收光谱能否确定未知物的结构？为什么？

阅读材料

有机波谱分析的新技术

有机波谱分析主要从红外光谱、紫外光谱、核磁共振谱、质谱四大领域开展。近年来，仪器分析技术取得了日新月异的进步，高效液相色谱（HPLC）的紫外全波长扫描检测器和毛细管柱的应用,以及 HPLC 与质谱(MS)和傅里叶变换红外光谱(FT-IR)的接口技术日趋完善,基本解决了混合物的在线检测问题。对纯有机物进行质谱、红外光谱、紫外光谱和核磁共振波谱分析可以给出该有机物确切的分子结构。因此,利用 HPLC/MS 和 HPLC/FT-IR 对有机化合物萃取液进行在线分析,并用核磁共振(NMR)对待测物质的萃取液分取出的纯组分进行离线分析,可望得到可溶有机物各组分确切的分子结构。

有机波谱分析是分析化学中发展最快、应用最广泛的领域之一。波谱分析的基础理论与实验的应用已成为生命科学、材料科学、环境科学、石油化工等诸领域中重要的、不可缺少的部分。近年来西方发达国家的大学教学中,波谱分析越来越受到重视。以美国为例,近年的国家自然科学基金、高校提供的基金与实验室改造资金中,核磁共振谱仪居第一位,色谱与质谱联用项目次之。

有机波谱主要运用于有机化合物的结构鉴定,以前基本上是以化学反应为主要手段,但化学实验的信息量是非常有限的,往往不一定能得到明确结论。近些年来发展起来的波谱分析方法主要是以光学理论为基础,以物质与光相互作用为条件,建立物质分子结构与电磁辐射之间的相互关系,从而进行物质分子几何异构、立体异构、构象异构和分子结构的分析和鉴定。由于它具有快速、灵敏、准确、可重现等特点,成为有机物结构分析和鉴定的常用分析工具和重要分析方法。

在实际工作中,单用一种方法往往难以得出明确的结论,需要综合利用多种波谱方法联合解析,相互说明,互为佐证。要想确定某一化合物的结构,先要对各种波谱信息做细致、全面的观察分析,从不同侧面,由此及彼、由表及里、由浅入深,逐步地加以分析,通过分析和考察,掌握各方面特征,从而为逐步地认识化合物打基础。综合相关信息,是将分析得到的大量有价值的各种光谱数据汇集起来,做全面整体考察,以明确各信息之间、信息与结构之间、各谱之间的内在联系及分析其蕴含的结构实质,从而在本质上认识化合物的结构。分析和综合是密切相关、相辅相成的,分析为综合准备材料,综合为分析提供指导。波谱解析的过程有时就是一个边分析边假设验证的过程,通过分析—综合—再分析—再综合的往复循环,逐步认识和鉴定化合物的结构。当然,这里也有一个实践经验积累的过程,平时见得越多,解得越多,量的积累就会产生质的飞跃,综合解谱会越来越顺利。

第四章 有机化合物的分离与纯化

由于有机化合物制备反应副反应多,生成物往往是混合物,要想将目标化合物从反应体系中分离出来,没有过硬的分离操作技术,是很难得到纯目标有机化合物的。为了在分离过程中不破坏混合物中各物质的结构和性质,一般根据各物质的不同物理性质,采用不同的物理分离方法来达到分离和提纯的目的。常用的分离方法有蒸馏、分馏、重结晶、萃取和升华等。

第一节 重结晶及其操作

重结晶是将晶体溶于溶剂或熔融以后,又重新从溶液或熔体中结晶的过程。重结晶可以使不纯净的物质获得纯化,或使混合在一起的盐类彼此分离。

从有机合成反应分离出来的固体粗产物往往含有未反应的原料、副产物及杂质,必须加以分离纯化。重结晶是分离提纯固体化合物的一种重要的、常用的分离方法,它适用于产品和杂质性质差别较大、产品中杂质含量小于5%的体系。

一、实验原理

利用混合物中各组分在某种溶剂中溶解度不同或在同一溶剂中不同温度时的溶解度不同而使它们相互分离。

固体有机化合物在任何一种溶剂中的溶解度均随温度的变化而变化,一般情况下,当温度升高时,溶解度增加,温度降低时,溶解度减小。可利用这一性质使化合物在较高温度下溶解,在低温下结晶析出。由于产品与杂质在溶剂中的溶解度不同,可以通过过滤将杂质去除,从而达到分离提纯的目的。

视频4-1-1
重结晶操作
知识准备

二、溶剂的选择

重结晶时溶剂的选择是关键,否则达不到提纯的目的,对于极性物质应选择极性溶剂,非极性物质应选择非极性溶剂,同时还要满足以下条件:

(1)与被提纯的有机化合物不起化学反应;
(2)被提纯的有机化合物应在热溶剂中易溶,而在冷溶剂中几乎不溶;
(3)杂质在溶剂中的溶解度很小(通过过滤除去不溶物)或很大(被提纯物质析出结晶时,杂质仍留在母液中);
(4)所用溶剂的沸点不宜太高,应易挥发,易与晶体分离,一般溶剂的沸点应低于产物的熔点;
(5)所选溶剂还应具有毒性小、操作比较安全、价格低廉等优点。

重结晶所用的溶剂一般可从实验资料中直接查找。若无现成资料,可通过实验来确定。其方法是:取0.1g被提纯物质结晶置于一小试管中,用滴管逐滴滴加溶剂,并不断振摇,待加入的溶剂约为1mL时,在水浴上加热至沸腾,完全溶解后,冷却后析出大量结晶,这种溶剂一般被认为是合适的;如样品在冷却或加热时,都能溶于1mL溶剂中,表示这种溶剂不适用。若样品不完全溶于1mL沸腾的溶剂中时,则可逐步添加溶剂,每次约加0.5mL,并加热至沸腾,若加入溶剂总量达3mL时,样品在加热时仍然不溶解,表示这种溶剂也不适用。若样品能溶于3mL以内的沸腾的溶剂中,则将它冷却,观察有没有结晶析出,还可用玻璃棒摩擦试管壁或用冰水浴冷却,以促使结晶析出,若仍未析出结晶,则这种溶剂也不适用。若有结晶析出,则以结晶析出的多少来选择溶剂。

常见的重结晶溶剂见表4-1。

表4-1 常见的重结晶溶剂

溶剂名称	沸点,℃	相对密度	极性	溶剂名称	沸点,℃	相对密度	极性
水	100	1.000	很大	环己烷	80.8	0.7786	小
甲醇	64.7	0.7914	很大	苯	80.1	0.8787	小
95%乙醇	78.1	0.804	大	甲苯	111.6	0.8669	小
丙酮	56.2	0.7899	中	二氯甲烷	39.7	1.3266	中
乙醚	34.5	0.7138	小~中	四氯化碳	76.5	1.5940	小
石油醚	30~60 60~90	0.68~0.72	小	乙酸乙酯	77.1	0.9003	中

如果难以找到一种合适的溶剂时,可使用混合溶剂。混合溶剂一般由两种能以任何比例混溶的溶剂组成。其中一种溶剂对产物的溶解度较大,称为良溶剂;另一种溶剂则对产物溶解度很小,称为不良溶剂。一般常用的混合溶剂有乙醇与水、乙醇与乙醚、乙醇与丙酮、乙醚与石油醚、苯与石油醚等。

在重结晶过程中,若溶液带色,可待其稍冷后,加入适量活性炭,煮沸5~10min,利用活性炭的吸附作用除去有色物质,然后热过滤以除去活性炭及其他不溶性杂质,再将滤液充分冷却结晶。待晶体全部析出后,对晶体进行抽滤、洗涤并干燥。

三、实验装置

重结晶操作所用的仪器是热过滤装置。热过滤一般分为常压热过滤和减压过滤。常压热过滤(重力过滤)装置一般选用无颈漏斗,也可选用热水漏斗(图4-1),滤纸采用折叠式(图4-2),以加快过滤速度。减压过滤(抽滤)装置由布氏漏斗、吸滤瓶、缓冲瓶等组成(图4-3)。

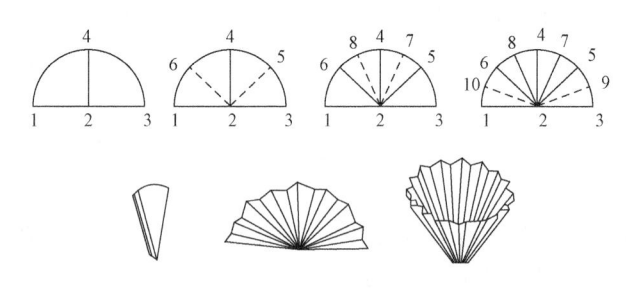

图4-1 常压热过滤　　　　图4-2 滤纸采用折叠式

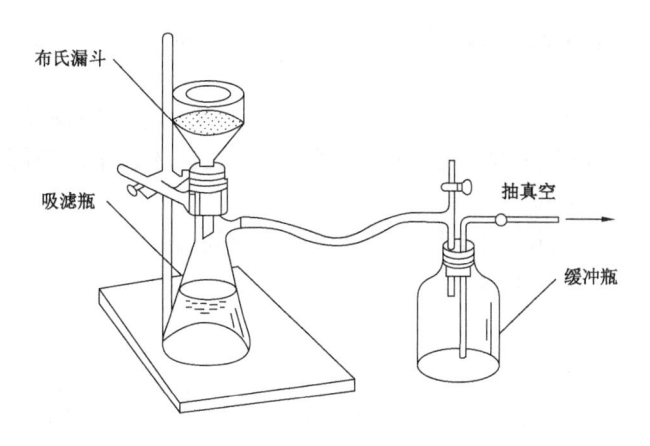

图 4-3 减压过滤装置

四、操作方法

在选定溶剂后,便可进行重结晶操作,其重结晶操作过程如下:

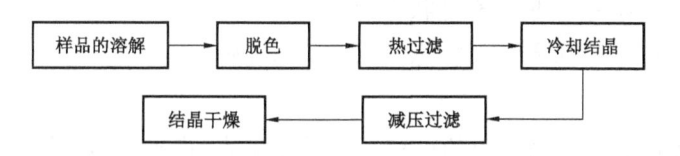

样品的溶解 → 脱色 → 热过滤 → 冷却结晶 → 减压过滤 → 结晶干燥

视频 4-1-2 重结晶操作

1. 样品的溶解

样品的溶解是重结晶操作过程的关键步骤。将样品置于锥形瓶或圆底烧瓶中,加入少于估算量的溶剂,加热至沸腾,若溶剂易燃或有毒时,应装回流装置,加热直至样品全部溶解。若无法计算所需溶剂的量,可将样品先与少量溶剂一起加热到沸腾,然后逐渐添加溶剂,每次加入后再加热至沸腾,直到样品全部溶解,记录溶剂的用量,再加入20%左右的过量溶剂,以免热过滤时因温度降低造成热溶液的过饱和而导致过滤过程中发生结晶。

2. 脱色

样品完全溶解后若溶液有色,则将沸腾溶液稍冷却后加入相当样品重量1%~5%的活性炭,不断搅拌或振摇,加热煮沸5~10min后再趁热过滤。

> **注意**
>
> 不能向正在沸腾的溶液中加入活性炭,否则会引起暴沸,使溶液冲出容器,造成溢料事故。

3. 热过滤

热过滤的目的是去除不溶性杂质。为了尽量减少过滤过程中晶体的损失,操作时应做到仪器热、溶液热、动作快。

为了做到"仪器热",应事先将所用仪器用烘箱或气流烘干器烘热待用。

热过滤动作要快,以免液体或仪器冷却后晶体过早地在漏斗中析出,如发生此现象,应用少量热溶剂洗涤,使晶体溶解进入到滤液中。如果晶体在漏斗中析出太多,应重新加热溶解,再进行过滤。

抽滤时,滤纸的大小应与布氏漏斗底部恰好一样,先用热溶剂将滤纸润湿,抽真空使滤纸与漏斗底部贴紧。然后迅速将热溶液倒入布氏漏斗中,在液体抽干之前漏斗应始终保持有液体存在,此时真空度不宜太低。

减压过滤的优点是过滤快;缺点是当用沸点低的溶剂时,因减压会使热溶剂蒸发或沸腾,导致溶液浓度变大,晶体过早析出。

4. 冷却结晶

将趁热过滤的滤液静置,让它慢慢地自然冷却下来,一般在几小时后才能完全冷却。冷却过程中不要振摇滤液,更不要将其浸在冷水甚至冰水中快速冷却,否则往往得到细小的晶粒,表面上容易吸附较多杂质。但也不要使形成的晶粒过大,晶粒过大则往往有母液和杂质包在结晶内部。当发现有生成晶粒(约超过2mm)的趋势时,可缓慢振摇,以降低晶粒的大小。

如果溶液冷却后仍不结晶,可用玻璃棒摩擦器壁引导晶体形成。

如果不析出晶体而得到油状物时,可加热至成清液后,让其自然冷却至开始有油状物析出时,立即剧烈搅拌,使油状物分散,也可搅拌至油状物消失。

如果结晶不成功,则必须用其他方法(色谱、离子交换法)提纯。

5. 减压过滤

减压过滤的目的是将留在溶剂(母液)中的可溶性杂质与晶体(产品)彻底分离。抽滤前先用少量溶剂将滤纸润湿,轻轻抽气,使滤纸紧紧贴在漏斗上,继续抽气,将要过滤的混合物倒入漏斗中,使固体物质均匀地分布在整个滤纸面上,用少量滤液将黏附在容器壁上的结晶洗出转移至漏斗中。抽滤至无滤液滤出时,用玻璃瓶塞倒置在结晶表面上并用力挤压,尽量除去母液,滤得的固体,习惯上称为滤饼。

为了除去结晶表面的母液,应进行洗涤滤饼的工作。洗涤前将连接吸滤瓶的橡皮管拔开,将少量溶剂均匀地洒在滤饼上,使全部结晶刚好被溶剂浸没为度,重新接上橡皮管,将溶剂抽去,重复操作两次,就可将滤饼洗净。

6. 结晶干燥

为了保证产品的纯度,需要对晶体进行干燥,彻底去除溶剂。当使用的溶剂沸点比较低时,可在室温下使溶剂自然挥发,达到干燥的目的。当使用的溶剂沸点较高(如水)而产品又不易分解和升华时,可用红外灯烘干。当产品易吸水或吸水后易发生分解时,应用真空干燥器进行干燥。

五、实验4-1 重结晶提纯操作练习

1. 实验目标

(1)掌握重结晶的基本原理;
(2)掌握溶解、加热、热过滤、减压过滤等基本操作方法;
(3)能熟练掌握用水、有机溶剂及混合溶剂重结晶纯化固体有机物质的各项具体操作方法。

2. 实验用品

布氏漏斗、吸滤瓶、抽气管、安全瓶、锥形瓶、短颈漏斗、循环水真空泵、热水保温漏斗、玻璃

漏斗、玻璃棒、表面皿、酒精灯、滤纸、量筒、刮刀。

工业苯甲酸、工业萘、粗乙酰苯胺。

3. 实验过程

1）工业苯甲酸粗品的重结晶

工业苯甲酸一般由甲苯氧化所得,其粗品中常含有未反应的原料、中间体、催化剂、不溶性杂质和有色杂质等,因此呈棕黄色块状并带有难闻的气味,可以用水为溶剂用重结晶法纯化。

称取 3g 工业苯甲酸粗品,置于 250mL 烧杯中,加水约 80mL,加热并用玻璃棒搅动,观察溶解情况。如至水沸腾仍有不溶性固体,可分批补加适当水直至沸腾温度下可以全溶或基本溶解。然后再补加 15～20mL 水,总用水量为 110mL 左右。与此同时将布氏漏斗放在另一个大烧杯中并加水煮沸预热。

暂停对溶液加热,稍冷后加入适量活性炭,搅拌使之混合均匀,再煮沸约 3min 进行脱色。然后进行热过滤,将活性炭和不溶性杂质去除,滤液冷却结晶。待晶体全部析出后,进行抽滤,最后将结晶转移到表面皿上,摊开,在红外灯下烘干,测定熔点,并与粗品的熔点做比较。称重,计算回收率。产量为 1.8～2.4g(收率 60%～70%),产品熔点为 121～122℃。

纯苯甲酸常温下为无色针状晶体,熔点为 122.4℃。

2）乙醇—水混合溶剂重结晶萘

萘是一种无色有光泽的片状结晶,不溶于水,易升华,能随水蒸气挥发,有特殊气味。萘是工业上最重要的稠环芳烃,可用于生产苯酐、染料(中间体)、橡胶助剂和杀虫剂。工业萘可以利用固定配比的乙醇—水混合溶剂,以保温漏斗和折叠滤纸进行热过滤,脱除杂质及脱硫,得到高纯度的精萘。

称取 2g 工业萘,置于 100mL 圆底烧瓶中,加入 70% 乙醇 15mL,投入 1～2 粒沸石,回流数分钟,观察溶解情况。如不能全溶,移开火源,用滴管自冷凝口加入 70% 乙醇直至恰能完全溶解,再补加 2～3mL。

移开火源,稍冷后拆下冷凝管,加入少量活性炭,装上冷凝管,重新加热回流 3～5min。趁热用保温漏斗经折叠滤纸(热的 70% 乙醇湿润)将萘的热溶液过滤到干燥的 50mL 锥形瓶中(附近不得有明火),并在漏斗上口加盖玻璃,以防溶剂过多挥发。

滤完后塞住锥形瓶口,待自然冷却至接近室温后再用冷水浴冷却。待结晶完全后用布氏漏斗抽滤,用约 1mL 冷的 70% 乙醇洗涤晶体。将晶体移至表面皿上,在空气中晾干或放入干燥器中干燥。待充分干燥后称重、计算收率并测定熔点。产量约为 1.4g(收率约 70%),产品熔点为 80～80.5℃。

纯萘为白色片状晶体,熔点为 80.5℃。

3）乙酰苯胺的重结晶

纯净的乙酰苯胺为无色晶体,熔点为 114.3℃。粗乙酰苯胺由于含有杂质而显出黄色或褐色。本实验利用乙酰苯胺在 100g 水中的溶解度为 0.46g(20℃)、0.56g(25℃)、0.84g(50℃)、3.45g(80℃)、5.5g(100℃),将乙酰苯胺溶于沸水中,用重结晶方法进行纯化。

称取 3g 粗乙酰苯胺放入 250mL 锥形瓶或烧杯中,加入 60mL 水和几粒沸石,在加热过程中,不断用玻璃棒搅动,使固体溶解。此时若有未溶解固体,每次加 3～5mL 热水,直至沸腾溶液中的固体不再溶解。然后再加入 2~5mL 热水,记录用去水的总体积。

移开火源,放置 2min,然后加入少量活性炭,继续加热煮沸 5min。趁热用无颈漏斗和折叠滤纸过滤,滤液放置自然冷却后,析出片状乙酰苯胺结晶。抽滤、晾干、称重,计算重结晶收率。

测定已干燥的乙酰苯胺的熔点,并与粗产品熔点做比较。

4. 实验成功的关键

(1) 溶解过程中,要尽量避免溶质的液化,应在比熔点低的温度下进行溶解。
(2) 溶解过程中,不要因为重结晶的物质中含有不溶解的杂质而加入过量的溶剂。
(3) 为避免热过滤时晶体在漏斗上或漏斗颈中析出造成损失,溶剂可稍过量 20%。
(4) 使用活性炭脱色时,若一次脱色不好,可再加入少量活性炭,重复操作。
(5) 过滤易燃溶液时,特别要注意附近的情况,以免发生火灾。
(6) 要用折叠滤纸过滤,从漏斗上取出结晶时,通常将晶体和滤纸一起取出,待干燥后用刮刀敲滤纸,结晶即全部下来,注意勿使滤纸纤维附于晶体上。

5. 安全提示

(1) 使用保温漏斗时,要当心沸水或盛装沸水的铜漏斗烫伤手与身体。安装预热过的布氏漏斗时,应当用抹布垫衬防止烫伤手掌。
(2) 不可向正在加热至沸的溶液中投放活性炭,以防引发暴沸事故。

思 考 题

1. 某一有机化合物进行重结晶时,最适合的溶剂应该具有哪些性质?
2. 为什么活性炭要在固体物质完全溶解后加入?又为什么不能在溶液沸腾时加入?
3. 在布氏漏斗中用溶剂洗涤固体应注意些什么?
4. 停止抽滤时,如不先打开安全瓶活塞就关闭水泵,会有何现象产生?为什么?
5. 用有机溶剂重结晶时,在哪些操作时容易着火?应如何防范?
6. 将溶液进行热过滤时,为何要减少溶剂挥发?如何减少?
7. 重结晶时为什么要加入稍过量的溶剂?
8. 热过滤时若保温漏斗夹套中的水温不够高,会有什么后果?
9. 若布氏漏斗中滤纸裁剪过大或过小,对实验结果会有什么影响?

第二节 升华及其操作

升华是指有较高蒸气压的固体物质受热不经过熔融状态直接转变成气体,气体遇冷又直接变成固体的过程。升华是固体化合物提纯的又一种手段,利用升华可以除去不挥发的杂质或分离挥发性不同的固体物质。

一、实验原理

升华操作是利用固体混合物的蒸气压或挥发度不同,将不纯净的固体化合物在熔点温度以下加热,利用产物蒸气压高、杂质蒸气压低的特点,使产物不经液体过程而直接气化,遇冷后固化,而杂质则不发生这个过程,达到分离固体混合物的目的。

升华操作突出的优点是可以得到高纯度的产物,其纯度可达98%~99%,但它的局限性也较大,只有在熔点温度以下蒸气压相当高且杂质与被提纯物的蒸气压有显著差别的固体物质才可用升华法来提纯。升华操作时间相对较长,损失也较大。通常实验室仅用升华法来提纯少量(1~2g)的固体物质。

二、实验装置

升华装置可分为常压和减压两种,如图4-4和图4-5所示。当需要快速升华或被提纯物质蒸气压较低、受热易分解时,可采用减压升华装置。一般情况下采用常压升华即可。

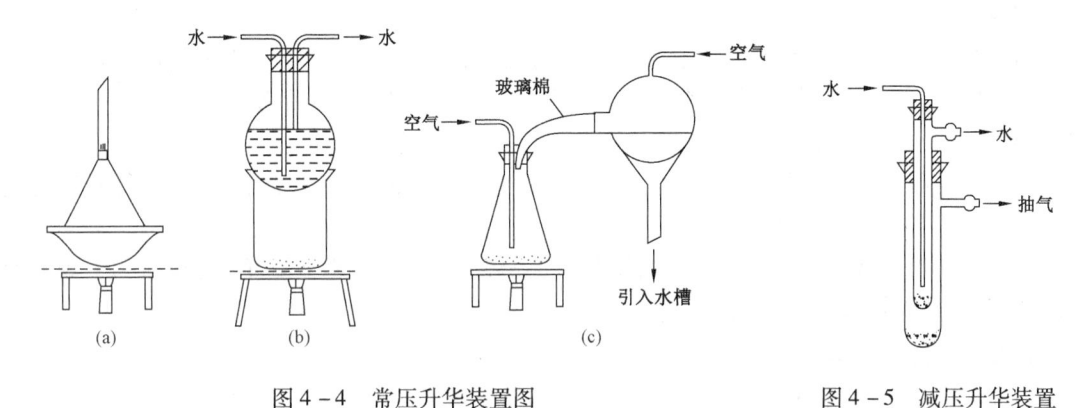

图4-4 常压升华装置图　　　　图4-5 减压升华装置

三、操作方法

1. 常压升华

图4-4(a)是最简单的升华装置,用于少量物质的升华。在蒸发皿中放置被精制物质,上面覆盖一张穿有许多小孔的滤纸,以防结晶向下回落,然后将直径比蒸发皿略小的玻璃漏斗倒盖在上面,漏斗颈部塞一团棉花,以减少蒸气外逸。用沙浴或其他热浴加热,控制浴温低于升华物质的熔点,使蒸气慢慢通过滤纸孔上升,冷却后凝结在滤纸或漏斗壁上,必要时可用湿布或纸使漏斗外壁冷却。数量较多的样品升华如图4-4(b)所示,将样品置于冷水的圆底烧瓶下,使升华物质凝结在瓶底。图4-4(c)是在空气或惰性气体中(常用氮气)进行升华的装置。锥形瓶上装有双孔木塞,一孔插入导气管,一孔插入接引管,接引管另一端伸入圆底烧瓶,瓶口塞以玻璃棉。当物质开始升华时,通入空气或惰性气体,带出升华的物质遇到冷水冷却的烧瓶壁,就凝结在烧瓶壁上。

2. 减压升华

在常压下具有适宜升华的蒸气压的物质不多,往往要在减压下进行。减压升华装置如图4-5所示,将被提纯物放在吸滤管中,利用水泵或油泵减压,接通冷凝水,将吸滤管浸在水浴或油浴中缓缓加热,使升华的物质冷凝于指形冷凝管表面。升华完毕,冷却后小心放气,慢慢取出管子,以防结晶脱落。

四、实验 4-2　升华提纯操作练习

1. 实验目标

(1)掌握升华的基本原理；
(2)掌握常压升华和减压升华的基本操作方法；
(3)训练常压升华和减压升华操作等基本能力。

2. 实验用品

蒸发皿、研钵、滤纸、玻璃漏斗、酒精灯、玻璃棒、表面皿。
樟脑或萘与氯化钠的混合物。

3. 实验过程

称取 0.5~1g 待升华物质(可用樟脑或萘与氯化钠的混合物)，烘干后研细，均匀铺放于一个蒸发皿中，盖上一张刺有十多个小孔(直径约 3mm)的滤纸，然后将一个大小合适的玻璃漏斗(直径稍小于蒸发皿和滤纸)罩在滤纸上，漏斗颈用棉花塞住。

用酒精灯隔着石棉网加热，慢慢升温，待有蒸气透过滤纸上升时，调节灯焰，使待升华物质慢慢升华，当透过滤纸的蒸气很少时停止加热。

用一根玻璃棒或小刀，将漏斗壁和滤纸上的晶体轻轻刮下，置于洁净的表面皿上，即得到纯净的产品。称重，计算产品的收率。

4. 实验成功的关键

(1)升华温度一定要控制在固体化合物熔点以下。
(2)被升华的固体化合物一定要干燥，如含有溶剂将会影响升华后固体的凝结。
(3)滤纸上的孔应尽量大一些，以便蒸气上升时顺利通过滤纸，在滤纸的上面和漏斗中结晶，否则将会影响晶体的析出。
(4)减压升华时，停止抽滤时一定要先打开安全瓶上的放空阀后再关泵。否则循环泵内的水会倒吸进入吸滤管中，造成实验失败。

思 考 题

1. 升华操作时为什么要缓缓加热？
2. 什么样的物质可以用升华法提纯？
3. 什么是易升华物质？

第三节　简单蒸馏及其操作

在生产和实验中，经常会遇到两种以上组分的均相分离问题，如某种物料经过化学反应以后，会产生一个既有生成物又有反应物及副产物的液体混合物。为了得到纯的生成物，若反应后的混合物是均相的，通常采用蒸馏(或精馏)等方法将它们分离。

蒸馏是提纯液体的重要方法，是利用混合物各组分沸点的不同来进行分离纯化的技术，是

分离液体混合物很有效的方法。

一、实验原理

在常压下,将液体加热至沸腾,使其变为蒸气,然后再将蒸气冷凝为液体,收集到另一容器中,这两个过程的联合操作称为简单蒸馏。通过蒸馏可以使液态混合物中各组分部分分离或全部分离,所以液体有机化合物的纯化和分离、溶剂的回收,经常采用蒸馏的方法来完成。通常蒸馏是用来分离两组分液态有机混合物,但是采用此方法并不能使所有的两组分液态有机混合物得到较好的分离。当两组分的沸点相差比较大(一般差 20～30℃以上)时,才可得到较好的分离效果。另外,如果两种物质能够形成恒沸混合物,也不能采用蒸馏法来分离。

利用蒸馏法还可以测定较纯液态化合物沸点。在蒸馏过程中,馏出第一滴馏分时的温度与馏出最后一滴馏分的温度之差称为沸程。纯液态化合物的沸程较小、较稳定,一般不超过 0.5～1℃。沸程可以代表液态化合物的纯度,一般说来纯度越高,沸程较小。

用蒸馏法测定沸点的方法叫常量法,此法用量较大,一般要消耗样品 10mL 以上。

二、实验装置

简单蒸馏装置由汽化、冷凝和接收三部分组成,如图 4-6 和图 4-7 所示。

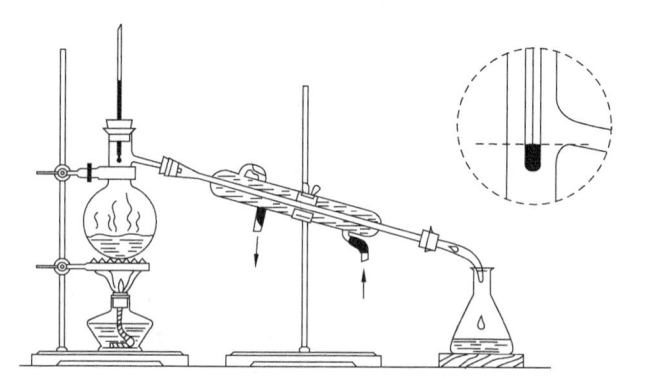

图 4-6 简单蒸馏装置　　　　　图 4-7 简单蒸馏装置(标准磨口仪器)

汽化部分由圆底烧瓶、蒸馏头及温度计组成。液体在烧瓶内受热汽化后,其蒸气由蒸馏头侧管进入冷凝器中。圆底烧瓶内被蒸馏物占其容积的 1/3～2/3 为宜。

冷凝部分为直形冷凝管。蒸气进入冷凝管时,被外层套管中的冷水冷凝为液体。当所蒸馏液体的沸点高于 140℃以上时,应改用空气冷凝管。

接收部分由接液管、接收器(圆底烧瓶、锥形瓶等)组成。在冷凝管中被冷凝的液体经由接液管收集在接收器中。

三、操作方法

1. 加入物料

将待蒸馏液体通过长颈玻璃漏斗由蒸馏头上口倾入圆底烧瓶中(注意漏斗颈应超过蒸馏头侧管的下沿,以防液体由侧管流入冷凝器中),投入几粒沸石(防止暴沸),再装好温度计。

2. 装置安装

装置安装的顺序一般是先从热源开始,然后由下而上、从左往右依次安装。检查装置各连接处的气密性以及与大气相通处是否畅通(绝不能造成密闭体系!)后,通入冷水,使冷凝套管内充满冷水,并调节冷凝水流速。

在蒸馏装置安装完毕后,应从三个方面检查:

(1)从正面看,温度计、蒸馏烧瓶、热源的中心轴线在同一条直线上,可简称为"上下一条线",不要出现装置的歪斜现象。

(2)从侧面看,接受瓶、冷凝管、蒸馏瓶的中心轴线在同一平面上,可简称为"左右在同一面",不要出现装置的扭曲或曲折等现象。在安装中,使夹蒸馏烧瓶、冷凝管的铁夹伸出的长度大致一样,可使装置符合规范。

(3)装置要稳定、牢固,各磨口接头要相互连接,要严密,铁夹要夹牢,装置不要出现松散或稍一碰就晃动的情况。能符合这些要求的蒸馏装置将具有实用、整齐、美观、牢固的优点。

如果被蒸馏物质易吸湿,应在接受管的支管上连接一个氯化钙管。如蒸馏易燃物质(如乙醚等),则应在接受管的支管上连接一个橡皮管引出室外,或引入水槽和下水道内。

> **注意**
>
> 温度计的安装应使其汞球上端与蒸馏头侧管下沿相平行,以便蒸馏时汞球部分可被蒸气完全包围,测得准确温度;冷凝管的出口应朝上,以便使冷凝管内充满水,保证冷却效果。

3. 加热蒸馏

选择适当的热源,先小火加热(防止烧瓶因局部骤热而炸裂),然后逐渐增大加热强度。当烧瓶内液体开始沸腾,其蒸气环达到温度计汞球部位时,温度计的读数就会急剧上升,此时应适当调小加热强度,使蒸气环包围汞球且使汞球下部始终挂有液珠,保持汽—液两相平衡。此时温度计所显示的温度即为该液体的沸点。然后可调节加热强度,控制蒸馏速度,以每秒馏出 1~2 滴液体为宜。

4. 观测沸点、收集馏液

记下第一滴馏出液滴入接收器时的温度。如果所蒸馏的液体中含有低沸点的前馏分,则需在蒸馏温度趋于稳定后,更换接收器。记录所需要的馏分开始馏出和收集到最后一滴时的温度,这便是该馏分的沸程。纯液体的沸程一般在 1~2℃ 以内。

5. 停止蒸馏

当维持原来的加热温度,不再有馏液蒸出时,温度会突然下降,这时应停止蒸馏。即使杂质含量很少,也不要蒸干,以免烧瓶炸裂。

6. 称量馏分和残液并记录

蒸馏结束,应先停止加热,等稍冷后,再停止通冷凝水。然后按与装配相反的顺序拆卸装置。

四、实验 4-3　工业乙醇的简单蒸馏

1. 实验目标

(1) 掌握简单蒸馏的基本原理；
(2) 掌握简单蒸馏中的一些基本操作方法；
(3) 训练蒸馏装置的装配和拆卸的规范操作。

2. 实验用品

铁架台(铁夹、铁圈)、酒精灯、石棉网、蒸馏烧瓶、蒸馏头、直形冷凝管、温度计、温度计套管(或单孔橡皮塞)、尾接管、接液瓶、量筒、橡皮管、沸石。

无水乙醇、蒸馏水、工业乙醇。

3. 实验过程

常见的工业乙醇的主要成分为乙醇和水，此外一般含有少量低沸点杂质和高沸点杂质，还可能溶解有少量固体杂质。利用简单蒸馏的方法可以将低沸物、高沸物及固体杂质除去，但必须注意的是水与乙醇在常压下形成恒沸点为 78.1℃ 的共沸物，故不能将水和乙醇完全分开，蒸馏所得的是含乙醇 95.6% 和水 4.4% 的混合物，相当于市售的 95% 乙醇。

在 100mL 蒸馏烧瓶中用漏斗或沿着面对蒸馏烧瓶支管的瓶颈壁，小心倒入 40mL 含杂质的工业乙醇，加入 2~3 粒沸石，用水浴加热进行蒸馏。控制蒸馏速度为 1~2 滴/s。分别收集 77℃ 以下、77~79℃ 的馏分。当瓶内只剩下少量液体(0.5~1mL)时，若维持原来的加热速度，温度计的读数会突然下降，即可停止蒸馏。称量 77~79℃ 馏分，并计算回收率。

4. 实验成功的关键

(1) 不要忘记加沸石。若忘记加沸石，必须停止加热让蒸馏瓶内液体冷却后方可补加，切忌在液体沸腾或接近沸腾时加入沸石。
(2) 始终保证蒸馏体系与大气相通。
(3) 蒸馏过程中欲向烧瓶中补加液体，必须停止加热冷却后进行，不得中断冷凝水。
(4) 对于乙醚等易生成过氧化物的化合物，蒸馏前必须检验过氧化物，若含过氧化物，务必除去后方可蒸馏且不得蒸干，蒸馏硝基化合物也切忌蒸干，以防爆炸。
(5) 当蒸馏易挥发和易燃的物质时，不得使用明火加热，否则容易引起火灾事故。
(6) 停止蒸馏时应停止加热，冷却后再关冷凝水。

5. 安全提示

(1) 乙醇有毒性，不要吸入其蒸气，是一级易燃品，应避免与明火接触。
(2) 蒸馏装置要保持气路畅通。

思 考 题

1. 安装蒸馏装置时，应按什么样的顺序进行？
2. 将温度计水银球至蒸馏头支管下方或者上方，对测定结果有何影响？

3. 沸石的作用是什么？如果蒸馏前忘记加沸石，能否立即将沸石加至将近沸腾的液体中？

4. 开始加热之前，为什么要检查装置的气密性？

5. 蒸馏装置中若没有与大气相通处，可以吗？为什么？

6. 由蒸馏头上口向圆底烧瓶中加入待蒸馏液体时，为什么要用长颈漏斗？直接倒入会有什么后果？

7. 为什么要控制蒸馏的速度，快了有什么影响？

8. 为什么可通过简单蒸馏来测定液体物质的沸点？什么叫沸程？

第四节 水蒸气蒸馏及其操作

水蒸气蒸馏是将水蒸气通入有机物中，或将水与有机物一起加热，使有机物与水共沸而蒸馏出来的操作。水蒸气蒸馏是分离和提纯有机化合物的重要方法之一，其优点在于所需要的有机物可在较低的温度下从混合物中蒸馏出来，常用于以下情况：

（1）在常压下蒸馏，有机物会发生氧化或分解；

（2）混合物中含有焦油状物质，用通常的蒸馏或萃取等方法难以分离；

（3）液体产物被混合物中较大量的固体所吸附或要求除去挥发性杂质。

一、实验原理

当不溶或难溶有机物与水一起共热时，根据分压定律，整个系统的蒸气压应为各组分蒸气压之和，即

$$p = p_{水} + p_{有机物}$$

p 随温度的升高而增大，当温度升高到 p 等于外界大气压时，该体系开始沸腾。这时的温度为该体系的沸点。此沸点必低于体系中任一组分的沸点。蒸馏时，混合物沸点保持不变，直至该物质全部随水蒸出，温度才会上升至水的沸点。因此，在不溶于水的有机物质中，通入水蒸气进行水蒸气蒸馏时，在100℃温度以下可使该物质蒸馏出来。蒸出的是水和与水不混溶的物质，很容易分离，从而达到纯化的目的。

水蒸气蒸馏时，被提纯有机物应该是在100℃左右时具有一定蒸气压（一般不小于1333.2Pa）的不溶或难溶于水的、共沸腾情况下与水不发生化学反应的物质。

二、实验装置

水蒸气蒸馏装置由水蒸气发生器、蒸馏部分、冷凝部分和接受器四个部分组成，如图4-8所示。

水蒸气发生器一般使用专用的金属制的水蒸气发生器，也可用500mL圆底烧瓶代替。盛水量以不超过其容积的2/3为宜。其中插入一支接近底部的长玻璃管，做安全管用。当容器内压力增大时，水就沿安全管上升，从而调节内压。水蒸气发生器导出管与一个T形管相连，

A—水蒸气发生器；B—安全管

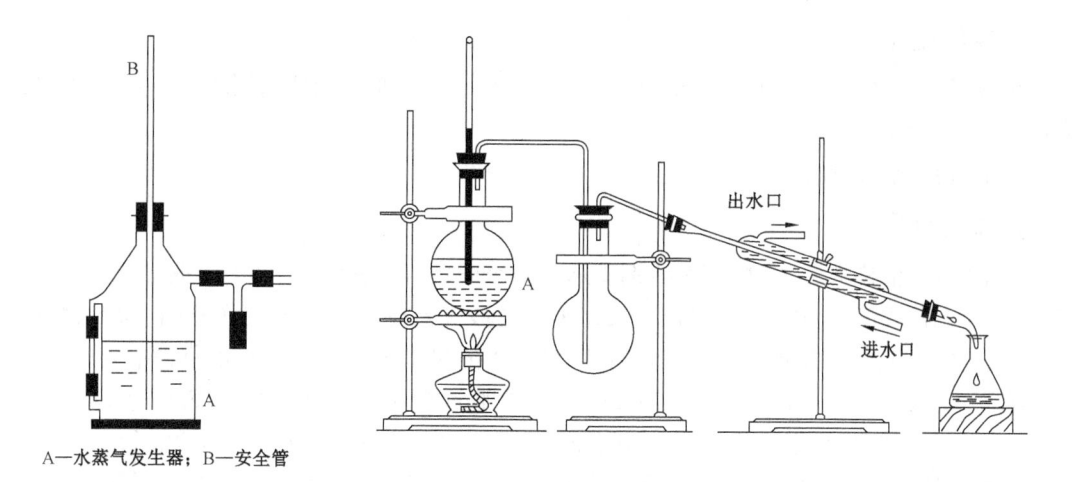

图 4-8 水蒸气蒸馏装置

T形管的支管套有一短橡胶管并配有螺旋夹，以便及时除去冷凝下来的积水，并可在系统内压力骤增或蒸馏结束时释放蒸气，调节内压。

蒸馏烧瓶内盛放待蒸馏的物料，伸入其中的蒸气导入管应尽量接近瓶底。混合蒸气通过蒸馏弯头进入冷凝器中被冷凝，并经由接液管流入接受器中。

三、操作方法

1. 加料

将待蒸馏的物料加入蒸馏烧瓶中，液体量不得超过其容积的1/3。

2. 加热

检查整套装置气密性后，开通冷却水，打开T形管的螺旋夹，再开始加热水蒸气发生器，直至沸腾。

视频 4-4-2 水蒸气蒸馏操作

3. 蒸馏

当T形管处有大量气体冲出时，立即旋紧螺旋夹，蒸气便进入烧瓶中。这时可看到瓶中的混合物不断翻腾，表明水蒸气蒸馏开始进行。适当调节蒸气量，控制馏出速度为2~3滴/s。

蒸馏过程中，若发现蒸气过多地在烧瓶内冷凝，可在烧瓶下面用石棉网适当加热。

4. 停止蒸馏

当馏出液无油珠并澄清透明时，便可停止蒸馏。应先打开螺旋夹，解除系统内压力后再停止加热，稍冷却后，再停通冷却水。

四、实验 4-4 从八角茴香中提取八角茴香油

1. 实验目标

(1) 学习水蒸气蒸馏的原理及意义；
(2) 掌握水蒸气蒸馏装置的安装和一些基本操作方法；
(3) 学会从八角茴香中分离茴香油的方法。

2. 实验用品

水蒸气发生器、三口烧瓶(250mL)、锥形瓶(250mL)、直形冷凝管、蒸馏弯头、接液管、长玻璃管、T 形管、螺旋夹。

八角茴香、水、乙醚。

3. 实验过程

八角茴香,俗称大料,常用作调味剂。八角茴香中含有一种精油,称为茴油,其主要成分为茴香脑,为无色或淡黄色液体,不溶于水,易溶于乙醇和乙醚。工业上用作食品、饮料、烟草等的增香剂,也用于医药方面。由于其具有挥发性,可通过水蒸气蒸馏从八角茴香中分离出来。

称取 5g 八角茴香,捣碎后放入 250mL 三口烧瓶或蒸馏烧瓶中,加入 15mL 水,连接好仪器,进行水蒸气蒸馏,当流出液澄清透明不再浑浊时(由于澄清透明而不浑浊需很长时间,一般规定收集到体积达 150mL 时),打开螺旋夹,停止加热,稍冷却后停通冷却水,拆除装置。

将蒸出液放入分液漏斗中,用 10mL 乙醚分两次萃取馏出液,然后蒸去乙醚,即可得精油产品。

4. 实验成功的关键

(1)蒸馏过程中,必须随时观察水蒸气发生器的水位是否正常,安全管内水位是否正常,烧瓶内液体有无倒吸现象,一旦发生这类情况,应立即打开螺旋夹,停止加热,查找原因并排除故障后才能继续蒸馏。

(2)蒸馏过程中,必须随时观察烧瓶内混合物体积增加情况、混合物崩跳现象、蒸馏速度是否合适、是否有必要对烧瓶进行加热。

5. 安全提示

实验中应随时观察安全管内水位上升情况,如发现水位上升时,应立即打开螺旋夹,排除蒸汽通路中的堵塞问题。

思 考 题

1. 进行水蒸气蒸馏时,馏出液由浑浊变澄清后为什么要多蒸出 10~20mL 透明液才可停止蒸馏?否则会有何影响?
2. 进行水蒸气蒸馏时,水蒸气导管的末端为什么要接近烧瓶底部?
3. 进行水蒸气蒸馏前,为什么要先打开 T 形管?
4. 水蒸气蒸馏适用于哪些混合物的分离?

第五节 减压蒸馏及其操作

减压蒸馏是在负压条件下(压力小于 101.325kPa)进行蒸馏的过程,它是分离、提纯液体化合物的一种重要方法。它特别适用于高沸点化合物(在常压下难以蒸馏),或在常压下未达到沸点就热解、聚合的物质的分离、纯化。不过在一般情况下,减压蒸馏的效果不如常压蒸馏效果好。

一、实验原理

液体的沸点与外界施加于液体表面的压力有关,随着外界施加于液体表面压力的降低,液体沸点下降。在一封闭体系中,在负压条件下(借助于真空泵降低体系压力),较低温度下的蒸馏就称为减压蒸馏。

在进行减压蒸馏时,预先粗略地估计出相当的沸点或压力,对具体操作,选择合适的温度计、热浴或真空度范围,控制收集馏分都有一定的参考价值。

视频 4-5-1 减压蒸馏操作知识准备

一般来讲,当压力降低到 2.67kPa(20mmHg)时,大多数有机物的沸点比常压 101.325kPa(760mmHg)沸点低 100~120℃左右,当系统内压力在 1.33~3.33kPa(10~25mmHg)范围内,大体上压力每相差 0.133kPa(1mmHg)沸点约相差 1℃。

二、实验装置

常用的减压蒸馏装置如图 4-9 所示,由蒸馏、抽气(减压)和它们之间的保护和测压装置三部分组成。整套仪器均用圆形厚壁仪器,否则易因由受力不均匀而在减压过程中炸裂。

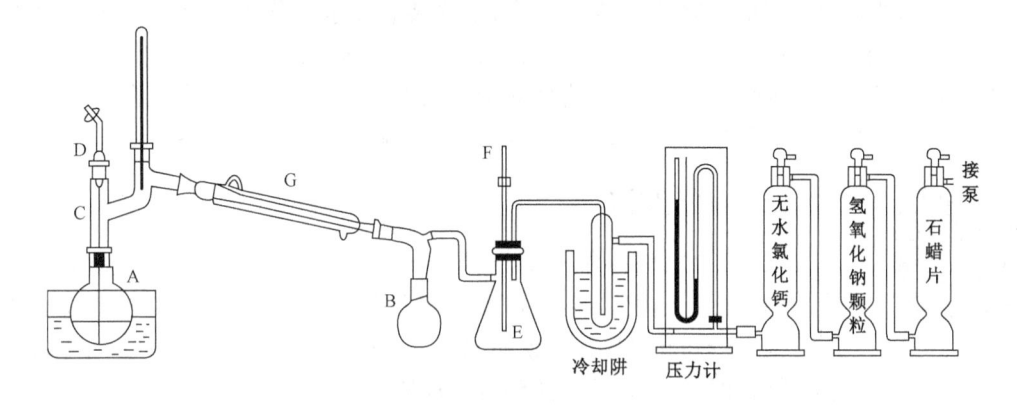

图 4-9 减压蒸馏装置

A—圆底蒸馏烧瓶;B—圆底接受瓶;C—克氏蒸馏头;D—真空接引管;E—安全瓶;F—放气活塞;G—冷凝管

1. 蒸馏部分

由克氏蒸馏烧瓶(或由圆底烧瓶与克氏蒸馏头相连)、冷凝管、真空接引管、接受器组成。克氏蒸馏头带支管的一颈插温度计,另一颈插入一根毛细管,毛细管的下端离瓶底约 1~2mm,上端接一短橡皮管并装上螺旋夹,在减压抽气时,空气由毛细管进入烧瓶呈微小气泡冒出,作为液体沸腾中心,使沸腾平衡,防止暴沸,同时也起到搅拌作用。

接受器通常用圆底烧瓶,不能用平底烧瓶或锥形瓶,因为它们不耐压,在减压抽气时会造成内向爆炸。蒸馏时,若要收集不同馏分而不中断蒸馏,则可用多头接引管,使用时转动接引管,使各馏分分别收集在不同的接受器中。

减压蒸馏所选用的热浴最好是水浴或油浴,以使加热均匀平稳,切勿使用石棉网煤气灯直接加热。

根据选定压力时馏出液的沸点选用合适的冷凝管(直形或空气冷凝管)。如果待蒸馏液的量较少而馏出液的沸点很高或是蒸馏低熔点固体时,也可不用冷凝管而将克氏蒸馏头支管直接通过真空接引管与接受器相连。如果是高温蒸馏,为减少散热,要用玻璃棉或其他绝热材料将克氏蒸馏头缠绕起来。如果减压下液体沸点低于140~150℃,要用冷水浴冷却接受器。

在整个减压蒸馏系统中都应在磨口接头处涂上薄薄一层真空油脂,以防漏气。

2. 抽气减压部分

实验室通常用水泵和油泵进行抽气减压。若不需要很低的压力时可用水泵,若要很低的压力时则用油泵(真空泵)。水泵由玻璃或金属制作,它能使系统压力降到2.00~3.33kPa(15~25mmHg)。为防止水压突然下降造成倒吸而沾污产物,必须在水泵和蒸馏系统之间装上安全瓶,停止使用时,应先打开安全瓶旋塞,使系统与大气相通,再关水泵。油泵可以将系统压力顺利降至0.267~0.534kPa(2~4mmHg),但对工作条件要求较严。为了不使有机物、水、酸等蒸气侵入泵内影响减压效能及腐蚀油泵机件,必须装上保护装置。

3. 保护和测压部分

在接受器和油泵之间依次装上冷却阱、净化塔、水银压力计、安全瓶组成保护和测压装置。

冷却阱是用来冷却减压时有可能被抽出来的沸点较低的组分,可根据具体情况选用冰—水、冰—盐或干冰—丙酮等冷却剂,使用时应将冷却阱浸入盛有冷却剂的广口保温瓶中。

只有使用油泵时才使用净化塔,通常设三个,依次装有无水氯化钙、氢氧化钠颗粒和片状固体石蜡,分别用来吸收水分、酸蒸气和烃类气体,以保护减压设备。

安全瓶一般采用壁厚耐压的吸滤瓶,有两通旋塞以供放气及调节系统内压力,防止系统内的压力突然发生变化。安全瓶的另一个作用是防止油泵倒吸。

视频4-5-2 减压蒸馏操作

三、操作方法

(1)检查减压泵抽气时所能达到的最低压力(应低于蒸馏时的所需值),然后进行装配。装配完成后,开始抽气,检查系统能否达到所要求的压力,如果不能满足要求,说明漏气,应分段检查出漏气的部位,在解除真空后进行处理,直到系统能达到所要求的压力为止。

(2)解除真空,装入被蒸馏液体,其量不得超过烧瓶容积的1/2。

(3)开启冷凝水,开启减压泵抽气,调节安全瓶上的活塞达到所需压力。

(4)开始加热,液体沸腾时,应调节热源,控制蒸馏速度每秒1~2滴为宜。整个蒸馏过程中密切注意温度计和压力的读数,并记录压力、相应的沸点等数据。当达到要求时,小心转动接液管,收集馏出液,直到蒸馏结束。

(5)蒸馏完毕,除去热源,待系统冷却后,缓慢解除真空,关闭减压泵,最后关闭冷凝水,按从右往左、由上而下的顺序拆卸装置。

四、实验4-5 苯乙酮的减压蒸馏

1. 实验目标

(1)掌握减压蒸馏的基本原理及应用范围;

(2)认识减压蒸馏的主要仪器设备,知道它们各有什么作用;

(3)掌握减压蒸馏装置的安装与操作方法;

(4)掌握压力计的使用、系统压力的测定、油泵的安装及保护措施。

2. 实验用品

克氏蒸馏瓶、直形冷凝管、抽气管、抽滤瓶、接引管、安全瓶、温度计、抗暴沸毛细管、大小橡胶管、水浴锅、连接用玻璃管和橡胶管、螺旋夹等。

苯乙酮。

3. 实验过程

苯乙酮的沸点为202.6℃,熔点为20.5℃,折射率n_D^{20}为1.5371。苯乙酮在接近沸点时较稳定,也可用简单蒸馏法将其蒸出,但操作不便,安全性较差。采用减压蒸馏法,可使苯乙酮在较低的沸点蒸出,安全性好。本实验系统压力10mmHg,收集80℃左右的馏分即得纯苯乙酮。

安装减压蒸馏装置,检查气密性后,在100mL蒸馏烧瓶中放20mL苯乙酮,进行减压蒸馏,小心地旋转安全瓶上的活塞,使压力计上读数为5~10mmHg,用电热套加热,控制馏出速度每秒1~2滴,当系统达到稳定时,立即记下压力和温度值,作为第一组数据。然后停止加热,稍微打开安全瓶上活塞,调节压力到10~20mmHg,重新加热,记下第二组数据。

将上述数据填入表4-2,并根据文献值找出相应压力下的沸点温度。

表4-2 实测一定压力下的温度

编号	压力,Pa	实测温度,℃	文献温度,℃

蒸馏完毕后,停止加热,冷却后慢慢旋开夹在毛细管的橡皮管上的螺旋夹,并渐渐打开安全瓶上的活塞,平衡内外压力,使测压计的水银柱缓慢地回复原状。若放开得太快,水银柱上升太快,有冲破测压计的可能。待内外压力平衡后,才可关闭真空泵,以免真空泵中的油反吸入干燥塔中,最后拆除仪器。

4. 实验成功的关键

(1)蒸馏液中含低沸点组分时,应先进行简单蒸馏再进行减压蒸馏。

(2)减压系统中应选用耐压的玻璃仪器,切忌使用薄壁的甚至有裂纹的玻璃仪器。尤其不要使用平底瓶,否则易引起内向爆炸。

(3)蒸馏过程中若有堵塞或其他异常情况,必须先停止加热,冷却后,缓慢解除真空后才能进行处理。

(4)抽气或解除真空时,一定要缓慢进行,否则压力计汞柱急速变化,有冲破压力计的危险。

(5)解除真空时,一定要冷却后进行,否则大量空气进入有可能引起残液的快速氧化或自燃,发生爆炸。

5. 安全提示

在减压蒸馏装置中,连接各部件的橡皮管都要用耐压的厚壁橡皮管。所用的玻璃器皿的外表均应无伤痕或裂缝,其厚度与质量均应符合产品出厂规格的要求。实验操作人员要戴防护目镜,以防不测。

思考题

1. 物质的沸点与外界压力变化有什么关系？一般在什么情况下采用减压蒸馏？
2. 使用水泵抽气是否也需要气体吸收装置？安全瓶是否可以省去？为什么？
3. 怎样检查装置的气密性？
4. 减压蒸馏开始时要先减压再加热，顺序可否颠倒？为什么？
5. 安装减压蒸馏装置应注意哪些问题？

第六节 分馏及其操作

分馏又称精馏，是分离提纯液体有机化合物的一种方法，主要用于分离和提纯沸点很接近（沸点差在 1~10℃）的有机液体混合物。在工业生产上，安装分馏塔（或精馏塔）实现分馏操作，而在实验室中，则使用分馏柱进行分馏操作。

一、实验原理

视频 4-6-1
分馏操作
知识准备

简单蒸馏只能使液体混合物得到初步的分离，为了获得高纯度的产品，理论上可以采用多次部分汽化和多次部分冷凝的方法，即将简单蒸馏得到的馏出液再次部分汽化和冷凝，以得到纯度更高的馏出液。而将简单蒸馏剩余的混合液再次部分汽化，则得到易挥发组分更低、难挥发组分更高的混合液。只要上面这一过程足够多，就可以将两种沸点相差很近的有机溶液分离成纯度很高的易挥发组分和难挥发组分的两种产品。分馏的实质就是反复多次的简单蒸馏，其过程是通过加热使液体混合物沸腾，其蒸气通过分馏柱，由于柱外空气的冷却，蒸气中的高沸点的组分冷却为液体，回流入烧瓶中，故上升的蒸气含易挥发组分的相对量增加，而冷凝的液体含不易挥发组分的相对量也增加。当冷凝液回流过程中，与上升的蒸气相遇，二者进行热交换，上升蒸气中的高沸点组分又被冷凝，而易挥发组分继续上升。这样，在分馏柱内反复进行无数次的汽化、冷凝、回流的循环过程。当分馏柱的效率高且操作正确时，在分馏柱上部逸出的蒸气接近于纯的易挥发组分，而向下回流入烧瓶的液体则接近难挥发的组分。再继续升高温度，可将难挥发的组分也蒸馏出来，从而达到分馏的目的。

二、实验装置

分馏装置如图 4-10 所示，由蒸馏部分、冷凝部分与接受部分组成。分馏装置的蒸馏部分由蒸馏烧瓶、分馏柱与分馏头组成，比蒸馏装置多一根分馏柱。

实验室中常用的分馏柱有刺形分馏柱和填充式分馏柱（图 4-11）。图 4-11(a)所示填充式分馏柱内装有玻璃珠或玻璃环，其目的是增加气液接触面积，提高分馏效果，适用于分离沸点差很小的液体混合物。图 4-11(b)所示刺形分馏柱结构简单，黏附液体少。但分馏效果较填充式差些，适用于分离量较少且沸点相差较大的液体混合物。

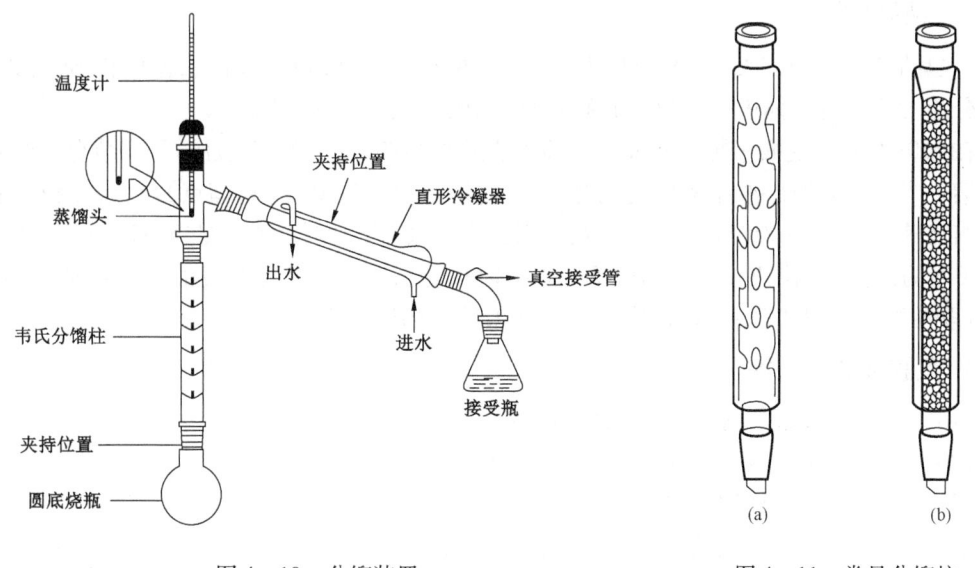

图 4-10 分馏装置　　　　　　　图 4-11 常见分馏柱

三、操作方法

(1) 将待分馏的混合物放入圆底烧瓶中,加入沸石,安装好装置。

(2) 选择合适的热源,开始加热。当液体一沸腾就及时调节热源,使蒸气慢慢升入分馏柱,10~15min 后蒸气到达柱顶,这时可观察到温度计的水银球上出现了液滴。

(3) 调小热源,让蒸气仅到柱顶而不进入支管就全部冷凝,回流到烧瓶中,维持 5min 左右,使填料完全湿润,开始正常地工作。

视频 4-6-2 简单分馏操作

(4) 调大热源,控制液体的馏出速度为每 2~3s 一滴,这样可得到较好的分馏效果。待温度计读数骤然下降,说明低沸点组分已蒸完,可继续升温,按沸点收集第二种、第三种组分的馏出液。

(5) 当温度再次下降,或瓶内仅剩少量残液时,可结束分馏。先停止加热,撤去热源,再关闭进水阀。稍冷后,可取下接受瓶,然后按相反顺序拆卸并清洗仪器,烘干。

(6) 对接受瓶称量,计算收率值,并测折射率。

四、实验 4-6　分馏乙醇和水的混合物

1. 实验目标

(1) 掌握分馏的原理;
(2) 掌握分馏装置的安装和操作方法;
(3) 掌握折光仪的使用方法;
(4) 能利用分馏操作分离液体混合物。

2. 实验用品

蒸馏烧瓶(150mL)1 个、接受瓶 4 个、分馏柱、接液管、温度计、冷凝管。
乙醇和水的混合液、沸石。

3. 实验过程

乙醇的沸点为 78.3℃,密度为 0.789g/cm³(20℃),易燃,与水以任意比例相溶,可以利用简单分馏对两互溶液体进行分离,与简单蒸馏相比,分馏分离效果更好。

在 150mL 圆底烧瓶中加入 60mL 的 50% 乙醇水溶液,加入 2~3 粒沸石,安装分馏装置,加热分馏。当第一滴馏出液流入接受瓶时,要及时记录此刻的温度(初馏点),待温度恒定后,控制馏出液速率,每 2~3s 馏出 1 滴为宜。用三个接受瓶分别接收前馏分、77~80℃ 的馏分、80~90℃ 的馏分。当温度计读数达 95℃ 以上时停止分馏,冷却后将残液倒入第四个接受瓶中,量取各组分体积和残液体积,计算 77~80℃ 馏分的回收率。

4. 实验成功的关键

(1) 一定要缓慢进行,控制好恒定的分馏速度。
(2) 要有足够量的液体回流,保证合适的回流比。
(3) 尽量减少分馏柱的热量失散和波动。

思 考 题

1. 分馏和蒸馏在原理和装置上有什么异同?
2. 若加热太快,馏出液每秒钟的滴数超过一般要求量,分馏法分离两种液体的能力会显著下降,这是为什么?
3. 在分离两种沸点相近的液体时,选用哪种分馏柱效果好?
4. 分馏柱上温度计水银球位置偏高或偏低时对温度计读数各有什么影响?
5. 在分馏装置中,分馏柱为什么要尽可能垂直?

第七节 液—液萃取及其操作

萃取与洗涤液体中的物质是用溶剂从液体混合物中提取所需要的物质的过程。它是提取和纯化有机化合物的一种常用方法。通过萃取可洗去混合物中的少量杂质,也可以将液体混合物分开。

一、实验原理

对于萃取和洗涤而言,有两种情况。

一种情况是利用物质在两种互不相溶的溶剂中的溶解度(或分配系数)不同,使物质从一种溶剂转移到另一种溶剂中来进行分离和提纯。萃取和洗涤的原理相同,只是目的不同。如果从混合物中提取的是所需要的物质,这种操作就是萃取,如果是除去杂质,这种操作就是洗涤。依照分配定律,用一定量的溶剂分多次萃取比一次萃取的效率高,一般萃取三次即可将绝大部分的物质提取出来。

另一种情况是利用萃取剂与提取的物质发生化学反应,这种萃取常用于从化合物中洗去少量杂质或分离混合物。常用碱性萃取剂从混合物中分离出有机酸或除去酸性杂质；用酸性萃取剂从混合物中分离出有机碱或除去碱性杂质。

二、萃取溶剂的选择

好的萃取溶剂是萃取成功的关键因素，选择它的基本原则是：

（1）萃取溶剂对提取物有较大的溶解度，并且与原溶剂不相溶或微溶；
（2）两溶剂之间的相对密度差异较大以利于分层；
（3）化学稳定性好，与原溶剂和被提取物都不反应；
（4）沸点较低，萃取后易于用常压蒸馏回收；
（5）毒性小、价格低、不易着火等。

常用的萃取剂有乙醚、石油醚、乙酸乙酯、苯、氯仿、四氯化碳有机溶剂，还有稀硫酸、稀盐酸等稀酸溶液，5%氢氧化钠、碳酸钠或碳酸氢钠等稀碱溶液，实验中可根据具体需求加以选择。

三、实验仪器

液体物质的萃取或洗涤常在分液漏斗中进行。常见的分液漏斗有球形、梨形和圆筒形三种，如图4-12所示。

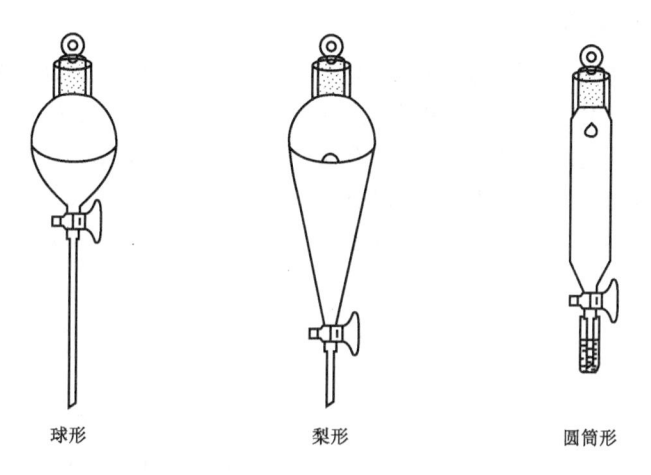

球形　　　　　梨形　　　　　圆筒形

图4-12　不同的分液漏斗

分液漏斗使用前应洗净、晾干，在活塞处涂抹凡士林（注意不要涂进活塞孔里）、固定活塞，试漏并检查严密性。

> **注意**
>
> 分液漏斗的塞子或活塞必须原配，不得调换；不能把活塞上涂有凡士林的分液漏斗放在烘箱内烘干。用碱液萃取后一定要洗净，在塞子和磨口之间垫上薄纸片，以防久置黏牢。

四、操作方法

1. 分液漏斗使用前的准备

将分液漏斗洗净后,取下旋塞,用滤纸吸干旋塞及旋塞孔道中的水分,在旋塞上微孔的两侧涂上薄薄一层凡士林,然后小心将其插入孔道并旋转几周,至凡士林分布均匀透明为止,在旋塞细端伸出部分的圆槽内,套上一个橡皮圈,以防操作时旋塞脱落。

关好旋塞,在分液漏斗中装上水,观察旋塞两端有无渗漏现象,再打开旋塞,看液体是否能通畅流下,然后盖上顶塞,用手指抵住,倒置漏斗,检查其严密性。在确保分液漏斗旋塞关闭时严密、旋塞开启后畅通的情况下方可使用。使用前须关闭旋塞。

2. 萃取(或洗涤)操作

由分液漏斗上口倒入溶液和溶剂,盖好顶塞。为使分液漏斗中的两种液体充分接触,用右手握住顶塞部位,左手持旋塞部位(旋塞朝上)倾斜漏斗并振摇,以使两层液体充分接触(图4-13)。振摇几下后,应注意及时打开旋塞,排出因振荡而产生的气体。若漏斗中盛有挥发性的溶剂或用碳酸钠中和酸液时更应注意排放气体。反复振摇几次后,将分液漏斗放在铁圈中静置分层。

3. 两相液体的分离操作

当两层液体界面清晰时,便可进行分离液体的操作。先打开顶塞(或使顶塞的凹槽对准漏斗上口颈部的小孔,使漏斗与大气相通),再将分液漏斗下端靠在接受器的内壁上,然后缓慢旋开旋塞,放出下层液体(图4-14)。当液面间的界线接近旋塞处时,暂时关闭旋塞,轻轻摇一下分液漏斗,再静置片刻,使下层液聚集得多一些,然后打开旋塞,仔细放出下层液体。当液面间的界线移至旋塞孔的中心时,关闭旋塞。最后将漏斗中的上层液体从上口倒入另一个容器中。

图4-13 萃取洗涤操作　　图4-14 分离两相液体

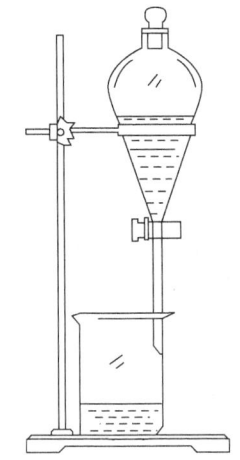

重复上述操作三次,每次都用新鲜萃取溶剂对分离出的被萃取物进行萃取。

分液漏斗使用完毕,用水洗净,擦去旋塞的孔道中的凡士林,在顶塞和旋塞处垫上纸条,以防久置黏牢。

> **注意**
>
> 通常分离出来的上下两层液体都要保留到实验最后,以便操作发生错误时进行检查和补救。

4. 萃取过程中可能会出现两种问题

萃取过程中的剧烈的摇振会产生乳化现象,使两相界面不清,难以分离。引起这种现象的原因往往是存在浓碱溶液,或溶液中存在少量轻质沉淀,或两液相的相对密度相差较小,或两溶剂易发生部分互溶。破坏乳化现象的方法是较长时间静置,或加入少量电解质(如氯化钠),或加入少量稀酸(对碱性溶液而言),或加热破乳,还可以滴加乙醇。

萃取过程中,在界面上有时会出现未知组成的泡沫状的固态物质,遇此问题可在分层前过滤除去,即在接受液体的瓶上置一漏斗,漏斗中松松地放少量脱脂棉,将液体过滤。

五、实验 4-7 分离甲苯、苯胺及苯甲酸三组分混合物

1. 实验目标

(1)了解甲苯、苯胺、苯甲酸的酸碱性和物理性质;
(2)掌握多组分混合物分离的原理和方法;
(3)掌握分液漏斗使用和萃取操作;
(4)能用化学法分离甲苯、苯胺、苯甲酸的混合物。

2. 实验用品

100mL 烧杯 3 只、250mL 烧杯 1 只、分液漏斗(100mL)、圆底烧瓶(100mL)、量筒(100mL)、普通漏斗、布氏漏斗、抽滤瓶、直形冷凝管、温度计、接液管、pH 试纸等。

甲苯、苯胺及苯甲酸三组分混合物、2mol/L 的盐酸、2mol/L 的氢氧化钠溶液、无水 NaOH 固体、无水 $MgSO_4$ 固体等。

3. 实验过程

甲苯($C_6H_5CH_3$)为无色澄清液体,沸点为110.8℃,密度为0.866g/cm³,折射率为1.4967,极微溶于水;苯胺($C_6H_5NH_2$)为无色透明油状液体,弱碱性,沸点为184℃,密度为1.02g/cm³,折射率为1.5863。常温下苯胺稍溶于水,但随着温度的升高其溶解性增大,当温度高于167.5℃时,苯胺与水能以任意比例互溶;苯甲酸(C_6H_5COOH)为无色、无味的针状或片状晶体,弱酸性,熔点为122.13℃,沸点为249℃,密度为1.2659g/cm³,在100℃时迅速升华,微溶于水。

常温下苯甲酸显弱酸性,可与强碱反应生成盐;苯胺显弱碱性,可与强酸反应生成盐;而甲苯不能与酸碱作用。另一方面,离子化合物易溶于水而不易溶于有机溶剂,可以利用这种性质来进行三组分的分离。

取混合物(大约25mL)放入烧杯中,充分搅拌下逐滴加入4mol/L 的盐酸,使混合物溶液 pH=3,将其转移至分液漏斗中,静置,分层,水相(Ⅰ)放锥形瓶中待处理。向分液漏斗中的有

机相加入适量的水,洗去附着的酸,分离弃去洗涤液,边振荡边向有机相逐滴加入饱和碳酸氢钠溶液,使 pH=8~9,静置,分层。将有机相分出,置于一干燥的锥形瓶中。(请问此为何物?该选用何种方法进一步精制?)被分出的水相(Ⅱ)置于小烧杯中。

将置于小烧杯的水相(Ⅱ)在不断搅拌下,滴加 4mol/L 的盐酸,至溶液 pH=3,此时有大量白色沉淀析出,此时应进行过滤(选择何法进行纯化,此是何化合物?)。

将上述第一次置于锥形瓶待处理的水相(Ⅰ)边振荡边加入 6mol/L 的氢氧化钠溶液,使溶液 pH=10,静置,分层,弃去水层,将有机相置于锥形瓶中(这是什么化合物? 如要进一步得到纯产品,该选用什么方法进一步精制?)。

4. 实验成功的关键

(1)使用分液漏斗前一定要检查分液漏斗是否达到要求。
(2)分液漏斗的液体不易太多,以免摇动时影响液体接触而使萃取效果下降。
(3)萃取摇荡时,要开启活塞放气,排除因振摇而产生的气体。
(4)液体分层后,上层液体由上口倒出,下层液体由下口径活塞放出,以免污染产品。
(5)液体分层后应正确判断萃取相和萃余相,一般根据两相的密度来确定。如果判断不清,应将两相分别保存起来,待弄清后再弃掉不要的液体。

5. 安全提示

(1)甲苯遇热、明火、氧化剂等易爆炸,蒸气能与空气形成爆炸性混合物,爆炸极限为 1.2%~7.0%(体积)。甲苯低毒,有刺激性,高浓度气体有麻醉性。
(2)苯胺有毒、遇热、明火、氧化剂等易爆炸。
(3)苯甲酸易燃,蒸气有很强的刺激性,吸入后易引起咳嗽。

思 考 题

1. 若分别用乙醚、氯仿、丙酮、己烷、苯萃取水溶液中的物质,萃取层在上层还是在下层?
2. 分液时一时不知哪一层为萃取层,可用什么方法识别?
3. 分液时上层液体是否可以从漏斗下口放出,为什么?
4. 现有 50mL 混合物,已知其中含甲苯 30mL、苯胺 20mL,请根据它们的溶解度和其他性质选择合适的溶剂,设计合理的方案,从混合液中萃取、分离、纯化甲苯和苯胺。

第八节 液—固萃取及其操作

萃取固体中的物质是用溶剂从固体混合物中提取所需要的物质的过程。它是提取和纯化有机化合物的一种常用方法。如通过萃取可洗去混合物中的少量杂质,还可从天然产物中提取所需要的物质。

一、实验原理

从固体中抽提有机物质是利用溶剂对样品中被提取物质和杂质之间溶解度不同而达到分

离提取的目的。常用的方法有浸取法和连续提取法。

(1)浸取法：常用于天然产物的萃取，主要是靠溶剂长期的浸润溶解而将固体物质中需要的成分浸出来，其优点是减少受热时间，不破坏物质的组分，但溶剂用量大，效率低。

(2)连续提取法：在索氏提取器(又称脂肪提取器)中，利用萃取溶剂回流及虹吸原理，使固体物质连续多次地被纯的溶剂所萃取。这一操作连续进行，自动地将固体中的可溶物质富集到烧瓶中，所以效率高且节约溶剂。

视频4-8-1 液—固萃取操作知识准备

二、实验装置

固体物质的萃取常在索氏提取器中进行。索氏提取器主要由圆底烧瓶、提取器和冷凝管等三部分组成，如图4-15所示。

三、操作方法

(1)在圆底烧瓶中装入溶剂(一般不宜超过其容积的1/2)。

(2)固体样品研细放入滤纸筒内，封好上下口，置于提取器中，安装好装置。

(3)通冷凝水，选择适当的热浴进行加热，当溶剂沸腾时，蒸气通过玻璃管上升，被冷凝管冷却为液体，滴入提取筒中，浸泡固体并萃取出部分物质。

(4)当溶剂液面超过虹吸管的最高处时，即虹吸流回烧瓶，这样循环往复，利用回流、溶解和虹吸作用使固体中的可溶物质富集到烧瓶中，然后再用适当方法除去溶剂，得到提取的物质。

视频4-8-2 液—固萃取操作

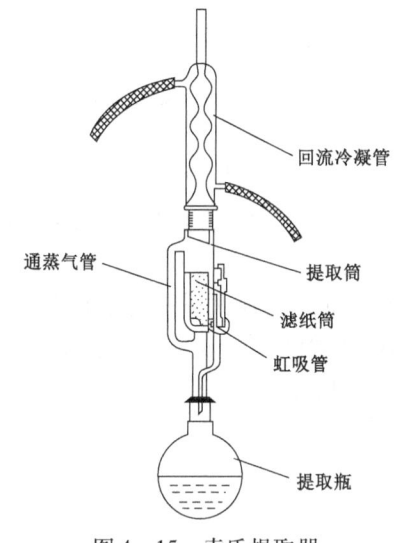

图4-15 索氏提取器

四、实验4-8 从茶叶中提取咖啡因

1. 实验目标

(1)了解从茶叶中提取咖啡因的原理和方法；
(2)掌握索氏提取器的作用、安装和操作方法；
(3)学习液—固萃取的原理和方法；
(4)能利用索氏提取器分离茶叶中含有的咖啡因。

2. 实验用品

电热套、球形索氏提取器(套)、蒸馏仪器(套)、圆底烧瓶、烧杯、蒸发皿、漏斗、滤纸、酒精灯、三脚架。

茶叶、95%乙醇、生石灰。

3. 实验过程

茶叶中含有多种生物碱，以咖啡因为主，占1%~5%，其结构式为

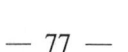

其化学名称为 1,3,7-三甲基-2,6-二氧嘌呤,属黄嘌呤衍生物。咖啡因是弱碱性化合物,味苦,能溶于氯仿、水、乙醇等溶剂中。咖啡因含结晶水时为白色针状结晶,在 100℃时失去结晶水并开始升华,在 120~178℃时升华迅速。现在的制药工业多用合成方法来制取咖啡因。

咖啡因能兴奋高级神经中枢和心脏,能扩张冠状血管,并有利尿作用。咖啡因与解热镇痛药合用可增强镇痛效果。

索氏提取器提取咖啡因是比较常用的实验室方法:

(1) 称取 10g 茶叶末装入滤纸筒中,轻轻压实,放入索氏提取器中,另外在圆底烧瓶中加入 100mL 95% 乙醇,放入 1~2 粒沸石,小火加热至沸腾,连续提取 2h,此时提取液的颜色变得很淡,待提取器中的液体刚刚虹吸下去时,立即停止加热。

(2) 稍冷后,改成蒸馏装置,回收乙醇。当蒸馏瓶中液体剩约 15mL 时,立即停止蒸馏,将残留液倒入蒸发皿中,加入约 5g 石灰。在蒸汽浴上加热蒸干,其间应不断搅拌,并压碎块状物,然后将蒸发皿移至石棉网上焙烧,除尽水分。

(3) 准备简单升华装置,控制沙浴温度在 220℃左右。当滤纸上出现大量白色晶体时,停止加热,揭开漏斗和滤纸,观看咖啡因的颜色、形状,仔细用小刀将附在其上的咖啡因刮下。残渣经拌和后用较大的火加热片刻,使升华完全。合并两次收集的咖啡因,测定熔点。

纯净的咖啡因为白色针状晶体,熔点 234.5℃。

4. 实验成功的关键

(1) 提取器的虹吸管极易折断,装置仪器和取拿时要特别小心。

(2) 圆柱形的滤纸筒大小要合适,既能紧贴器壁,又能方便取放,其高度不能超过虹吸管;滤纸包茶叶时要严密,防止漏出堵塞虹吸管。

(3) 回流速率不能过快,否则冷凝管中冷凝的萃取溶剂易被上升的萃取溶剂顶出而造成事故。

(4) 瓶中的乙醇不可蒸得太干,否则残液会很黏,转移时损失很大,可以加入 3~5mL 乙醇以利于转移。

(5) 生石灰起吸水和中和作用,以除去部分酸性杂质。

(6) 升华过程中,始终都需要用小火间接加热,慢速升温,若升温太高或太快,会使产物冒烟炭化。指示升华的温度计应贴近蒸发皿底部,正确反映出升华的温度。若无沙浴,也可将蒸发皿底部稍离开石棉网进行加热,并在附近悬挂温度计指示温度。

思 考 题

1. 试述索氏提取器的萃取原理,它和一般的浸泡萃取比较有哪些优点?
2. 除可用乙醇提取外,还可采用哪些溶剂提取?
3. 从茶叶中提取的粗咖啡因呈绿色,为什么?

第九节　柱色谱分离及其操作

在实际实验中,经常遇到化合物的物理化学性质十分相近的情况,用蒸馏、萃取、重结晶和升华等有机化合物的提纯方法均不能得到较好的分离,此时,用色谱法可以得到满意的结果。

色谱法是 1906 年提出的。它首次成功地用于植物色素的分离,将色素溶液流经装有吸附剂的柱子,结果在不同高度显出各种色带,而使色素混合物得到分离,因此早期称之为色层分析,现在一般称为色谱法。

色谱法是一种物理的分离方法,其分离原理是利用混合物中各个成分的物理化学性质的差别,当选择某一个条件使各个成分流过支持剂或吸附剂时,各成分可由于其物理化学性质的不同而得到分离。流动的混合物溶液称为流动相,固定的物质(支持剂或吸附剂)称为固定相(可以是固体或液体)。按分离过程的原理划分,色谱法可分为吸附色谱、分配色谱、离子交换色谱等。按操作形式划分,色谱法又可分为柱色谱、纸色谱、薄层色谱等。

近些年来,这一方法在化学、生物学、医学中得到了普遍应用,它帮助解决了天然色素、蛋白质、氨基酸、生物代谢产物、激素和稀土元素等物质的分离和分析。

一、实验原理

柱色谱一般有吸附色谱和分配色谱两种。实验室中最常用的是吸附色谱,此方法是利用混合物中各组分在不相混溶的两相(即流动相和固定相)中吸附和解吸的能力不同(也可以说在两相中的分配不同),当混合物随流动相流过固定相时,发生了反复多次的吸附和解吸过程,形成若干色带,如图 4-16 所示,从而使混合物分离成两种或多种单一的纯组分。

二、吸附剂的选择

选择合适的吸附剂作为固定相对于柱色谱来说是非常重要的。常用的吸附剂有硅胶、氧化铝、氧化镁、碳酸钙和活性炭等。吸附剂一般要经过纯化和活化处理,其颗粒大小应当均匀。吸附剂的吸附能力与颗粒大小有关,颗粒太粗,则流速快、分离效果不好,颗粒太细则流速慢。通常使用的吸附剂颗粒大小以 100 目至 150 目为宜。

柱色谱使用的氧化铝有酸性、中性和碱性三种。酸性氧化铝是用 1% 盐酸浸泡后,用蒸馏水洗至氧化铝悬浮液 pH 值至 4~4.5,用于分离酸性物质;中性氧化铝的 pH 值为 7.5,用于分离中性物质,应用最广;碱性氧化铝的 pH 值为 9~10,用于分离生物碱、碳氢化合物等。

通常使用灼烧的方法使吸附剂活化。活性的大小取决于吸附剂的含水量,含水量越高,活性越低,吸附剂的吸附能力越弱;反之则吸附能力越强。

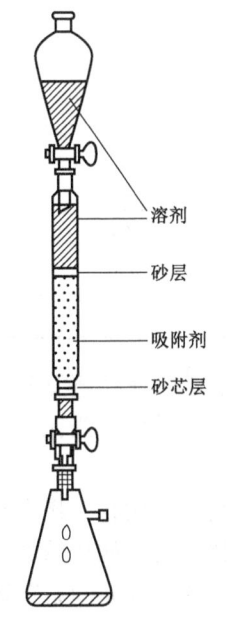

图 4-16 柱色谱装置

三、溶剂的选择

在进行柱层析前,首先要将待分离的样品溶于一定体积的溶剂中,溶解样品的溶剂的极性应比样品极性小一些,如果它的极性比样品大,则样品不易被吸附剂吸附。溶剂对样品的溶解度不宜过大,否则也会影响吸附,但如太小则溶液体积增加,使"色带"分散。当有的组分含有较多极性基团,在极性小的溶剂中溶解度太小时,可加入少量极性较大的溶剂,这样使溶剂极性增加不大,而又减少了溶液的体积。

四、洗脱剂的选择

样品吸附在氧化铝柱上后,用合适的溶剂进行洗脱,这种溶剂称为洗脱剂。洗脱剂的选择是柱层析分离的重要环节,最好先用薄层层析法探索一下,将薄层层析找到的最佳溶剂或混合溶剂用于柱层析。一般较强的溶剂影响样品和氧化铝之间的吸附,容易将样品洗脱下来,达不到分离的目的。因此,常用一系列极性渐次增强的溶剂,既先使用极性最弱的溶剂,然后加入不同比例的极性溶剂配成洗脱溶剂。常用的洗脱剂的极性按如下次序递增:

己烷和石油醚 < 环己烷 < 四氯化碳 < 三氯乙烯 < 二硫化碳 < 甲苯 < 二氯甲烷 < 氯仿 < 乙醚 < 乙酸乙酯 < 丙酮 < 乙醇 < 甲醇 < 水 < 吡啶 < 乙酸。

五、仪器准备

柱色谱装置是由一根带活塞的玻璃管(称为柱),直立放置并在管中装填经活化的吸附剂组成,如图 4-16 所示。

六、操作方法

1. 装柱

柱色谱的分离效果不仅依赖于吸附剂和洗脱剂的选择,且与吸附柱的大小和吸附剂用量有关。根据经验规律,要求柱中吸附剂的用量为被分离样品量的 30~40 倍,若需要时可增至 100 倍,柱高与柱的直径之比一般为 8:1,表 4-3 列出了它们之间的相互关系。

视频 4-9-2 柱色谱分离操作

表 4-3 色谱柱的大小、吸附剂量及样品量

样品量,g	吸附剂量,g	柱的直径,cm	柱高,cm
0.01	0.3	3.5	30
0.10	3.0	7.5	60
1.00	30.0	16.0	130
10.00	300.0	35.0	280

图 4-17 中的色谱柱,先用洗液洗净,用水清洗后再用蒸馏水清洗、干燥。在玻璃管底铺一层玻璃丝或脱脂棉,轻轻塞紧,再在脱脂棉上盖一层厚约 0.5cm 的石英砂(或用一张比柱直径略小的滤纸代替),最后将氧化铝装入管内。装入的方法有湿法和干法两种。

湿法是将备用的溶剂装入管内,约为柱高的 3/4,然后将氧化铝和溶剂调成糊状。慢慢地倒入管中,此时应将管的下端活塞打开,控制流出速度为每秒 1 滴。用木棒或套有橡皮管的玻璃棒轻轻敲击柱身,使装填紧密,当装入量约为柱的 3/4 时,再在上面加一层 0.5cm 的石英砂或一小圆滤纸(或玻璃丝、脱脂棉),以保证氧化铝上端顶部平整,不受流入溶剂干扰。

干法是在管的上端放一干燥漏斗,使氧化铝均匀地经干燥漏斗成一细流慢慢装入管中,中

间不应间断,时时轻轻敲打柱身,使装填均匀。全部加入后,再加入溶剂,使氧化铝全部润湿。

2. 加样

加样也有干法和湿法两种。

干法是在烧瓶内加入待分离的干燥样品,并加入溶剂使其完全溶解,之后加入0.5~1g柱色谱硅胶使其充分吸收。蒸发溶剂使呈分散的粉末状,然后将该吸附有样品的硅胶颗粒转入柱中,用少量装柱溶剂洗下管壁的样品硅胶颗粒。最后上面加上一层脱脂棉或石英砂,加入洗脱剂,使脱脂棉或石英砂完全浸没。

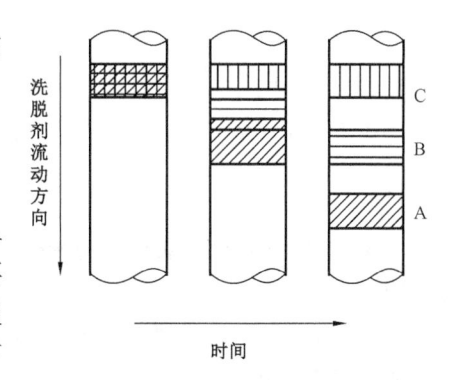

图4-17 色层的展开
A、B、C为不同色层

湿法是将待分离的干燥样品用少量溶剂使其完全溶解,然后沿色谱柱管壁小心均匀地加入柱内,并用少量溶剂分几次将容器和柱壁所沾样品转移至柱内。最后在上方加上一层0.5~1cm的石英砂,加入洗脱剂,使石英砂完全浸没。

3. 洗脱

将配制好的流动相(洗脱剂)加入柱中,开始洗脱。经常更换接收容器,并用薄层色谱跟踪各接收容器内洗脱成分,判断该容器中组分是否单一。若某容器中含有一种以上的组分,则这部分溶液需浓缩后重新装上新柱再分离。

4. 蒸发溶剂

合并含相同组分的溶剂,将其中的溶剂蒸发,称量组分质量。

七、实验4-9 分离甲基橙与亚甲基蓝的混合物

1. 实验目标

(1)熟悉柱色谱分离提纯法的原理和分离有机物的方法;
(2)掌握柱色谱装置的安装与操作方法;
(3)能利用柱色谱提取有机物。

2. 实验用品

15cm×1.5cm色谱柱、接受瓶。
中性氧化铝、95%乙醇、甲基橙与亚甲基蓝的混合物。

3. 实验过程

甲基橙为黄色的鳞状晶体或粉末,稍溶于水而呈黄色,不溶于乙醇,用作pH指示剂,变色范围3.1~4.4,由红色变黄色,也用作酸碱滴定的指示剂,其结构式为

$$(CH_3)_2N\text{—}\langle\ \rangle\text{—}N\!=\!N\text{—}\langle\ \rangle\text{—}SO_3Na$$

亚甲基蓝又称碱性湖蓝BB,可含有3~5个结晶水分子,三水化合物是暗绿色结晶,其稀的乙醇溶液为蓝色,结构式为

若将甲基橙和次甲基蓝混合物分离,可以采用柱色谱法。中性氧化铝为吸附剂,分别以乙醇和水为洗脱剂。

取 15cm×1.5cm 色谱柱一根,用 8g 中性氧化铝和适量水,湿法装柱。当溶剂液面刚好流至石英砂面时,立即沿柱壁加入 2mL95% 乙醇溶液(内含 1mg 甲基橙和 5mg 亚甲基蓝),当此溶液流至接近石英砂面时,加入 95% 乙醇洗脱,控制流出速度。整个过程都应有洗脱剂覆盖吸附剂。

亚甲基蓝因极性小首先向下移动,极性较大的甲基橙则留在柱的上端,形成不同的色带。当最先下行的色带快流出时,更换另一接受瓶,继续洗脱,至滴出液近无色为止。换水作为洗脱剂,这时甲基橙向柱子下部移动,用另一接受瓶收集。

4. 实验成功的关键

(1) 湿法装柱的整个过程中不能使氧化铝有裂缝和气泡,否则影响分离效果。

(2) 加样时一定要沿壁加入,注意不要使溶液将氧化铝冲松浮起,否则易产生不规则色带。

(3) 在洗脱的整个操作中勿使氧化铝表面的溶液流干,一旦流干再加溶剂,易使氧化铝柱产生气泡和裂缝,影响分离效果。

(4) 洗脱剂应连续、平稳地加入,不能中断。样品量少时,可用滴管加入;样品量大时,用滴液漏斗作储存洗脱剂的容器,控制好滴加速度。一般不宜太快,太快了,柱中交换来不及达到平衡而影响分离效果。也不能太慢,太慢则易由于氧化铝表面活性较大而造成某些成分被破坏,使色谱扩散,影响分离效果。通常流出速度为每分钟 5~10 滴,若太慢,可适当加压或用水泵减压。

(5) 若色谱带出现拖尾时,可适当提高洗脱剂极性。

思 考 题

1. 吸附色谱法的基本原理是什么?
2. 样品在柱内下移的速度为什么不能太快,也不宜太慢?
3. 装柱时,柱中有气泡或装填不均匀,对分离效果有什么影响?
4. 如何选择柱色谱分离某混合物的合适洗脱剂?

第十节 薄层色谱法及其操作

薄层色谱法(TLC)是快速分离和定性分析少量物质的一种很重要的实验技术。此法适用于挥发性较小或较高温度下易发生变化而不能用气相色谱分析的物质。在进行化学反应时,薄层色谱还可用来跟踪有机反应及进行柱色谱之前的一种"预试",常利用薄层色谱观察原料斑点的逐步消失来判断反应是否完成。

一、实验原理

薄层色谱法是将固定相均匀地铺在一块光洁平整的玻璃板或塑料板上,形成均匀的薄层。薄层厚度通常是 0.25mm,也可根据需要适当地加以改变。然后点样,以流动相展开,样品中的组分不断地被吸附剂(固定相)吸附,又被流动相溶解而向前移动。由于吸附剂对不同组分有不同的吸附能力,流动相有不同的解吸能力,因此,在流动相向前流动的过程中,不同组分移动的距离不同,因而得到分离。

二、实验装置

薄层色谱所用仪器通常由展开室(图 4 – 18)和色谱板组成。

图 4 – 18 展开室

(1)展开室通常选用密闭的容器,常用的有标本缸、广口瓶、大量筒及长方形玻璃缸。
(2)色谱板可根据需要选择大小合适的玻璃板。

三、吸收剂的选择

最常用于 TLC 的吸附剂为硅胶和氧化铝两种吸附剂,其中最常用的为氧化铝 G、硅胶 G。
(1)硅胶:常用的商品薄层色谱的硅胶包括硅胶 H、硅胶 G、硅胶 HF_{254}、硅胶 GF_{254}。
(2)氧化铝:商品氧化铝包括 Al_2O_3 – G、Al_2O_3 – HF_{254}、Al_2O_3 – GF_{254}。

四、操作方法

1. 薄层板的制备

称取 0.5 ~ 0.6gCMC,加蒸馏水 50mL,加热至微沸,慢慢搅拌使其溶解,冷却后加入 25g 硅胶或氧化铝,慢慢搅动均匀,然后调成糊状物,采用下面的方法制成薄层板。

(1)倾注法:将调好的糊状物倒在清洁干燥的玻璃板上,用手轻轻地左右摇晃,使表面均匀平滑。
(2)浸入法:选一个比玻璃板长度高的色谱缸,置放糊状的吸附剂,然后取两块玻璃板叠放在一起,用拇指和食指捏住上端,垂直浸入糊状物中,然后以均匀速度垂直向上拉出,多余的糊状物令其自动滴完,待溶剂挥发后将玻璃板分开,平放。此法特别适用于与硅胶 G 混合的溶剂为易挥发溶剂,如乙醇—氯仿(2∶1),将铺好的色谱板放于已校正水平面的平板上晾干。

2. 薄层板的活化

将制成的薄层板先放于室温晾干后,置烘箱内加热活化,活化一般在烘箱内慢慢升温至 105~110℃,30~50min,然后将活化的薄层板立即放置在干燥器中保存备用。

3. 点样

先用铅笔在距薄层板一端 1cm 处轻轻画一横线作为起始线,在离顶端 1~1.5cm 处画一条线作为溶剂到达的前沿。然后用毛细管(内径小于 1mm)吸取样品,在起始线上小心点样,斑点直径一般不超过 2mm。若因样品溶液太稀,可重复点样,但应待前次点样的溶剂挥发后方可重新点样,以防样点过大。若在同一板上点几个样,样点间距离应为 1cm。

4. 展开

薄层色谱的展开需要在密闭容器中进行。先选择展开剂放在展开室中,其高度不超过 1cm,并使展开室内空气饱和 5~10min,再将点好样的薄层板小心放入展开室中,常用的展开方式有两种。

(1)倾斜上行法:色谱板倾斜 15°,适用于无胶黏剂的软板。含有胶黏剂的色谱板可以倾斜 45°~60°。

(2)下行法:展开剂放在圆底烧瓶中,用滤纸或纱布等将展开剂吸到薄层的上端,使展开剂沿板下行,这种连续展开法适用于比移值(R_f)小的化合物。

5. 显色

展开完毕,取出薄层板。被分离物质如果是有色组分,展开后薄层色谱板上即呈现出有色斑点。

如果化合物本身无色,则可用碘蒸气熏的方法显色。还可使用腐蚀性的显色剂如浓硫酸、浓盐酸和浓磷酸等。

在紫外光下观察含有荧光剂的薄层板,展开后的有机化合物在亮的荧光背景上呈暗色斑点。

6. 计算各组分的比移值 R_f

某化合物的薄层板上升的高度与展开剂上升高度的比值称为该化合物的比移值,常用 R_f 表示:

$$R_f = \frac{样品中某组分移动离开原点的距离}{展开剂前沿距原点中心的距离}$$

图 4-19 给出了某化合物的展开过程及 R_f 值。

对于一种化合物,当展开条件相同时 R_f 值是一个常数,因此,可用 R_f 作为定性分析的依据。但由于影响 R_f 值的因素较多,如展开剂、吸附剂、薄层板的厚度、温度等,因此,同一化合物的 R_f 值与文献值会相差很大。在实验中常用的方法是在一块板上同时点一个已知物和一个未知物,进行展开,通过计算 R_f 值来确定是否为同一化合物。

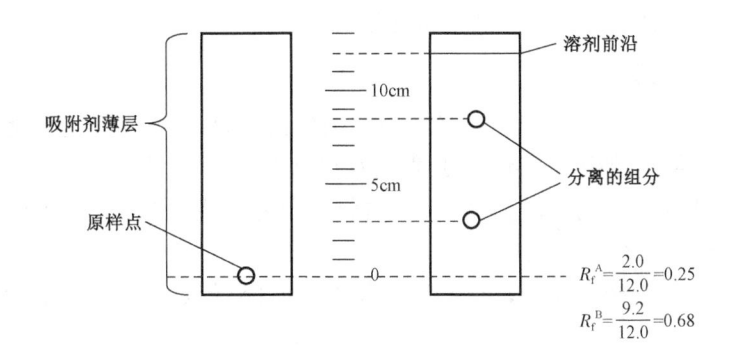

图 4-19　薄层色谱展开及 R_f 计算

五、实验 4-10　薄层色谱法鉴定 APC 药片的组分

1. 实验目标

(1) 了解薄层色谱分离法的原理和应用；
(2) 掌握薄层色谱装置的安装与操作技术；
(3) 能利用薄层色谱分离鉴定有机化合物。

2. 实验用品

5.0cm×15.0cm 硅胶层析板两块、卧式层析槽一个、点样用毛细管、锥形瓶二个(250mL)。APC 药片、二氯甲烷、硫酸镁、硅胶 G、展开剂(苯、乙醚、冰醋酸、甲醇)。

3. 实验过程

APC 药片，即解热镇痛药复方乙酰水杨酸药片是一种用于感冒发热、头痛、神经痛等治疗的常用药。APC 的 3 个主要成分为非那西丁、咖啡因和阿司匹林，其结构式为

非那西丁　　　　　　　　咖啡因　　　　　　　　阿司匹林

其极性次序为：阿司匹林 > 咖啡因 > 非那西丁。

取 APC 药片两片，在研钵中研细，然后转移至盛有 5mL 二氯甲烷和 5mL 水的锥形瓶中，充分搅拌 15min，使固体溶解。将有机层转移至另一个锥形瓶中，用硫酸镁干燥、过滤，作为样品溶液。

吸附剂为硅胶 G，调成糊状，制备薄层板，并进行活化。

展开剂为苯∶乙醚∶冰醋酸∶甲醇 = 120∶60∶18∶1 的成品。样品点样后放入展开缸内。展开后挥干溶剂，在紫外灯下可清晰地观察到三个粉红色斑点，描出它们的相对位置，计

算 R_f 值。根据对照文献 R_f 值,确定 APC 的组分。

4. 实验成功的关键

(1)在制备糊状物时,搅拌一定要均匀,切勿剧烈搅拌,以免产生大量气泡,难以消失,致使薄层板出现小坑,使薄层板展开不均匀,影响实验效果。

(2)制板时要求薄层均匀光滑,宜将吸附剂调得稍稀一些,尤其是制硅胶板时更应如此,否则吸附剂调得很稠,就很难做到均匀。

(3)点样用的毛细管必须专用,不得弄混,使毛细管刚好接触薄层即可,切勿点样过重而使薄层破坏。

(4)点样时,所有样品不能太少也不能太多,一般以样品斑点直径不超过 0.5cm 为宜。因为若样品太少,有的成分不易显出,若样品过多时,易造成斑点过大,互相交叉或拖尾,不能得到很好的分离。

(5)展开剂一定要在点样线下,不能超过。

(6)用显色剂显色时,对于未知样品,要验证显色剂是否合适,可先取样品溶液一滴,点在滤纸上,然后滴加显色剂,观察是否有色点产生。

(7)用碘熏法显色时,当碘蒸气挥发后,棕色斑容易消失(自容器取出后,呈现的斑点一般于 2~3s 内消失),所以,显色后应立即用铅笔或小针标出斑点的位置。

思 考 题

1. 制备薄层板时,厚度对样品展开有什么影响?
2. 为什么展开剂的液面要低于样品斑点?如果液面高于斑点会出现什么后果?
3. 在混合物薄层色谱中,如何判定各组分在薄层上的位置?
4. 薄层板上如显示单一斑点,能否说明它是单一物质,为什么?
5. 有 A、B 两瓶无标签的试剂,如何用薄层色谱分析它们是否为同一化合物?

第十一节 纸色谱分离及其操作

纸色谱多用于多官能团或高极性化合物如糖、氨基酸等的分离。它的优点是操作简单,价格便宜,所得到的色谱图可以长期保存。缺点是展开时间较长,因为在展开过程中,溶剂的上升速度随着高度的增加而减慢。

一、实验原理

纸色谱属于分配色谱的一种,主要用于分离和鉴定有机化合物。它的分离作用不是靠滤纸的吸附作用,而是以滤纸作为惰性载体,以吸附在滤纸上的水或有机溶剂作为固定相,流动相是被水饱和过的有机溶剂(展开剂)。利用样品中各组分在两相中分配系数的不同达到分离的目的。

二、实验装置

纸色谱的装置是由展开缸、橡皮塞、钩子组成的。钩子被固定在橡皮塞上,展开时将滤纸挂在钩子上,如图4-20所示。

三、展开剂的选择

根据被分离物质的不同,选用合适的展开剂。展开剂应对被分离物质有一定的溶解度,溶解度太大,被分离物质会随展开剂跑到前沿;溶解度太小,被分离物质则会留在原点附近,使分离效果不好。选择展开剂应根据被分离物质性质而定,一般规律如下:

(1)对于易溶于水的化合物,可以直接以吸附在滤纸上的水作为固定相(即直接用滤纸),以能与水混溶的有机溶剂作流动相,如低级醇类。

(2)对于难溶于水的极性化合物,应选择非水性极性溶剂作为固定相,如甲酰胺、N,N-二甲基甲酰胺等;以不能与固定相相混合的非极性化合物作为流动相,如环己烷、苯、四氯化碳、氯仿等。

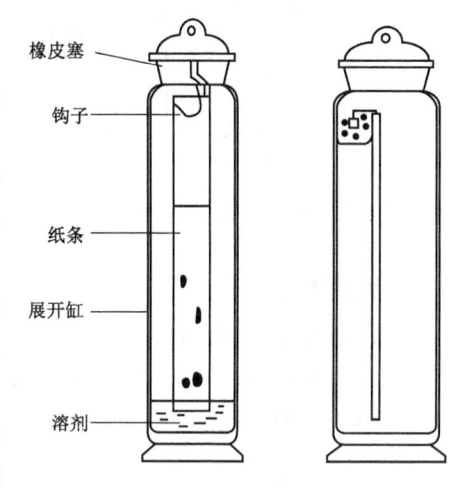

图4-20 纸色谱装置

(3)对于不溶于水的非极性化合物,应以非极性溶剂作为固定相,如液体石蜡等;以极性溶剂作为流动相,如水、含水的乙醇、含水的酸等。

当一种溶剂能将样品全部展开时,可按4∶1∶5的比例配制,混合均匀,充分振荡,放置分层后,取出上层溶液作为展开剂。

四、操作方法

(1)滤纸切成纸条,大小可自行选择,一般约为3cm×20cm、5cm×30cm或8cm×50cm。

(2)取少量试样完全溶解在溶剂中,配制成约1%的溶液。用铅笔在离滤纸底一端2~3cm处画线,即为点样位置。

(3)用内径约为0.5mm管口平整的毛细管吸取少量试样溶液,在滤纸上按照已写好的编号分别点样,控制点样直径为2~3mm。每点一次样可用电吹风吹干或在红外灯下烘干。如有多种样品,则各点间距离为2cm左右。

(4)在色谱缸中加入展开剂,将已点样的滤纸晾干后悬挂在色谱缸上饱和,将点有试样的一端放入展开剂液面下约1cm处,但试样斑点的位置必须在展开剂液面之上至少1cm处。

(5)当溶剂上升15~20cm处时,即取出色谱滤纸,用铅笔描出溶剂前沿,干燥。如果化合物本身有颜色,就可直接观察到斑点。若本身无色,可在紫外灯下观察有无荧光斑点,用铅笔在滤纸上划出斑点位置、形状、大小。通常喷雾显色,不同类型化合物可用不同的显色剂。如图4-21所示。

(6)在固定条件下,不同化合物在滤纸上按不同的速度移动,所以,各个化合物的位置也各不相同。通常用R_f值表示移动的距离,其计算公式为

$$R_f = \frac{溶质最高浓度中心至原点中心的距离}{溶剂前沿至原点中心的距离}$$

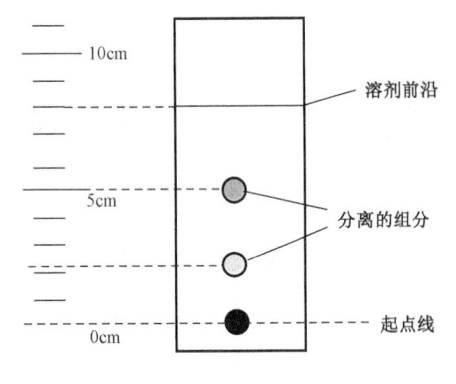

图 4-21 纸色谱展开

当温度、滤纸质量和展开剂都相同时，对于一个化合物的 R_f 值是一个特定常数，由于影响因素较多，实验数据与文献记载不尽相同，因此，在测定 R_f 值时，常采用标准样品在同一张滤纸上点样对照。

五、实验 4-11　氨基酸的纸色谱分离

1. 实验目标

(1) 熟悉纸色谱法的原理及其方法；
(2) 了解纸色谱的用途；
(3) 能利用纸色谱分离和鉴定有机化合物。

2. 实验用品

滤纸、培养皿、电吹风、毛细管、针、线、尺、展开缸。

0.1%甘氨酸水溶液、0.1%酪氨酸水溶液、0.1%苯丙氨酸水溶液、氨基酸混合液、展开剂、1%茚三酮的乙醇溶液。

3. 实验过程

氨基酸是无色的化合物，可与茚三酮反应产生颜色，因此，溶剂自滤纸挥发后，喷上茚三酮溶液后加热，可形成色斑而确定其位置。

按正丁醇：水：乙酸＝4：1：1(体积比)配制展开剂。在距离滤纸下端 2～3cm 画一条起点线。用毛细管分别吸取三种氨基酸(0.1%甘氨酸水溶液、0.1%酪氨酸水溶液、0.1%苯丙氨酸水溶液)和它们的样品混合液点在滤纸上的起点线上，点样直径在 1.5～3mm 之间。将滤纸固定在层析缸盖的玻璃勾上，使滤纸条下端点样部位不被展开剂浸没，距下端 1cm 左右为宜，展开剂即在滤纸上上升，样品中的各组分也随之而展开。待展开剂升至距离滤纸上端 1～2cm 处时，小心取出，迅速用铅笔画出展开剂上升的位置。将滤纸晾干或用电吹风吹干。用喷雾器将 1%茚三酮乙醇溶液均匀地喷在滤纸上，再用电吹风吹干(或 80℃烘干)后，即在滤纸上显出氨基酸的色斑，用铅笔标记各斑点中心的位置。计算各组分的比移值 R_f，鉴定混合液的组分。

4. 实验成功的关键

(1) 滤纸应厚薄均匀，全纸平整无折痕，滤纸纤维松紧适宜。
(2) 在展开过程中，将滤纸挂在展开缸内，展开剂液面高度不能超过样品点的高度。
(3) 流动相与固定相的选择应根据被分离物质性质而定。

思 考 题

1. 层析纸上的样品斑点是否可以浸在展开剂中？为什么？展开剂的液面高出滤纸上的样点，将会产生什么后果？
2. 悬挂层析纸为什么不能接触层析缸壁？
3. 纸色谱为什么要在密闭的容器中进行？
4. R_f 值常受哪些因素的影响？测定 R_f 值的意义是什么？

第十二节 有机微波合成技术及其操作

有机微波合成技术是近几十年兴起的一门交叉学科,经过短短几十年的发展,有机微波合成技术已经渗透到众多化学研究领域。随着有机微波合成技术的不断提高,微波化学已成为目前化学领域最活跃的领域之一。

一、实验原理

在微波合成中,微波与反应混合物中的分子或离子直接偶合,通过偶极旋转或离子传导这两种方式将能量从微波传导到被加热物质,使得反应体系中能量快速增加。一方面可以使能量更有效地作用于各种反应,使得反应速度更快,反应产率更高,反应更清洁。另一方面微波直接将能量传递给反应物(转化为分子能),所以微波能够驱动某些在传统加热方式下不能发生的反应,为化学转换带来了全新的可能性。

传统加热是由外部热源通过热辐射由表及里的传导时加热。能量利用率低,温度分布不均匀。与传统加热相比,微波加热可使反应速率大大加快,可以提高几倍、几十倍甚至上千倍。由于微波为强电磁波,产生的微波等离子体中常可存在热力学方法得不到的高能态原子、分子和离子,因而可使一些热力学上不可能发生的反应得以发生。

二、实验装置

实验中有机微波合成一般在家用微波炉或经改装后的微波炉中进行。反应容器一般采用不吸收微波的玻璃或聚四氟乙烯材料。

有机微波合成是使反应物在微波的辐射作用下进行合成反应,它需要特殊的反技术,这与常规的有机合成是不一样的。有机微波合成技术大致可以分为四种:微波密闭合成技术、微波常压合成技术、微波连续合成技术和微波干法合成技术。

三、操作方法

1. 微波密闭合成技术

1986 年,Gedye 等人首次将微波引入有机合成方面的研究,采用的就是密闭合成技术,即将反应物放入密封的反应器中进行微波反应。因为密闭体系在反应瞬间即可获得高温、高压,易使反应器变形或发生爆裂,于是化学家们不断地对反应装置进行改进。

1991 年,Michael 等人设计了可以调节反应釜内压力的密封罐式反应器。它可以有效控制反应体系的压力,从而达到控制温度的目的,但它只能粗略地控温。

1992 年,Kevin 等人成功地运用计算机技术实现了对微波反应温度的监测。

1995 年,Kevin 等人发展了密闭体系下的微波间歇反应器(MRR),该装置容量可达200mL,操作温度可达到260℃,压力可达到10MPa,微波输出功率为1.2kW,具有快速加热能力。该装置实现了对微波功率的无极调控,吸收和反射微波能的测量,负载匹配设计达到了最大的热效率,可直接测量反应体系的温度和压力。

2. 微波常压合成技术

由于密闭技术所带来高温、高压等特点,使有些不在高温高压环境中的有机合成不能用微波进行,这样就导致了微波常压合成技术的产生,微波常压合成装置如图 4-22 所示。

这套装置既有回流系统,又有搅拌和滴加系统,是微波有机合成较为完备的反应装置。

1991 年,Bose 等首先对微波常压技术进行了尝试,成功地在微波炉内用锥形瓶进行了阿司匹林中间产物的合成。在一个长颈锥形瓶内放置反应的化合物及溶剂,在锥形瓶的上端盖一个表面皿,将反应体系放入微波炉内,开启微波,控制微波辐射能量的大小,使反应体系的温度缓慢上升。但是因为是敞开的反应体系,反应物和溶剂易挥发到微波炉体内,一碰着火星就会着火甚至爆炸。

1992 年,国内刘福安等对常压系统进行了改进,既有回流系统,又有搅拌和滴加系统,使反应装置与一般有机合成反应装置更接近、更有实用性。与密闭合成技术相比,常压合成技术所用的装置简单、方便、安全,适用于大多数微波有机合成反应。

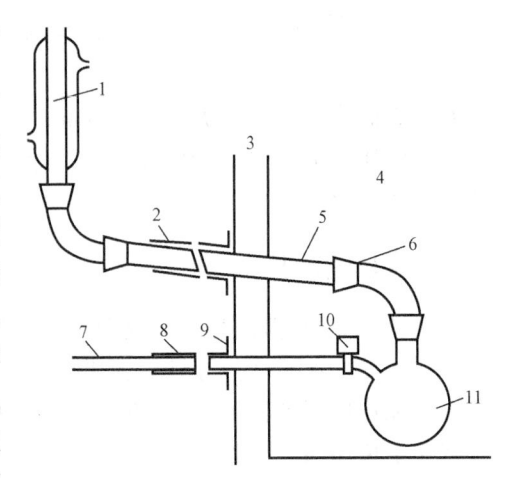

图 4-22 微波常压合成装置
1—水冷凝管;2—铜管;3—微波炉壁;
4—微波炉腔;5—空气冷凝管;6—玻璃接头;
7—Teflon 管;8—铜管;9—铜片;
10—旋塞;11—50mL 烧瓶

3. 微波连续合成技术

随着有机微波合成技术的不断改进,一种新的设想逐步形成。如果能控制反应液体的流量及流速,连续不断地通过炉体进行反应,这样效率将会得到很大提高,并可用于工业生产中。

早在 1990 年,台湾大学 Chen 等人就开展了微波连续合成技术的研究,设计出了连续全波整流微波加热反应装置,如图 4-23 所示。利用该装置完成了对羟基苯甲酸与正丁醇、甲醇的酯化和蔗糖的酸性水解等反应,但该装置有很明显的缺点,如反应体现的温度无法测量等。

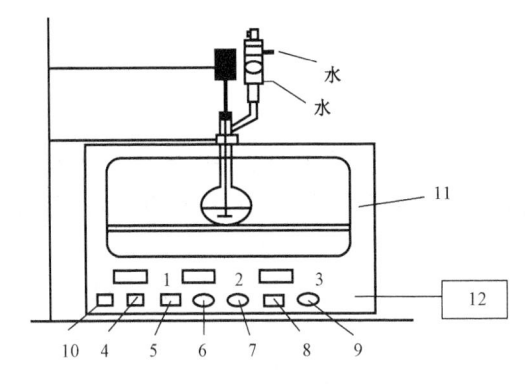

图 4-23 连续全波整流微波加热反应装置
1—红外测温温度显示;2—定时器;3—功率显示表;
4—门开关状况显示器;5—低压开按钮;6—低压关按钮;
7—高压开按钮;8—高压关按钮;9—功率调节旋钮;
10—电源开关;11—微波炉体;12—整流变压器

4. 微波干法合成技术

微波干法合成技术是以无机固体为载体的无溶剂有机合成技术,其原理是将反应物浸渍在氧化铝、硅胶、黏土、硅藻土或高岭土等多孔无机载体上,干燥后放入微波场中进行反应,结束后用适当的溶剂萃取后再纯化产品。由于无机载体不吸收 2450MHz 的微波,而载体表面上所吸附的有机反应物能充分吸收微波能量,从而使这些分子充分激活,大大提高了反应速率,同时也克服了因溶剂的迅速气化形成高压而极易爆炸的缺点。

最早研究微波干法合成反应的是英国科学家维尔曼。其方法是将吸附在无机载体上的反应物置于密封的聚四氟乙烯管中,在微波炉内进行反应。

1992 年,于明汇等人设计了一种微波干法合成装置,如图 4-24 所示。

四、实验 4-11 有机微波合成技术操作练习

1. 实验目标

(1) 掌握有机微波合成技术的基本原理;
(2) 掌握有机微波合成技术的基本操作方法。

2. 实验用品

水杨酸(AR)、乙酸酐(AR)、碳酸钠(CP)、盐酸(CP)、氢氧化钠(CP)、95%乙醇(CP)、2% $FeCl_3$ 水溶液、活性炭。

WP750 格兰仕微波炉、电子天平、圆底烧瓶(100mL)、烧瓶(250mL)、锥形瓶(100mL)、移液管(5mL)、减压抽滤装置、红外光谱仪。

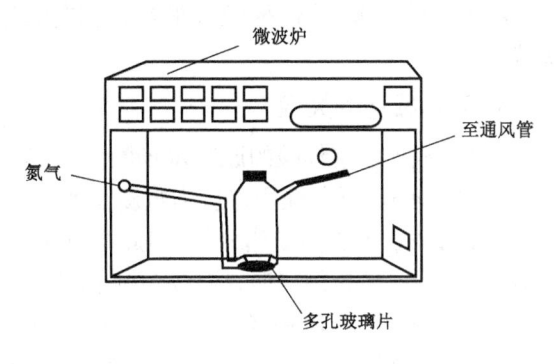

图 4-24 微波干法合成装置

3. 实验原理

乙酰水杨酸是人们熟悉的解热镇痛、抗风湿类药物,可由水杨酸和乙酸酐合成得到。乙酰水杨酸的合成涉及水杨酸酚羟基的乙酰化和产品重结晶等操作,通常采用酸催化合成法,它存在着相对反应时间长、乙酸酐用量大和副产物多等缺点。本实验参考有关文献,将微波辐射技术用于合成和水解乙酰水杨酸并加以回收利用。

合成反应的原理表示如下:

$$\text{水杨酸} + (CH_3CO)_2O \xrightarrow[\text{微波辐射}]{OH^-} \text{乙酰水杨酸} + CH_3COOH$$

(可逆水解:H_2O/OH^-,微波辐射)

4. 实验过程

1) 微波辐射碱催化合成乙酰水杨酸实验

在 100mL 干燥的圆底烧瓶中加入 2.0g(0.014mol)水杨酸和约 0.1g 碳酸钠,再用移液管加入 2.8mL(3.0g,0.029mol)乙酸酐,振荡,放入微波炉中,在微波辐射输出功率 495W(中挡)下,微波辐射 20~40s。稍冷,加入 20mL 的 pH=3~4 的盐酸水溶液,将混合物继续在冷水中冷却使之结晶完全。减压过滤,用少量冷水洗涤结晶 2~3 次,抽干,得乙酰水杨酸粗产品。粗产品用乙醇水混合溶剂(1 体积 95% 的乙醇 + 2 体积的水)约 16mL 重结晶,干燥得白色晶状乙酰水杨酸 2.4g(收率 92%),熔点 135~136℃。产品结构还可用 2% $FeCl_3$ 水溶液检验或用红外光谱仪测试。

2) 微波辐射水解乙酰水杨酸实验

在 100mL 锥形瓶中加入 2.0g(0.01mol)乙酰水杨酸和 40mL 0.3mol/L 的 NaOH 水溶液,在微波辐射输出功率 495W(中挡)下,微波辐射 40s。冷却后,滴加 6mol/L 盐酸至 pH=2~3,置于冰水浴中令其充分析晶,减压过滤,水杨酸粗产品用蒸馏水重结晶,活性炭脱色,干燥,得白色针状水杨酸约 1.1g(收率 80%),熔点 153~156℃。

3）电加热对照实验

将电加热（500W）代替微波加热，重复实验。将实验结果对比，可说明微波在反应中的优势。

5. 实验成功的关键

（1）合成乙酰水杨酸的原料水杨酸应当是干燥的。乙酸酐应是新开瓶的，如果打开使用过且已放置较长时间，使用时应当重新蒸馏，收集139～140℃的馏分。

（2）乙酰水杨酸易受热分解，因此熔点不是很明显，它的分解温度为128～135℃，熔点文献值为136℃。测定熔点时，应先将热载体加热至120℃左右，然后再放入样品测定。

（3）不同品牌的家用微波炉所用微波条件略有不同，微波条件的选定以使反应温度达80～90℃为原则。使用的微波功率一般选择450～500W之间，微波辐射时间为20～40s。此外，微波炉不能长时间空载或近似空载操作，否则可能损坏磁控管。

思 考 题

1. 有机微波合成实验中对反应容器有什么要求？
2. 微波辐射碱催化合成乙酰水杨酸实验中加入碳酸钠的作用是什么？
3. 通过实验总结有机微波合成技术的优势。

阅读材料

创新引领高质量发展新型萃取技术

1. 超临界流体萃取

超临界流体萃取是以超临界条件下的气体作为萃取剂从液体或固体中萃取出有效成分并对其进行分离的技术。萃取过程是通过调节萃取温度和萃取压力来控制溶质的亲和性，获得纯度较高的有效成分，从而实现萃取目的。超临界流体萃取过程选择适宜萃取剂（如CO_2），可在较低温度或无氧环境下进行操作，分离或精制热敏性物质和易氧化物质。该方法的优点是大多数超临界流体相对惰性、纯净、无毒，处理完后不留下任何残留物且萃取温度相对安全。超临界流体萃取技术主要用于处理固体样品，特别适合于烃类及非极性脂溶化合物的萃取，广泛应用于环境、食品、药物、生物、高分子甚至无机物等方面的萃取。超临界流体萃取技术本身存在操作压力大、萃取时间长、对设备要求高、能耗大、提取率偏低等问题，限制了其应用领域。目前研究者多采用超声场、电场技术等强化超临界萃取过程，从而弥补其不足。超声强化超临界CO_2萃取技术是在超临界CO_2萃取的同时附加超声场，降低萃取压力、降低萃取温度、缩短萃取时间、提高萃取率。

2. 双水相萃取

双水相萃取是利用物质在互不相溶的两水相间分配系数的差异来进行萃取的方法。由于亲水性高聚物之间存在较强的斥力或空间阻碍无法相互渗透，或由于某种聚合物溶液与无机盐混合时盐析作用不能形成均一相，从而形成双水相体系。常用的双水相体系有聚乙二醇/葡聚糖和聚乙二醇/磷酸盐，由于葡聚糖价格昂贵，聚乙二醇/磷酸盐体系应用更为广泛。该方法的优点是体积小、处理能力强、成相时间短,适合大规模化操作等,广泛应用于生物工程、药物分析和金属分离等方面。目前,双水相萃取技术的研究主要集中在廉价双水相体系的开发、新的双水相体系的探索、双水相萃取技术同其他技术集成化、双水相萃取相关理论的进展等方面。

3. 微波萃取

微波萃取是利用微波的电磁辐射将目标物质从样品中快速萃取出来,使其进入溶剂中的萃取技术。微波萃取技术应用于有机污染物的分析、有机金属化合物的形态分析、食品分析的样品制备、植物天然成分的提取等方面。该技术具有试剂用量少、回收率高、对萃取物料具有较高的选择性、反应或萃取快、能耗低、安全无污染以及易于自动控制等优点。该方法特别适合于提取热敏性组分或从天然物质中提取有效成分。微波萃取的传热与传质方向一致,因此加热均匀,萃取效率高。目前其研究处于初期阶段,萃取机理论还有待于进一步研究。

4. 超声波萃取

超声波萃取是利用超声波辐射压强产生的强烈空化效应、扰动效应和搅拌作用等多级效应增大物质分子运动频率和速度,增加溶剂穿透力,从而加速目标成分进入溶剂,促进分离提取的进行。超声波能产生并传递强大的能量。这种能量作用于液体时,膨胀过程会形成负压,如果超声波能量足够强,膨胀过程就会在液体中生成气泡或将液体撕裂成很小的空穴。这些空穴瞬间即闭合,闭合时产生高达 3000MPa 的瞬间压力,称为空化效应。这样连续不断产生的高压就像一连串小爆炸不断地冲击物质颗粒表面,使物质颗粒表面及缝隙中的可溶性活性成分迅速溶出,同时在提取液中还可通过强烈空化效应,使细胞壁破裂而将细胞内溶物释放到周围的提取液体中。该方法具有适用范围广、常压萃取、操作方便、提取完全、萃取温度低、在整个浸提过程中无化学反应发生、工艺流程简单等优点。

就目前研究进展来看,新型萃取技术的发展趋势为:

(1) 开发多种萃取技术或其他分离方法与萃取技术联用;

(2) 研究萃取技术的影响因素,完善分离机理;

(3) 加强工艺生产研发,将萃取技术从实验放大为工业生产,降低生产成本。

随着科学技术的不断发展,原有的萃取技术能得到进一步优化,新的萃取技术也将会不断涌现。

第二部分 有机化合物制备项目训练

知识能力目标
1. 了解有机化合物制备的步骤和方法;
2. 掌握有机化合物制备常用的仪器和设备的性质;
3. 掌握有机化合物制备装置的操作方法及粗产品的精制方法;
4. 掌握转化率和产率的计算方法;
5. 能应用所学知识设计有机化合物制备的步骤和方法;
6. 能操作有机化合物制备装置和产品精制装置;
7. 能根据转化和产率解释可能存在的问题。

素质能力目标
1. 培养自学能力、理解能力及独立进行系统分析、设计、实施、评估的能力;
2. 培养获取、分析、归纳、交流、使用信息和新技术的能力;
3. 培养创新意识和创新能力;
4. 培养良好的职业道德和敬业精神;
5. 培养沟通交流、计划组织和团队协作的能力。

第五章 有机化合物制备概述

有机化合物制备历史悠久（可追溯数千年），然而真正蓬勃发展起来不过是近百年的事情，就是这短短的一百来年，却为人类物质文明的提高做出了巨大贡献。有机化合物制备是指利用化学方法进行官能团的转换或将简单的无机物或有机物合成较复杂的有机物的过程；也可是将较复杂的有机物分解成较简单的有机物的过程；也可以是从天然产物中提取出某一组分或对天然物质进行加工处理的过程。

第一节 有机化合物的制备程序

要制备一种有机化合物，首先要熟悉主要的反应条件，设计正确的制备路线，明确合适的反应装置。通过一步或多步反应制得的有机物往往是与过剩的反应物以及副产物等多种物质共存的混合物，还需通过适当的手段进行分离和提纯，才能得到纯度较高的产品。对于制得的产品，可通过测定其主要的物理常数进行定性鉴定。同时还要考虑制备实验过程中产生的"三废"的处理问题，以避免或减少其对环境的污染。

一、筛选有机化合物制备路线

一种有机化合物的制备路线可能有许多种，但并非所有的路线都适用于实验室或工业生产，因此，选择正确的制备路线是极为重要的。一个适宜的制备路线应符合如下的原则：
(1) 收率高，副反应少，产物容易纯化；
(2) 制备路线短，时间短，能源消耗低；
(3) 原料、试剂具有丰富的来源，价格低，易得，毒性小，溶剂易于回收；
(4) 反应条件温和，设备简单，易于实现，操作安全、方便；
(5) 三废的治理和综合利用尽量不产生公害、不污染环境，副产物可综合利用。

在有机化合物制备过程中，还经常需要应用酸、碱及各种溶剂作为反应的介质或精制的辅助试剂。如能减少这些试剂的用量或用后能够回收，便可节省费用、降低成本。另一方面，制备中如能采取必要的措施避免或减少副反应的发生及产品纯化过程中的损失，就可有效地提高产品的效率。

总之，根据不同的原料选择合理的制备路线，有不同的方法，应综合考虑各方面因素，最后确定一个效益较高、切实可行的路线和方法。

二、选择有机化合物制备装置

选择合适的反应装置是保证制备顺利进行和成功的重要前提。制备装置是根据制备反应和各物质的状态需要来选择的。有机化合物的制备往往需要在溶剂中进行较长时间的加热，为防止在加热时反应物、产物或溶剂蒸发逸散，避免易燃、易爆或有毒物质造成事故与污染，并确保产物收率，多需采用回流装置。回流装置的类型较多，可根据反应的不同要求，正确地进行选择。有时，对于具体的反应也可采用简单蒸馏装置、分馏装置和特定物质的制备装置等。

三、选择恰当的反应条件

有机化合物的制备反应能否进行,能进行到什么程度,都是与反应条件密切相关的。只有选择最佳的反应条件并进行严格控制,才能确保制备实验的成功。

(1)反应物料的物质的量比:根据制备实验的化学反应式,可以确定该反应的投料量是等物质的量比,还是某一反应物以过量形式投料。

(2)反应温度:许多有机反应是吸热反应,通过加热升温可以加速反应的进行,温度每升高10℃,反应速率增加1～3倍。所以反应温度的设定与调控是十分重要的。

(3)反应时间:除了少数化学反应或爆炸反应外,一般有机化合物的制备反应时间都比较长,通常要以小时计,有的甚至以天数计。若只缩短实验中的反应时间,而其他操作条件都不变,通常情况下反应不可能进行到底,这会导致产物产量下降,影响实验效果,所以不要轻易缩短反应时间。

(4)反应介质:有机反应一般选用有机溶剂作为反应介质,也有用水作为反应介质。有时恰当的介质可以提高反应效果,但也给后续的精制带来麻烦,所以选择介质要适当、适时、适量。

(5)催化剂:对于有机化合物制备而言,催化剂在促进反应的进程中所起的作用是十分重要的。恰当的催化剂用量少,提高反应速率明显,还可降低反应条件。

四、选择有机化合物精制方法

在有机化合物制备过程中,由于反应不完全或有副反应的发生,往往在产物中会存在未反应的原料、溶剂和副产物,需要进行精制,而得到纯度较高的产品。精制的实质就是将所需要的反应产物与杂质分离开来,这就需要根据反应产物与杂质的物理化学性质的差异,选择适当的混合物分离纯化技术。一般气体产物中的杂质,可通过装有液体或固体吸收剂的洗涤瓶或洗涤塔除去;液体产物可借助萃取或蒸馏的方法进行纯化;固体产物则可利用沉淀分离、重结晶或升华的方法进行精制。有时还可以通过离子交换或色层分离的方法来达到纯化物质的目的。

五、确定有机化合物制备方案

明确有机化合物制备路线、反应装置和精制方法后,还需要了解制备所用药品、溶剂及产物的物理常数、化学性质,制定具体可行的实施方案,可以包括下面几个方面:

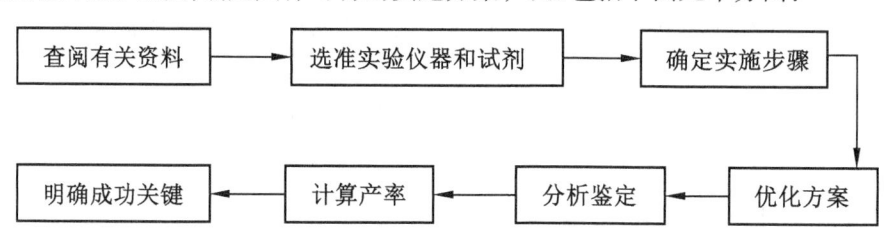

查阅有关资料 → 选准实验仪器和试剂 → 确定实施步骤 → 优化方案 → 分析鉴定 → 计算产率 → 明确成功关键

第二节 有机化合物的制备装置

制备液体或固体物质,可根据反应的实际需要选择不同的仪器或装置。在实验中,试管、烧杯、锥形瓶和烧瓶等常用作反应容器,可根据物料性能及用量的多少酌情选择使用。

一、常见的回流装置

在有机化合物制备时,反应容器上垂直地安装一支冷凝管,反应过程中产生的蒸气经过冷凝管时被冷凝,又回流到原反应容器中。像这样连续不断地沸腾汽化与冷凝流回的过程称为回流。这种装置就是回流装置。

回流装置主要由反应容器和冷凝管组成,其中反应容器可根据具体需要选用适当规格的锥形瓶、圆底烧瓶、三口烧瓶等;冷凝管要依据反应混合物沸点的高低选择,有球形冷凝管(最常用)、空气冷凝管(沸点高于140℃)、蛇形冷凝管(沸点低或有毒性)可供选择。

实验时,还可根据反应的不同需要而在反应容器上装配其他仪器,构成不同类型的回流装置。

1. 普通回流装置

普通回流装置如图5-1(a)所示。由圆底烧瓶和冷凝管组成。普通回流装置适用于一般的回流操作,如环己烯、β—萘乙醚、肥皂、乙酰水杨酸的制备实验。

2. 带有干燥管的回流装置

带有干燥管的回流装置如图5-1(b)所示。与普通回流装置不同的是,在回流冷凝管上端装配有干燥管,以防止空气中的水汽进入反应体系。

带有干燥管的回流装置适用于水汽的存在会影响反应正常进行的回流操作,如利用格氏试剂制备三苯甲醇的实验。

> **注意**
>
> 为防止体系被封闭,干燥管内不要填装粉末状干燥剂。可在管底塞上脱脂棉或玻璃棉,然后填装颗粒状或块状干燥剂,如无水氯化钙等。干燥剂和脱脂棉不能装(或塞)得太实,以免堵塞通道使整个装置成为封闭体系而造成事故。

3. 带分水器的回流装置

带分水器的回流装置是在反应容器和冷凝管之间安装一个分水器,如图5-1(c)所示。

带分水器的回流装置常用于可逆反应体系,如乙酸异戊酯、乙酰苯胺的制备实验。当反应开始后,反应物和产物的蒸气与水蒸气一起上升,经过冷凝管时被冷凝流回到水分离器中,静置后分层,反应物和产物由侧管流回反应容器,而水则从反应体系中被分出。由于反应过程中不断除去了生成物之一——水,因此使平衡向增加反应产物方向移动。

当反应物及产物的密度小于水时,采用图5-1(c)所示装置。加热前先将水分离器中装满水并使水面略低于支管口,然后放出比反应中理论出水量稍多些的水。若反应物及产物的密度大于水时,则应采用图5-1(d)或图5-1(e)所示的水分离器。

使用带分水器的回流装置制备物质时,可在出水量达到理论值后停止回流。

4. 带气体吸收装置的回流装置

带气体吸收装置的回流装置是将一根导气管通过胶塞与回流冷凝管的上口相连,由导管导出的气体通过接近水面的漏斗或导管口进入水中,如图5-2(a)所示。

图 5-1 回流装置

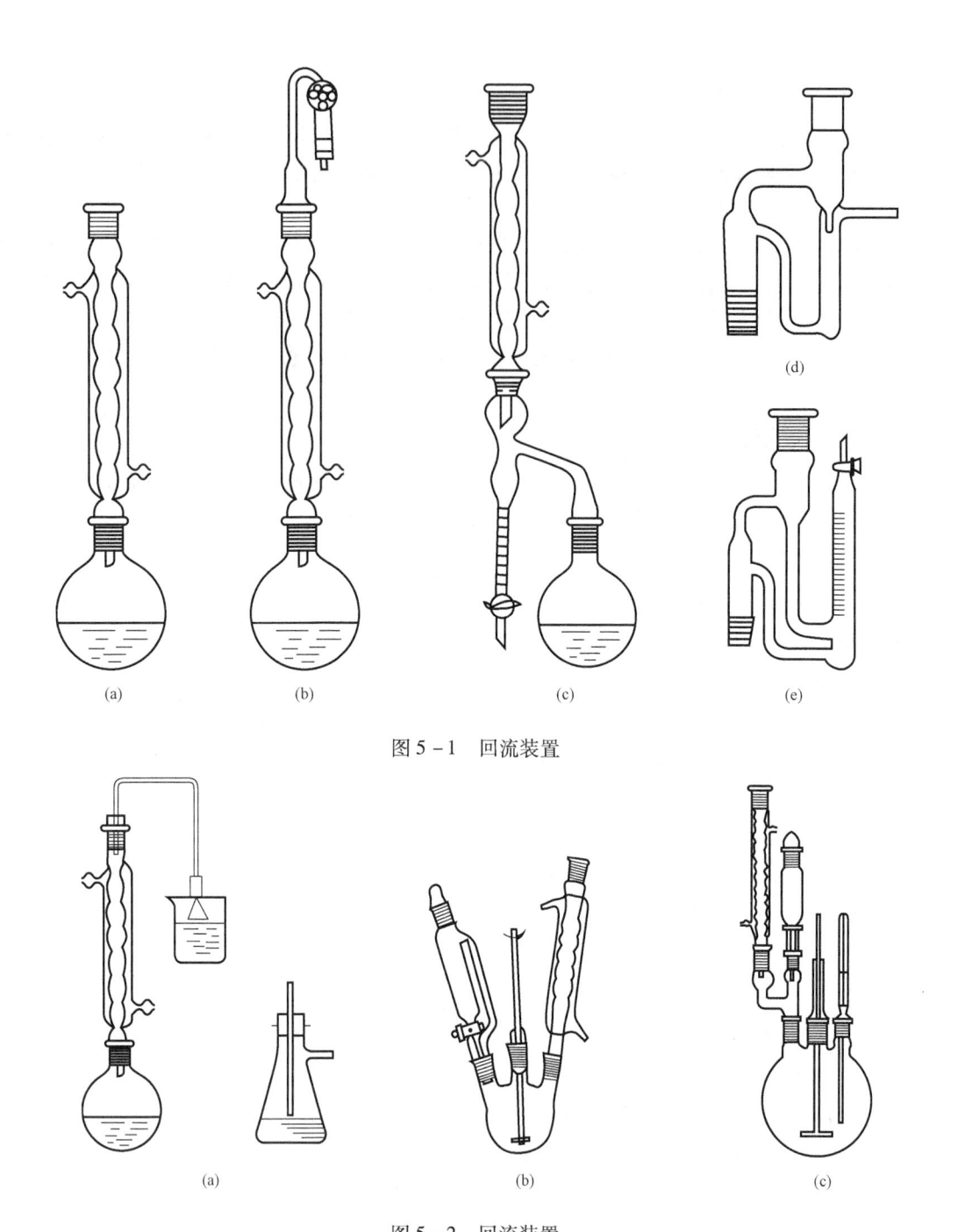

图 5-2 回流装置

> **注意**
>
> 气体吸收时,漏斗口或导管口不得完全浸入水中;在停止加热前(包括在反应过程中因故暂停加热),必须将盛有吸收液的容器移去,以防倒吸。

带气体吸收的回流装置,适用于反应时有水溶性气体,特别是有害气体(如氯化氢、溴化氢、二氧化硫等)产生的实验,如1—溴丁烷、苯乙酮的制备实验。为了提高吸收效果,可根据气体的性质采用适宜的水溶液作吸收液,如酸性气体用稀碱水溶液吸收。

5. 带搅拌装置的回流装置

带搅拌装置的回流装置是在反应器上增加了搅拌器、测温仪及滴加液体反应物的装置等,如图5-2(b)和图5-2(c)所示。

带搅拌装置的回流装置主要用于非均相体系或反应物之一需要逐滴加入,使反应迅速混合,避免因局部过浓过热而产生副反应的实验,如双酚A、苯乙酮、己二酸、2,4—二氯苯氧乙酸的制备实验。常用的电动搅拌器是具有密封装置的电动搅拌器。

二、装配回流装置

1. 选择反应容器和热源

根据反应物料量的不同,选择不同规格的反应容器,一般以所盛物料量占反应器容积的1/2左右为宜。若反应中有大量气体或泡沫产生,则应选用容积稍大些的反应器。

实验室中的加热方式较多,如水浴、油浴、火焰加热和电热套等。可根据反应物料的性质和反应条件的要求,适当地选用。

2. 装配仪器

以热源的高度为基准,首先固定反应器,然后按由下到上的顺序装配其他仪器。所有仪器应尽可能固定在同一铁架台上。各仪器的连接部位要严密。冷凝管的上口与大气相通,其下端的进水口通过胶管与水源连接,上端的出水口接下水道。整套装置要求正确、整齐和稳妥。

3. 加入物料

原料及溶剂等可事先加入反应器中,再安装冷凝管等其他仪器;也可在装配完毕后由冷凝管上口用玻璃漏斗加入液体物料。沸石应事先加入。

4. 加热回流

检查装置各连接处的严密性后,先通冷却水,再开始加热。最初宜缓缓升温,然后逐渐升高温度使反应液沸腾或达到要求的反应温度。以第一滴回流液落入反应器中为开始计算反应时间。

5. 控制回流速度

调节加热温度及冷却水流量,控制回流速度,使液体蒸气浸润面不超过冷凝管有效冷却长度的1/3为宜,中途不可断水。

6. 停止回流

停止回流时,应先停止加热,待冷凝管中没有蒸气后再停冷却水,稍冷后按由上到下的顺序拆除装置。

三、装配用于制备反应的分馏装置

当制备某些化学稳定性较差、长时间受热容易发生分解、氧化或聚合的有机化合物时,可采取逐渐加入某一反应物的方式,以使反应能够缓和进行,同时通过分馏柱将产物不断地从反应体系中分离出来。乙酸乙酯制备装置即是如此,如图5-3所示。

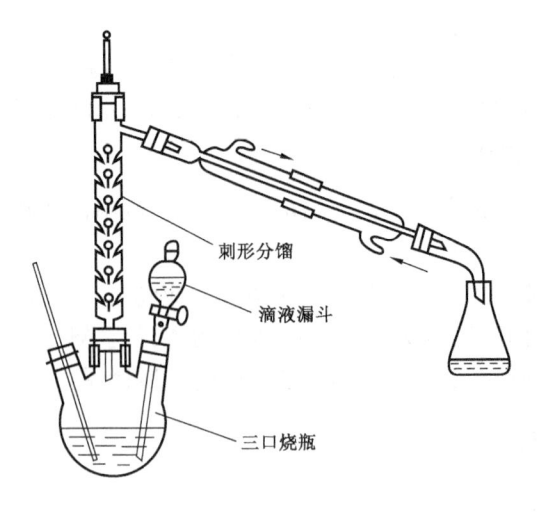

图5-3 用于制备反应的分馏装置

第三节 有机化合物的制备效果分析

应用确定的有机化合物制备方案制备出产物,结果如何是判断实验成功的关键。可以从转化率、产率和纯度等方面进行衡量,然后优化方案,从而达到最佳效果。

一、转化率和产率的计算

制备实验结束后,要根据基准原料的实际消耗量和初始量计算转化率,根据理论产量和实际产量计算产率:

$$转化率(\%) = \frac{基准原料的实际消耗量}{基准原料的初始量} \times 100\%$$

$$产率(\%) = \frac{实际产量}{理论产量} \times 100\%$$

为了提高转化率和产率,常常增加某一反应物的用量。计算转化率和产率时,以不过量的反应物为基准原料。

二、影响产率的因素

在物质制备实验中,实际产量往往都小于理论值,其主要的影响因素有以下四点。

(1)反应可逆:在一定条件下,化学反应建立了平衡,反应物不可能全部转化成产物。

(2)有副反应发生:有机反应比较复杂,在发生主反应的同时,一部分原料消耗在副反应中。

(3)反应条件不利:在制备反应中,若反应时间不足、温度控制不好或搅拌不够充分等都会引起实验产率降低。

(4)分离和纯化过程中造成的损失:有时制备反应所得粗产物的量较多,但却由于精制过程中操作失误,使产率大大降低了。

三、提高产率的措施

1. 破坏平衡

对于可逆反应,可采取增加一种反应物的用量或除去产物之一(如分去反应生成的水)的方法,以破坏平衡,使反应向正方向进行。究竟选择哪一种反应物过量,要根据反应的实际情况、反应的特点、各种原料的相对价格、在反应后是否容易除去以及对减少副反应是否有利等因素来决定。如乙酸异戊酯的制备中,主要原料是冰醋酸和异戊醇。相对来说,冰醋酸价格较低,不易发生副反应,在后处理时容易分离,所以选择冰醋酸过量。

2. 加催化剂

在许多制备反应中,如能选用适当的催化剂,就可加快反应速度,缩短反应时间,提高实验产率,增加经济效益。如乙酰水杨酸的制备中,加入少量浓硫酸,可破坏水杨酸分子内氢键,促使酰化反应在较低温度下顺利进行。

3. 严格控制反应条件

实验中若能严格地控制反应条件,就可有效地抑制副反应的发生,从而提高实验产率。如1—溴丁烷的制备中,加料顺序是先加硫酸,再加正丁醇,最后加溴化钠。如果加完硫酸后即加溴化钠,就会立刻有大量溴化氢气体逸出,不仅影响实验产率,而且严重污染空气。在乙烯的制备中若温度不快速升至160℃,则会增加副产物乙醚生成的机会。在乙酸异戊酯的制备中,如果分出水量未达到理论值就停止回流,则会因反应不完全而引起产率降低。

在某些制备反应中,充分的搅拌或振摇可促使多相体系中物质间的接触充分,也可使均相体系中分次加入的物质迅速而均匀地分散在溶液中,从而避免局部浓度过高或过热,以减少副反应的发生。如甲基橙的制备就需要在冰浴中边缓慢加试剂边充分搅拌,否则将难以使反应液始终处于低温环境,造成重氮盐的分解。

4. 细心精制粗产物

为避免和减少精制过程中不应有的损失,应在操作前认真检查仪器,如分液漏斗必须经过涂油试漏后方可使用,以免萃取时产品从旋塞处漏失。有些产品微溶于水,如果用饱和食盐水进行洗涤便可减少损失。分离过程中的各层液体在实验结束前暂时不要弃去,以备出现失误时进行补救。重结晶时,所用溶剂不能过量,可分批加入以固体恰好溶解为宜。需要低温冷却时,最好使用冰水浴,并保证充分的冷却时间。过量的干燥剂会吸附产品造成损失,所以干燥剂的使用应适量,要在振摇下分批加入至液体澄清透明为止。一般加入干燥剂后需要放置30min左右,以确保干燥效果。抽滤前应将吸滤瓶洗涤干净,一旦透滤,可将滤液倒出,重新抽滤。热过滤时要使漏斗夹套中的水保持沸腾,以避免结晶在滤纸上析出而影响收率。

总之,在实验的全过程中,对各个环节的考虑应周全,并细心操作。只有在每一步操作中都有效地保证收率,才能使实验最终有较高的收率。

阅读材料

辩证唯物主义世界观的养成,实践是检验真理的唯一标准

有机化合物前期的定义是"来自有生命机体的物质",简称"有机物"。这是由于在化学发展的前期,有机物只能从动植物体取得。例如,1769年,舍勒从酿酒副产品酒石中分离出酒石酸;1773年,罗埃尔用乙醇萃取哺乳动物尿液中的物质,蒸发结晶得到尿素;1805年,墨尔杜纳从鸦片中分离出了第一个生物碱吗啡。因此,在19世纪初,人们普遍认为有机物是与生命现象密切相干的,在生物体内存在特殊的、神秘的"生命力"才能产生有机化合物,这些物质不能用无机物合成。这就是以瑞典化学权威贝采里乌斯为代表的"生命力"学说的观点。由于人们认识局限性和对权威的迷信,"生命力"学说统治化学界达半个世纪之久,严重阻碍了有机化学的发展。

1828年,德国化学家维勒将氰酸铵的水溶液加热得到了尿素。氰酸铵可以通过无机物的反应生成。尿素本来被认为是只在人或动物体内才能生成的一种有机化合物,由于人工也能合成尿素这一事实的出现,给"生命力"学说以重大打击,冲破了无机界和有机界的鸿沟。随后,许多化学家也在实验室用简单的无机物做原料,成功地合成了许多其他有机物。1845年,柯尔伯利用木炭、硫黄、氯气及水为原料合成了醋酸;1854年,柏赛罗利用石蜡合成了油脂,"生命力"学说才被彻底抛弃,从此开创了有机合成化学的新时代。人类不仅可以合成天然有机化合物,而且可以制备由生物体无法得到的、用途更广和结构新颖的有机化合物。在大量的科学事实面前,化学家摒弃了"生命力"学说,加强了有机化合物的人工合成实践。

实践是检验真理的唯一标准,认识源于实践,"生命力"学说使化学发展陷入唯心主义泥潭,阻碍了有机化学的发展。伴随着人类科学技术的巨大进步,现代先进仪器在有机化学上的应用促进了有机化学研究领域不断扩展,展示出一幅物质世界普遍联系的壮美画卷。

有机化学的发展史也是人类进步史的一部分,只有提升创新意识,才能适应新时代的发展需要。只有敢于打破习惯思维和主观偏见,具备更宽阔的眼界、思路、胸襟,敢于自我否定,才能创造性地提升学习与工作的水平和质量。

第六章　有机化合物经典制备技术

有机合物制备过程包括合成、分离和确定结构三大任务,只有优选恰当的方法并进行规范合理的技术操作,才能得到收率高的目标化合物。

人们经常制备一些复杂的化合物,它们大多是由多个经典制备技术组合制成的。所以,掌握一些基本操作技术并完成一定数量的经典制备是非常必要的。

第一节　有机合成原料溴乙烷的制备

溴乙烷是有机合成中的乙基化剂,农业上用作仓储谷物、仓库及房舍等的熏蒸杀虫剂,也用于医药、染料工业,还可用做制冷剂和有机溶剂。

一、目的要求

(1)能通过资料查阅,运用卤化反应的方法、种类、影响因素、醇的取代及相关结构特征等知识,学习选择制备路线的一般原则,进而确定溴乙烷的制备方案。

(2)依据已确定的制备方案,搭建反应装置,完成加料、反应、纯化等操作步骤,控制反应条件,得到符合要求的目标产品。掌握低沸点化合物蒸馏技术和分液漏斗的使用方法。

(3)能用测折射率的方法进行溴乙烷含量的检测,结合其化学性质进行定性检验并能对结果进行评价。

(4)了解所用危险化学品的职业危害和应急处理方法。

视频 6-1-1
溴乙烷制备
知识准备

二、确定方案

1. 溴乙烷的物理化学特性

溴乙烷的结构式为 CH_3CH_2Br,分子式为 C_2H_5Br,为无色油状液体,有类似乙醚的气味和灼烧味,露置空气或见光逐渐变为黄色,易挥发。能与乙醇、乙醚、氯仿和多数有机溶剂混溶。溴乙烷的水中溶解度(g/100g):0℃时为 1.067,10℃时为 0.965,20℃时为 0.914,30℃时为 0.986。溴乙烷的熔点为 -119℃(154K),沸点为 38.4℃,闪点为 -20℃,密度为 1.47g/cm³(液体),折射率(n_D^{20})为 1.4242,爆炸极限为 6.8%~11%(体积分数)。

保存:密封闭光保存。

2. 制备溴乙烷的主要方法

氢溴酸法:由乙醇、溴化钠和硫酸作用制得,反应式为

$$NaBr + H_2SO_4 \longrightarrow HBr + NaHSO_4$$

$$CH_3CH_2OH + HBr \rightleftharpoons CH_3CH_2Br + H_2O$$

卤化磷法：由乙醇和三溴化磷作用制得，反应式为

$$CH_3CH_2OH + PBr_3 \longrightarrow CH_3CH_2Br + H_2PO_3$$

亚硫酰卤法：由丁醇和亚硫酰溴作用制得，反应式为

$$CH_3CH_2OH + SOBr_2 \longrightarrow CH_3CH_2Br + SO_2\uparrow + HBr\uparrow$$

乙烯法：由乙烯与溴化氢作用制得，反应式为

$$CH_2=CH_2 + HBr \longrightarrow CH_3CH_2Br$$

乙烷法：由乙烷溴化制得，反应式为

$$CH_3CH_3 + Br_2 \longrightarrow CH_3CH_2Br + HBr$$

3. 氢溴酸法制备溴乙烷的反应原理

选择制备方法时可根据优质、高产、低耗、可行的原则，并考虑到实验室的条件、原料的采购、环保问题等。根据多方面的论证，实验中选用氢溴酸法制备溴乙烷，其主反应为

$$NaBr + H_2SO_4 \longrightarrow HBr + NaHSO_4$$

$$CH_3CH_2OH + HBr \rightleftharpoons CH_3CH_2Br + H_2O$$

副反应为

$$2CH_3CH_2OH \xrightarrow[\triangle]{H_2SO_4} CH_3CH_2OCH_2CH_3 + H_2O$$

$$CH_3CH_2OH \xrightarrow[\triangle]{H_2SO_4} CH_2=CH_2 + H_2O$$

$$2HBr + H_2SO_4 \xrightarrow{\triangle} Br_2 + SO_2 + 2H_2O$$

乙醇—氢溴酸的反应是可逆的，为使化学平衡向右移动，提高产率，可以通过增加反应物乙醇的浓度和将生成物溴乙烷及时蒸出完成。

4. 制备溴乙烷的小试方案

（1）查阅资料并填写数据如表 6-1 所示。

表 6-1 资料分析表（一）

名称	摩尔质量 g/mol	颜色性状	熔点 ℃	沸点 ℃	密度 g/cm³	水溶性	投入量（或理论产量） 质量（体积） g(mL)	物质的量 mol
乙醇								
溴化钠								
浓硫酸								
乙醚								
溴乙烷								

（2）溴乙烷的制备流程示意图如图 6-1 所示，请在空白处填写相应化合物的分子式。

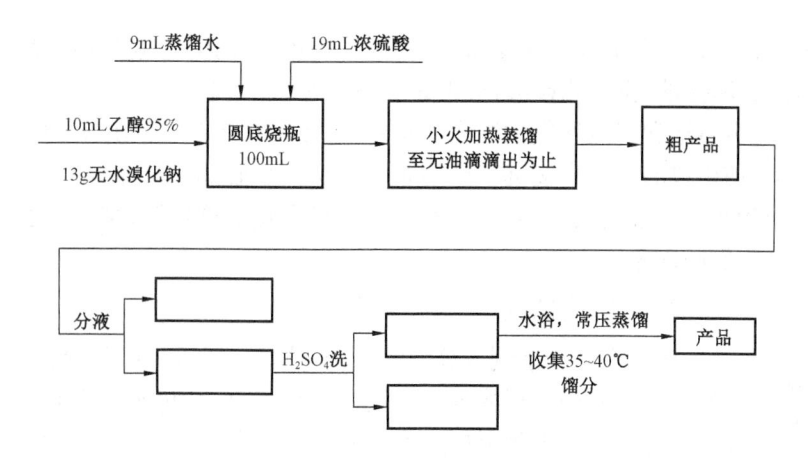

图 6-1 溴乙烷制备流程示意图

三、制备过程准备

1. 仪器试剂准备

圆底烧瓶(100mL)、圆底烧瓶(50mL)、直形冷凝管、烧杯(200mL)、分液漏斗、温度计、电热套、锥形瓶(100mL)、75°弯管、蒸馏头、接液管、接受器等。

无水溴化钠、浓硫酸、95%乙醇、饱和亚硫酸氢钠溶液。

2. 制备装置准备

(1) 反应装置的安装：反应装置的组成如图6-2所示，主要包括蒸馏烧瓶、直形冷凝管、接受器、接液管、冰浴、75°弯管、加热部分。

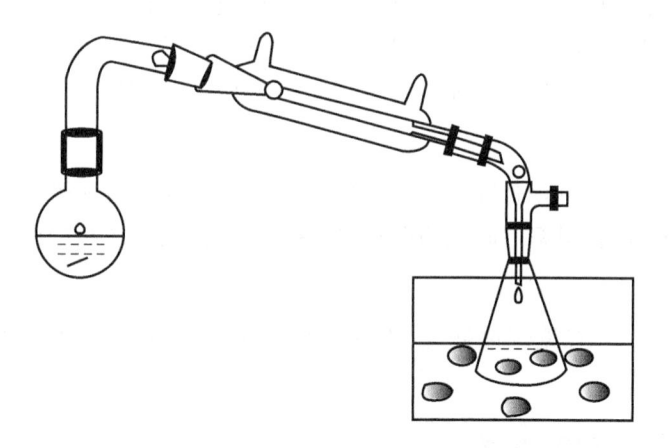

图 6-2 制备溴乙烷装置图

(2) 简单蒸馏操作准备：参照第四章第三节简单蒸馏及其操作。

(3) 洗涤操作准备：参照第四章第七节液—液萃取及其操作。

四、制备过程

1. 溴乙烷的制备

在100mL圆底烧瓶中加入9mL冷水，在冷水浴冷却和不断振荡下，分

视频 6-1-2
溴乙烷制备过程

几次加入19mL浓硫酸。冷却至室温,然后加入10mL95%的乙醇。振荡均匀后,在轻微振荡下加入13g研细的溴化钠,投入几粒沸石,迅速按图6-1装置装好仪器。接收产物的锥形瓶中,需加入冷水和少量饱和亚硫酸氢钠溶液,并将锥形瓶放入冰水浴。接液管的末端要插入锥形瓶的水面以下,使生成的产物直接沉入锥形瓶的底层。小心加热烧瓶,防止反应过于剧烈,直到无油滴蒸出为止。反应完成后,先小心地拆下收集产物的锥形瓶,然后移去热源,避免液体通过接引管产生倒吸现象。

2. 产品的精制

将粗产品和水倒入分液漏斗中,静置分层后,将下层粗产物放入干燥的50mL锥形瓶中。再将锥形瓶浸入冰水浴中,逐滴加入浓硫酸(约需4mL),同时轻微振荡,直到上层产物由乳白色变为透明,下层为硫酸层。然后用干燥的分液漏斗分去硫酸层。余下的溴乙烷迅速从上口倒入干燥的50mL的蒸馏烧瓶中,加入1~2粒沸石,再用水浴加热蒸馏,收集产物的锥形瓶要干燥,并用冰水冷却。收集37~40℃的馏分。蒸馏完成后,用橡皮塞塞紧收集瓶。称量产品,计算产率。

视频6-1-3 溴乙烷精制过程

五、产品检测与评价

1. 定性检测

卤代烃与硝酸银的乙醇溶液作用,生成硝酸酯和卤代银沉淀:

$$R-X + AgONO_2 \xrightarrow{乙醇} R-ONO_2 + AgX \downarrow$$

运用卤代烃与硝酸银反应产生特征现象,对溴乙烷进行定性鉴定。

取一支干燥的试管,加入1mL的5%硝酸银乙醇溶液,然后加入2~3滴溴乙烷,振荡试管,观察有无沉淀析出。如10min后仍无沉淀析出,可在水浴中加热煮沸后再观察。

2. 纯度分析

参照第三章第三节有机化合物折射率及其测定,测定产品的折射率。

将实验中所测得的折射率值同纯的溴乙烷的折射率比较,对产品进行纯度判断。

3. 结果评价

从产率、纯度、色泽、有无气体逸出、有无实验意外差错等方面评价本次试验的成功与失败。

六、制备过程成功的关键

(1)加入浓硫酸需小心飞溅,应用冰浴冷却,并不断振摇以使原料混匀;溴化钠需研细、分批加入,以免结块。

(2)反应初期会有大量气泡产生,可采取间歇式加热方法,保持微沸,使其平稳进行。暂停加热时要防止尾气管处倒吸。

(3)从分液漏斗中倒出粗产物时,要避免将水带入溴乙烷中,否则下一步加浓硫酸干燥时,会放出较多的热,致使产物挥发而损失。

(4)从上口将溴乙烷倒入蒸馏瓶时,必须通过干燥的漏斗,以防产物从蒸馏瓶的侧管流失。倒入的速度要稍快,避免挥发太多,影响产率。

(5)拆下装溴乙烷的收集瓶时,必须立即塞上橡皮塞,以防溴乙烷挥发损失。同时应避免用手直接触摸收集瓶装有溴乙烷的部分,以免因手温而使产物挥发。

七、安全提示和应急处理

1. 硫酸的危害性

硫酸是一级无机酸性腐蚀品,不能沾到皮肤,如不小心沾到皮肤,用干的布或软纸轻轻拭去大部分硫酸,再用大量清水冲洗,最后到医院处理。不允许直接用水冲洗,防止硫酸遇水放热、烧伤皮肤;也不允许用布用力来回擦,防止损伤皮肤。

2. 溴乙烷的危害性

溴乙烷蒸气有毒,接触者以呼吸吸入为主,液体也可经污染的皮肤吸收。溴乙烷具有麻醉作用,可引起肺部刺激和肝、肾、心脏的损害。吸入高浓度溴乙烷后,可产生中枢麻痹、呼吸抑制而死亡。急性中毒后出现以中枢神经系统和呼吸系统为主的症状,特征是面部潮红、瞳孔扩大、脉搏加快以及头痛、眩晕等症状。严重者会有四肢震颤、呼吸困难、发绀甚至呼吸麻痹的症状。中毒患者应立即脱离现场,脱去污染的衣着,污染的皮肤用大量清水冲洗(无特效解毒剂)。

图片6-1-4
溴乙烷安全提示和应急处理

灭火剂:泡沫、二氧化碳、1211灭火剂。

灭火方法:消防人员须佩戴防毒面具、穿全身消防服,在上风向灭火。

3. 乙醇的危害性

乙醇为二级易燃品,其蒸气与空气可形成爆炸性混合物。遇明火、高热能引起燃烧爆炸。与氧化剂接触发生化学反应或引起燃烧。在火场中,受热的容器有爆炸的危险。其蒸气比空气重,能从较低处扩散到相当远的地方,遇明火会着火回燃。

若不慎吸入乙醇,要迅速脱离现场至新鲜空气区,若症状严重要尽快就医。若误食应饮足量温水,催吐,若症状严重尽快就医。若接触皮肤,要脱去被污染衣着,用流动清水冲洗。若接触眼睛,要提起眼睑,用流动清水或生理盐水冲洗,若症状严重尽快就医。

灭火剂:抗溶性泡沫、干粉、二氧化碳、沙土。

灭火方法:尽可能将容器从火场移至空旷处。喷水保持容器冷却,直至灭火结束。

思 考 题

1. 在制备溴乙烷时,反应混合物中不加水将会产生什么结果?
2. 粗产物中可能有什么杂质?如何除去它们?
3. 如果你的实验产率不高,试分析其主要原因。
4. 本实验最易造成失败的关键操作是哪一步?为什么?

第二节 有机合成原料溴丁烷的制备

正溴丁烷是有机合成的重要原料,在有机合成中主要用作烷基化剂,用于合成麻醉药盐酸丁卡因、抗胆碱药溴化丁基东莨菪碱,也用于生产染料和香料。

一、目的要求

(1)能通过资料查阅,确定正溴丁烷的制备方案;
(2)能熟练操作回流装置,利用正丁醇与溴化氢制备1—溴丁烷;
(3)能用测折射率的方法进行正溴丁烷含量的检测,并能对结果进行评价;
(4)了解所用危险化学品的职业危害和处置救援方法。

视频6-2-1 溴丁烷制备知识准备

二、确定方案

1. 溴丁烷的物理化学特性

溴丁烷的结构式为 $CH_3CH_2CH_2CH_2Br$,分子式为 C_4H_9Br。溴丁烷是无色、透明有芳香味的液体,能溶于醇、醚等有机溶剂,微溶于水。其熔点为 -112.4℃,沸点为101.3℃,闪点闭杯时为23.9℃、开杯时为18.33℃,密度为 1.2758g/cm³,折射率(n_D^{20})为1.4398,爆炸极限为 2.6% ~ 6.6%(体积分数)。溴丁烷应保存于避光塑料桶中。

2. 制备正溴丁烷的主要方法

氢溴酸法:由丁醇、溴化钠和硫酸作用制得,反应式为

$$NaBr + H_2SO_4 \longrightarrow HBr + NaHSO_4$$

$$CH_3CH_2CH_2CH_2OH + HBr \rightleftharpoons CH_3CH_2CH_2CH_2Br + H_2O$$

卤化磷法:由丁醇和三溴化磷作用制得,反应式为

$$CH_3CH_2CH_2CH_2OH + PBr_3 \longrightarrow CH_3CH_2CH_2CH_2Br + H_3PO_3$$

亚硫酰卤法:由丁醇和亚硫酰溴作用制得,反应式为

$$CH_3CH_2CH_2CH_2OH + SOBr_2 \longrightarrow CH_3CH_2CH_2CH_2Br + SO_2\uparrow + HBr\uparrow$$

3. 氢溴酸法合成正溴丁烷的反应原理

根据多方面的论证,实验中选用氢溴酸法制备正溴丁烷,其主反应为

$$NaBr + H_2SO_4 \longrightarrow HBr + NaHSO_4$$

$$CH_3CH_2CH_2CH_2OH + HBr \rightleftharpoons CH_3CH_2CH_2CH_2Br + H_2O$$

副反应为

$$2CH_3CH_2CH_2CH_2OH \xrightarrow[\triangle]{H_2SO_4} (CH_3CH_2CH_2CH_2)_2O + H_2O$$

$$CH_3CH_2CH_2CH_2OH \xrightarrow[\triangle]{H_2SO_4} CH_3CH_2CH=CH_2$$

$$2HBr + H_2SO_4 \xrightarrow{\triangle} Br_2 + SO_2 + 2H_2O$$

丁醇—氢溴酸的反应是可逆的,为使化学平衡向右移动,提高产率,本实验可增加溴化钠和硫酸用量,以使反应物之一氢溴酸过量来加速正反应的进行。

由于反应中逸出的溴化氢气体有毒,所以,本实验中采用带有气体吸收装置的回流装置。

4. 制备溴丁烷的小试方案

(1)查阅资料并填写数据,如表6-2所示。

表6-2 资料分析表(二)

名称	摩尔质量 g/mol	颜色性状	熔点 ℃	沸点 ℃	密度 g/cm³	水溶性	投入量(或理论产量) 质量(体积) g(mL)	物质的量 mol
正丁醇								
溴化钠								
浓硫酸								
正丁醚								
1-丁烯								
溴丁烷								

(2)溴丁烷制备流程示意图如图6-3所示,请在空白处填写相应化合物的分子式。

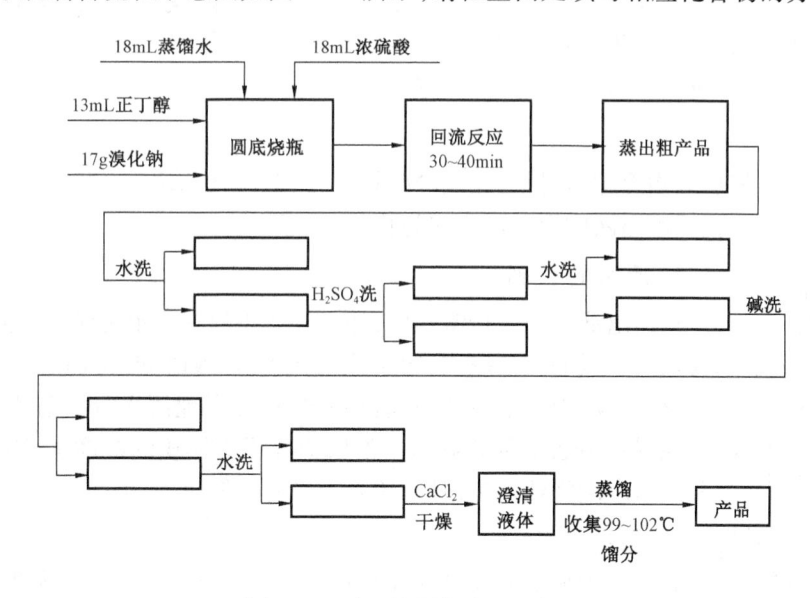

图6-3 溴丁烷制备流程示意图

利用蒸馏的方法将回流产物从反应混合物中分出,粗产物中含有未反应完全的正丁醇、氢溴酸及副产物正丁醚等,可以通过水洗和酸洗分离除去,而1-丁烯因沸点特别低,在回流过程中不能被冷凝逸散而除去。

三、制备过程准备

1. 仪器试剂准备

圆底烧瓶(125mL)、球形冷凝管、直形冷凝管、烧杯(200mL)、小漏斗、分液漏斗、简单蒸馏装置、电热套、锥形瓶(100mL)。

正丁醇、无水溴化钠、浓硫酸、饱和亚硫酸氢钠溶液、10%碳酸钠溶液、无水氯化钙。

2. 制备装置准备

(1)带有气体吸收的回流反应装置的安装:按图5-2(a)组装带有气体吸收装置的回流反应装置。

(2)简单蒸馏操作准备:参照第四章第三节简单蒸馏及其操作。

(3)洗涤操作准备:参照第四章第七节液—液萃取及其操作。

四、制备过程

1. 方法一 常量法

1) 正溴丁烷的制备

在125mL圆底烧瓶中加入18mL水,置烧瓶于冰水浴中,小心地分多次加入18mL浓硫酸,充分混合。继续冷却,加入13mL正丁醇,混合均匀,然后将17g研细的溴化钠分多次加入烧瓶,每加一次必须充分摇动烧瓶以免结块。撤去冰浴,擦干烧瓶外壁,加入几粒沸石,安装带有气体吸收的回流反应装置[图5-2(a)],以吸收反应时逸出的溴化氢气体。小火加热,一直摇动烧瓶直到大部分溴化钠溶解,调节火焰,使混合物平稳沸腾,缓缓回流30~40min,这期间要间歇摇动烧瓶。

2) 分离粗产品

反应完成后,将反应物冷却后,拆去回流冷凝管,补加1~2粒沸石,安装简单蒸馏装置,蒸出粗产物正溴丁烷,直至馏出液中无油滴生成为止。

3) 产品的精制

将馏出液倒入分液漏斗中,加入等体积的蒸馏水洗涤,小心将下层粗产物放入一干燥的锥形瓶内,分两次加入6mL浓硫酸,每加一次都要充分摇动锥形瓶并用冷水浴冷却,然后将混合物慢慢地倒入分液漏斗,静置分层,小心地尽量分去下层浓硫酸。油层依次用等体积的蒸馏水、10%碳酸钠溶液和蒸馏水洗涤使呈中性后,转入干燥的锥形瓶中,加入1~2g的无水氯化钙,塞紧瓶塞,间歇振摇,直至液体澄清为止。

将干燥后的液体小心倒入干燥的蒸馏瓶中,加入1~2粒沸石,小心加热蒸馏,收集99~102℃的馏分于已知质量的样品瓶中。称量产品,计算其产率。

2. 方法二 微量法(微波辐射法)

在25mL圆底烧瓶中加入2mL H$_2$O,并小心分批加入2.8mL浓硫酸,充分摇动混合物后冷至室温。再依次加入2.0mL正丁醇、2.6g溴化钠,充分摇振后加入几粒沸石,装上回流冷凝管,冷凝管上口接气体吸收装置,用5% NaOH液作吸收液,将微波炉火力调至中低挡,并将反应瓶置于微波炉内装有400mL热水(水温93℃)的500mL烧杯中水浴加热,开始反应。

由于无机化合物水溶液有较大的相对密度,不久会分出上层液体即正溴上烷。回流10min左右。待反应液冷后,改为蒸馏装置,蒸出粗产物正溴丁烷1.6~2mL。将馏出液移至分液漏斗中,加入等体积的水洗涤。

产物转入另一分液漏斗中,用等体积的浓硫酸洗涤,尽量分去硫酸层,有机相依次用等体积 H_2O、饱和 $NaHCO_3$ 溶液、H_2O 洗涤,然后转入干燥锥形瓶中,用适量的无水 $CaCl_2$ 干燥。将干燥好的产物过滤到蒸馏瓶中,在石棉网上加热蒸馏,收集99~103℃的馏分,产量约1.5g。

五、产品检测与评价

1. 定性检测

运用卤代烃与硝酸银反应产生特征现象,对溴丁烷进行定性鉴定。

取一支干燥的试管,加入1mL 5%硝酸银乙醇溶液,然后加入2~3滴正溴丁烷,振荡试管,观察有无沉淀析出。如10min后仍无沉淀析出,可在水浴中加热煮沸后再观察。

2. 纯度分析

参照第三章第三节有机化合物折射率及其测定,测定产品的折射率。

将实验中所得的折射率值对照图6-4正溴丁烷—水双组分溶液的标准折射率曲线,对产品进行定量分析。

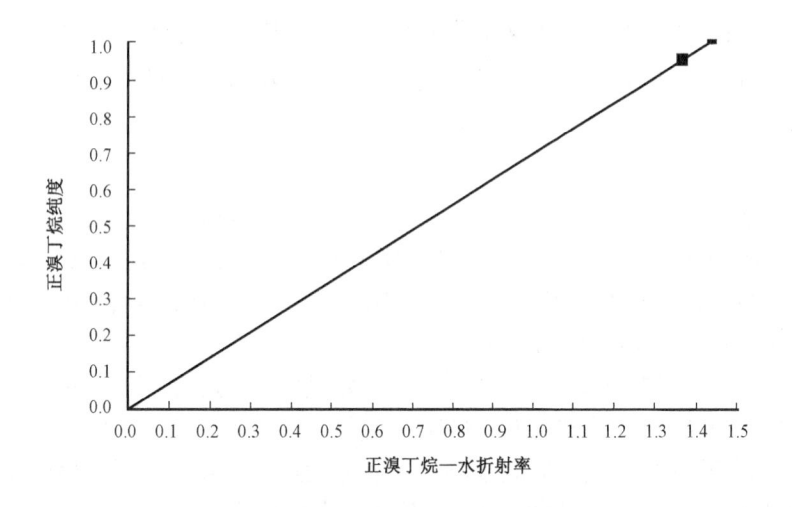

图6-4 正溴丁烷—水双组分溶液的标准折射率曲线

3. 结果评价

从产率、纯度、色泽、有无气体逸出、有无实验意外差错等方面评价本次试验的成功与失败。

六、制备过程成功的关键

(1)加料时不要让溴化钠黏附在液面以上的烧瓶壁上,也不要一开始加热过猛,否则回流时反应混合物的颜色会很快变深,副反应加剧。

(2)吸收有害气体装置中的玻璃漏斗不要浸入水中,防止倒吸。

(3)加热应缓慢,否则反应生成的 HBr 来不及反应就会逸出。

(4)粗蒸馏时,黄色的油层会逐渐被蒸出,应蒸至油层消失后,馏出液无油滴蒸出为止。检验的方法是用一个小锥形瓶,里面事先装一定的水,用其接一两滴馏出液,观察其滴入水中的情况,如果滴入水中后扩散开来,说明已无产品蒸出;如果滴入水中后呈油珠下沉,说明仍有产品蒸出。当无产品蒸出后,若继续蒸馏,馏出液又会逐渐变黄,呈强酸性。这是由于蒸出的是 HBr 水溶液和 HBr 被硫酸氧化生成的 Br_2,不利于后续的纯化。

(5)用浓硫酸洗涤粗产物,一定要将油层与水层彻底分开,否则浓硫酸被稀释而降低洗涤效果。

七、安全提示和应急处理

1. 溴丁烷的危害性

图片 6-2-4 溴丁烷安全提示和应急处理

吸入溴丁烷的蒸气可引起咳嗽、胸痛和呼吸困难。高浓度时有麻醉作用,引起神志障碍,眼和皮肤接触可致灼伤。若不小心与皮肤接触,应立即脱去被污染的衣着,用大量流动清水冲洗,至少 15min 后就医。若不小心与眼睛接触,应立即提起眼睑,用大量流动清水或生理盐水彻底冲洗至少 15min 后就医。若不小心吸入,应迅速脱离现场至空气新鲜处。保持呼吸道通畅。如呼吸困难,应输氧。如呼吸停止,应立即进行人工呼吸后就医;若误食,应用水漱口,饮牛奶或蛋清后就医。

灭火方法:尽可能将容器从火场移至空旷处。用水保持火场容器冷却,直至灭火结束。处在火场中的容器若已变色或从安全泄压装置中产生声音,必须马上撤离。

灭火剂:雾状水、泡沫、干粉、二氧化碳、沙土。

2. 丁醇的危害性

丁醇是无色液体,有酒味,与乙醇/乙醚及其他多种有机溶剂混溶,为蒸气时可与空气形成爆炸性混合物,爆炸极限为 1.45% ~11.25%(体积分数)。丁醇主要用于制造邻苯二甲酸、脂肪族二元酸及磷酸的正丁酯类增塑剂,它们广泛用于各种塑料和橡胶制品中,也是有机合成中制丁醛、丁酸、丁胺和乳酸丁酯等的原料。

正丁醇对人体具有刺激和麻醉作用,主要症状为:眼、鼻、喉部刺激,在角膜浅层形成半透明的空泡,头痛、头晕和嗜睡,手部可发生接触性皮炎。

正丁醇易燃,其蒸气与空气可形成爆炸性混合物,遇明火、高热能引起燃烧爆炸。正丁醇与氧化剂接触易猛烈反应。在火场中,受热的容器有爆炸危险。

泄漏应急处理:消除所有点火源。根据液体流动和蒸气扩散的影响区域划定警戒区,无关人员从侧风、上风向撤离至安全区。建议应急处理人员戴正压自给式呼吸器,穿防静电服。作业时使用的所有设备应接地。禁止接触或跨越泄漏物。尽可能切断泄漏源。防止泄漏物进入水体、下水道、地下室或密闭性空间。小量泄漏时,用沙土或其他不燃材料吸收,使用洁净的无火花工具收集吸收材料。大量泄漏时,构筑围堤或挖坑收容,用飞尘或石灰粉吸收大量液体,用抗溶性泡沫覆盖,减少蒸发。喷水雾能减少蒸发,但不能降低泄漏物在受限制空间内的易燃性,所以此时应用防爆泵转移至槽车或专用收集器内。

防护措施:一般不需要特殊防护,高浓度接触时可佩戴过滤式防毒面具(半面罩)。根据不同的防护部位,戴安全防护眼镜,穿防静电工作服,戴一般作业防护手套,工作现场严禁吸烟,保持良好的卫生习惯。

急救措施:若与皮肤接触,应立即脱去污染的衣着,用肥皂水和清水彻底冲洗皮肤。如有不适感,应立即就医。若与眼睛接触,立即提起眼睑,用大量流动清水或生理盐水彻底冲洗10~15min。如有不适感,应立即就医。若吸入,应迅速脱离现场至空气新鲜处。保持呼吸道通畅。如呼吸困难,应输氧。如呼吸、心跳停止,应立即进行心肺复苏术,就医。若食入,应饮足量温水,催吐,就医。

灭火剂:用泡沫、干粉、二氧化碳、雾状水、沙土灭火。

灭火方法:消防人员须佩戴防毒面具、穿全身消防服,在上风向灭火。尽可能将容器从火场移至空旷处。喷水保持火场容器冷却,直至灭火结束。处在火场中的容器若已变色或从安全泄压装置中产生声音,必须马上撤离。

3. 硫酸的危害性

参照第六章第一节安全提示及应急处理。

思 考 题

1. 在加料时,如先加溴化钠与浓硫酸,后加正丁醇和水,会发生什么问题?
2. 在计算理论产率时,应取哪一个物质作为计算的基准?
3. 馏液在用浓硫酸洗涤后,不是先用10%碳酸钠溶液洗涤,而是先经过水洗涤后,再用10%碳酸钠溶液洗涤,这是为什么?

第三节 有机合成原料环己烯的制备

环己烯是重要的有机合成原料,可以用以合成赖氨酸、环己酮、苯酚、聚环烯树脂、氯代环己烷、橡胶助剂、环己醇原料等,另外还可用作催化剂溶剂、石油萃取剂、高辛烷值汽油稳定剂。

一、目的要求

(1)能通过资料查阅了解环己烯的物理化学特性,确定制备方案;
(2)能通过萃取分馏装置用环己醇制备环己烯;
(3)能用测折射率方法进行环己烯含量的检测,会用红外光谱确定其结构;
(4)了解所用危险化学品的职业危害和处置救援方法。

视频6-3-1
环己烯制备
知识准备

二、确定方案

1. 环己烯的物理化学特性

环己烯的分子式为 C_6H_{10},相对分子质量为82.15。环己烯为无色透明液体,有特殊刺激性气味,不溶于水,溶于乙醇、醚。其熔点为 $-103.7℃$,相对密度为0.81,折射率(n_D^{20})为1.4465,沸点为83.0℃,闪点小于 $-20℃$,易燃,燃点为310℃,爆炸下限(体积分数)为1.2%,

空气中容许浓度为 1015mg/m³。

保存：密封保存。

2. 酸催化法制备环己烯的反应原理

根据多方面的论证，实验中采用环己醇酸催化脱水法，其主反应为

$$\text{环己醇} \xrightarrow[\Delta]{H_3PO_4} \text{环己烯} + H_2O$$

可能的副反应（难）为

$$2\,\text{环己醇} \xrightarrow[\Delta]{H_3PO_4} \text{二环己醚} + H_2O$$

整个反应是可逆的，为使化学平衡向右移动，提高产率，本实验可以采用将生成的烯烃通过分馏柱蒸出的方法。这样还可避免烯烃的聚合和醇分子间的脱水等副反应的发生。

3. 制备环己烯的小试方案

（1）查阅资料并填写数据如表6-3所示。

表6-3 资料分析表（三）

名称	摩尔质量 g/mol	颜色性状	熔点 ℃	沸点 ℃	密度 g/cm³	水溶性	投入量（或理论产量） 质量（体积）g(mL)	物质的量 mol
环己醇								
环己烯								
浓磷酸								

（2）环己烯制备流程示意图如图6-5所示，请在空白处填写相应化合物的分子式。

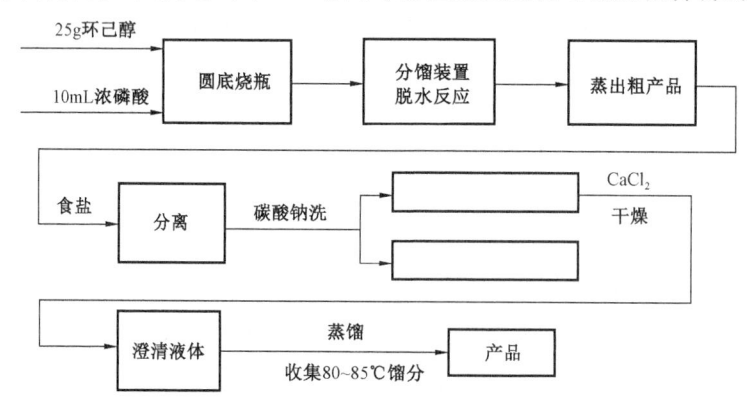

图6-5 环己烯制备流程示意图

三、制备过程准备

1. 仪器试剂准备

圆底烧瓶(100mL)、分馏柱、直型冷凝管、分液漏斗、锥形瓶(100mL)、蒸馏头、接液管、温度计。环己醇、浓磷酸、氯化钠、无水氯化钙、5%碳酸钠水溶液。

2. 制备装置准备

(1)带有分馏柱反应装置的安装:按图5-3组装带有分馏柱的反应装置。
(2)简单蒸馏操作准备:参照第四章第三节简单蒸馏及其操作。
(3)洗涤操作准备:参照第四章第七节液—液萃取及其操作。

四、制备过程

1. 环己烯的制备

在干燥的100mL圆底烧瓶中,加入25g环己醇、10mL85%磷酸、几粒沸石,充分振荡,使之混合均匀,安装好分馏反应装置。小心慢慢升温,使混合物沸腾,慢慢地蒸出含水的浑浊状液体,注意控制分馏柱顶部的温度,使其不超过90℃,直至无馏出液蒸出,烧瓶内有白色烟雾出现,立即停止加热。全部蒸馏时间约为1h。

动画6-3-2
环己烯制备过程

2. 产品的精制

搅拌下,向馏出液中逐渐加入氯化钠至饱和,然后转移到分液漏斗中,加入5mL5%碳酸钠水溶液,振荡后静置分层。分出水层后,将有机层倒入一干燥的锥形瓶中,加入1~2g无水氯化钙干燥。待溶液清亮透明后(约0.5h),倾析到蒸馏烧瓶中,加入2~3粒沸石,用水浴加热蒸馏,收集80~85℃的馏分。称量产品,计算产率。

动画6-3-3
环己烯精制过程

五、产品检测与评价

1. 定性检测

烯烃分子中含有不饱和键,容易与溴水作用,也容易被高锰酸钾氧化,而使它们褪色,反应为

$$\text{C=C} + Br_2 \longrightarrow \text{C-C} \atop Br\ Br$$

(红棕色)　　(无色)

$$\text{C=C} \xrightarrow{KMnO_4/H_2O} \text{C-C} \atop OH\ OH + MnO_2\downarrow$$

(紫红色)

(无色)

由于反应前后有明显的颜色变化或沉淀生成,可以运用烯烃的反应特征现象,对烯烃进行定性鉴定。

取一支干燥的试管,加入 2mL 稀溴水,然后加入 2~3 滴环己烯,振荡试管,观察溴水的颜色变化。

取一支干燥的试管,加入 2mL 稀高锰酸钾溶液,然后加入 2~3 滴环己烯,振荡试管,观察高锰酸钾溶液的颜色变化。

2. 纯度分析

参照第三章第三节有机化合物折射率及其测定,测定产品的折射率。

将实验中所得的折射率值同纯的环己烯($n_D^{20} = 1.4465$)的折射率比较,对产品进行纯度判断。

3. 确定结构

利用光谱分析技术,记录产品环己烯的红外光谱图,并与图 6-6 标准环己烯的红外光谱图比较,确定样品的结构。

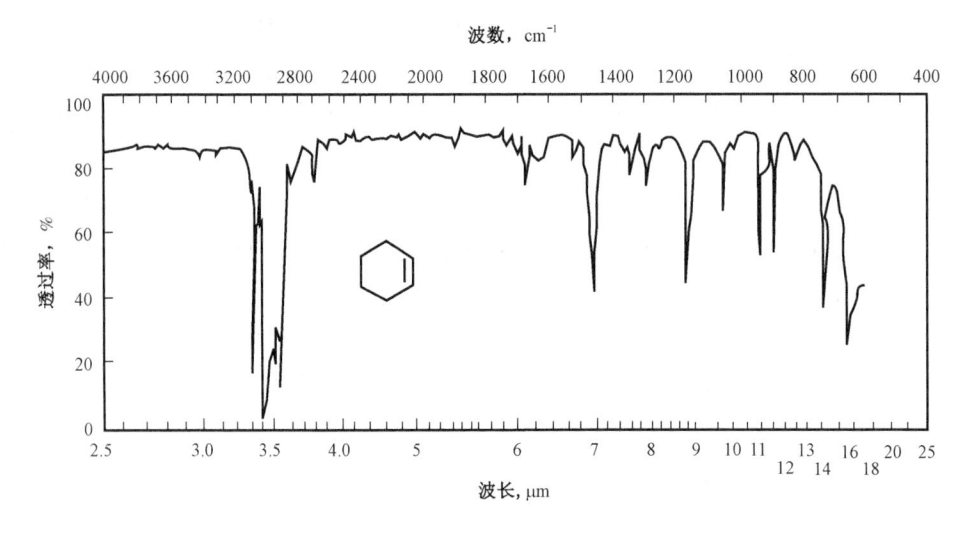

图 6-6 环己烯的红外光谱

六、制备过程成功的关键

(1) 由于环己醇在常温下是黏稠状液体,采用称量法加料,应注意转移中的损失。

(2) 脱水剂可以用硫酸,但要注意环己醇与硫酸应充分混合,否则在加热过程中可能会局部炭化。

(3) 最好用油浴加热,也可用电热套加热,使蒸馏烧瓶受热均匀。

(4) 温度不宜过高,蒸馏速率不宜过快,防止环己醇与水组成的共沸物蒸馏出来。

(5) 在收集和转移环己烯时,最好保持充分冷却以免因挥发而损失。

(6) 水层应分离完全,否则将达不到干燥的目的。

(7) 水浴加热蒸馏时,80℃以下已有大量液体馏出,应将这部分产物重新干燥并蒸馏。

七、安全提示和应急处理

1. 环己烯的危害性

环己烯有麻醉作用,人吸入其蒸气后会引起恶心、呕吐、头痛和神志丧失。对眼和皮肤有刺激性,若不小心与皮肤接触,应脱去污染的衣着,用肥皂水和清水彻底冲洗皮肤;若误入眼睛,应提起眼睑,用流动清水或生理盐水冲洗后就医;若吸入,应迅速脱离现场至空气新鲜处,保持呼吸道通畅,如呼吸困难,应给输氧,如呼吸停止,应立即进行人工呼吸后就医;若不慎食入,应饮足量温水,催吐后就医。

环己烯易燃,应远离火源。灭火方法是喷水冷却容器,可能的话将容器从火场移至空旷处。处在火场中的容器若已变色或从安全泄压装置中产生声音,必须马上撤离。

灭火剂:泡沫、干粉、二氧化碳、沙土,用水灭火无效。

图片6-3-4 环己烯安全提示和应急处理

2. 环己醇的危害性

在正常生产条件下,环己醇蒸气吸入引起急性中毒可能性小。环己醇在空气中浓度达$40mg/m^3$时,对人的眼、鼻、咽喉有刺激作用。液态的环己醇对皮肤有刺激作用,接触可引起皮炎,但经皮肤吸收很慢,经口摄入毒性小。不要吸入其蒸气或使其触及皮肤,若不慎皮肤接触,应立即脱去污染的衣着,用大量流动清水冲洗;若误入眼睛,应立即提起眼睑,用流动清水或生理盐水冲洗后就医;若吸入,应脱离现场至空气新鲜处,如呼吸困难,应给输氧,就医;若不慎食入,应饮足量温水,催吐,就医。

3. 磷酸危害性

磷酸是中强酸,腐蚀性强,属二级无机酸性腐蚀物品,操作中不要溅入眼睛,不要触及皮肤。如不慎溅到皮肤,应立即用大量清水冲洗,将磷酸洗净后,一般可用红汞溶液或甲紫(龙胆紫)溶液涂抹患处,严重时应立即送医院诊治。

思 考 题

1. 在制备过程中,为什么要控制分馏柱顶端的温度?
2. 在粗制的环己烯中,加入氯化钠使水层饱和的目的是什么?
3. 在蒸馏过程中的阵阵白雾是什么?
4. 在加入干燥剂无水氯化钙进行干燥处理时,如干燥不彻底,对于之后的处理会带来什么问题?氯化钙除了作脱水剂干燥剂之外,还可除去什么物质?
5. 本次实验中,一共排放了多少废水与废渣?有什么合适的治理方案?

第四节 有机合成主要溶剂正丁醚的制备

正丁醚主要用作溶剂、电子级清洗剂及用于有机合成。有机合成中正丁醚用作溶剂,也用作有机酸、蜡、树脂等的萃取剂和精制剂。

— 119 —

视频 6-4-1
正丁醚制备
知识准备

一、目的要求

(1) 能通过资料查阅，了解正丁醚的物理化学特性，筛选并确定制备方案；

(2) 能熟练使用带分水器回流装置制备正丁醚；

(3) 能用测折射率的方法进行正丁醚含量的检测，用红外光谱确定其结构；

(4) 了解所用危险化学品的职业危害和处置救援方法。

二、确定方案

1. 正丁醚的物理化学特性

正丁醚的分子式为 $(C_4H_9)_2O$，相对分子质量为 130.23。正丁醚为无色液体，微有乙醚气味，几乎不溶于水，与乙醇、乙醚混溶。其熔点为 -98℃，沸点为 142℃，相对密度为 0.7704，闪点为 30.6℃，自燃点为 194.44℃，折射率(n_D^{20})为 1.3992。正丁醚应密封保存，防止被氧化。

2. 酸催化脱水制备正丁醚的反应原理

在酸存在下，两分子醇进行分子间脱水生成醚，此法适用于制备对称的醚（即单醚），其主反应为

$$2CH_3CH_2CH_2CH_2OH \xrightleftharpoons[130 \sim 140℃]{H_2SO_4} (CH_3CH_2CH_2CH_2)_2O + H_2O$$

副反应为

$$CH_3CH_2CH_2CH_2OH \xrightleftharpoons[>140℃]{H_2SO_4} CH_3CH_2CH=CH_2 + H_2O$$

这是一个平衡反应，为使反应向右进行，一是增加原料，二是在反应过程中蒸出产物。由于原料正丁醇和产物正丁醚的沸点都较高，因此，为提高产率，本实验采用在装有分水器的回流装置中进行，控制加热温度，并将生成的水或水的共沸物不断蒸出。虽然蒸出的水中会带有丁醇等有机物，但是它们在水中的溶解度较小且相对密度比水小，所以会浮在水层上面。因此，借分水器可使大部分丁醇自动连续地返回反应瓶中继续反应，而水则沉于分水器的下部，根据蒸出水的体积，可以估计反应进行的程度。

3. 制备正丁醚的小试方案

(1) 查阅资料并填写数据如表 6-4 所示。

表 6-4 资料分析表（四）

名称	摩尔质量 g/mol	颜色性状	熔点 ℃	沸点 ℃	密度 g/cm³	水溶性	投入量（或理论产量） 质量（体积）g(mL)	物质的量 mol
正丁醇								
正丁醚								
浓硫酸								

（2）正丁醚制备流程示意图如图6-7所示,请在空白处填写相应化合物的分子式。

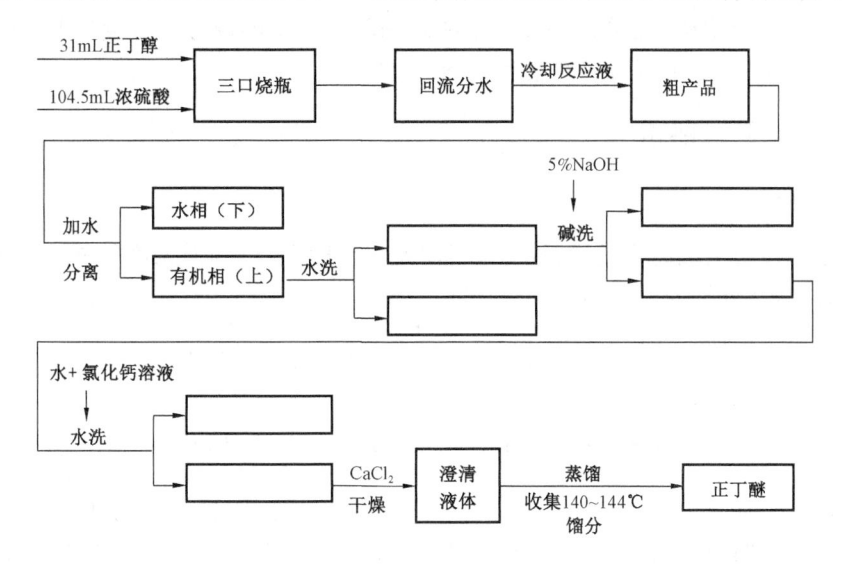

图6-7 正丁醚制备流程示意图

三、制备过程准备

1. 仪器试剂准备

三口烧瓶(100mL)、分水器、球形冷凝管、分液漏斗、锥形瓶(100mL)、蒸馏烧瓶、蒸馏头、接液管、温度计。

正丁醇、浓硫酸、氯化钠、无水氯化钙、饱和氯化钙溶液、5%氢氧化钠溶液。

2. 制备装置准备

(1)带分水器回流装置的安装:按图5-1(c)组装带分水器的回流装置。
(2)简单蒸馏操作准备:参照第四章第三节简单蒸馏及其操作。
(3)洗涤操作准备:参照第四章第七节液—液萃取及其操作。

四、制备过程

1. 正丁醚的制备

在100mL三口烧瓶中加入31mL正丁醇,将4.5mL浓硫酸分批加入,每加入一批即充分摇振,加完后再充分摇匀,然后放入数粒沸石。按图5-1(c)安装制备装置。分水器内预先加水至支管口后,放出3.5mL水。

小火加热至微沸,回流分水。反应中产生的水经冷凝后收集在分水器的下层,上层有机层升至分水器支管时,即流回三口烧瓶中。平稳回流直至水面上升至与支管口下沿相齐时,即可停止反应,历时约1.5h后,反应液温度约135℃。

动画6-4-2 正丁醚制备过程

2. 产品的精制

待反应液冷却后,倒入盛有50mL水的分液漏斗中,充分振摇,静置分层,弃去下层液体。上层粗产物依次用25mL水、15mL 5%氢氧化钠溶液、

动画6-4-3 正丁醚精制过程

15mL饱和氯化钙溶液洗涤。然后用1~2g无水氯化钙干燥。

将干燥好的粗产物滤入蒸馏瓶中,蒸馏收集140~144℃的馏分。将接受器中的正丁醚倒入已知质量的样品瓶中,用磨口塞塞紧后称量,计算产率。

五、产品检测与评价

1. 定性检测

醚的分子中没有活泼的官能团,性质比较稳定,但能溶于浓的强无机酸中,生成𬭩盐,用水缓慢稀释时,𬭩盐又分解为原来的醚和酸。

$$R-O-R + H_2SO_4(浓) \longrightarrow [R-\overset{H}{\overset{..}{O}}-R]^+ HSO_4^-$$

$$[R-\overset{H}{\overset{..}{O}}-R]^+ HSO_4^- \xrightarrow{H_2O} R-O-R + H_2SO_4$$

干燥的试管中加入1mL乙醚,将试管置于冰—水浴中冷却,再缓慢向其中滴加2mL冰冷的浓硫酸,振摇后观察现象,将此溶液小心地倒入另一支盛有5mL冰水的试管中,振摇后观察现象变化。判断产品的性质。

2. 纯度分析

参照第三章第三节有机化合物折射率及其测定来测定产品的折射率。

将实验中所得的折射率值同纯的正丁醚的折射率($n_D^{20} = 1.3992$)比较,对产品进行纯度判断。

六、制备过程成功的关键

(1)加料时,正丁醇和浓硫酸如不充分摇动混匀,在酸和醇的界面处会局部过热,使部分正丁醇炭化,反应液很快变为红色甚至棕色,应避免。

(2)反应开始回流时,因为有恒沸物的存在,温度不可能马上达到135℃。但随着水被蒸出,温度逐渐升高,最后达到135℃以上,即应停止加热。如果温度升得太高,反应溶液会炭化变黑,并有大量副产物丁烯生成。

(3)碱洗时振摇不宜过于剧烈,以免严重乳化,难以分层。

七、安全提示和应急处理

图片6-4-4 正丁醚安全提示和应急处理

(1)正丁醚的危害性:正丁醚为二级易燃液体,遇热、明火、强氧化剂易燃烧爆炸。可通过呼吸道、消化道侵入人体,刺激呼吸系统,对皮肤、黏膜刺激性较大。可能对水体环境产生长期不良影响。

(2)氢氧化钠的危害性:氢氧化钠是一种常见的重要强碱,其固体又被称为烧碱、火碱、片碱、苛性钠等,有强烈的腐蚀性。操作人员佩戴头罩型电动送风过滤式防尘呼吸器,穿橡胶耐酸碱服,戴橡胶耐酸碱手套。若不慎与皮肤接触,不能立即用水冲洗,应先用抹布擦干,再用大量水冲洗,若灼伤应就医治疗;若误入眼睛,立即提起眼睑,用流动清水或生理盐水冲洗至少15min,或用3%硼酸溶液冲洗,之后就医。若吸入,迅速脱离现场至空气新鲜处,必要时进行人工呼吸后就医;若不慎食入,患者清醒时立即漱口,口服稀释的醋或柠檬汁后就医。

> **思 考 题**
>
> 1. 为什么分水器中预先要加入一定量的水？放出的水过多或过少对实验有何影响？
> 2. 反应物冷却后为何要倒入 50 mL 水中？各步洗涤的目的何在？
> 3. 某同学在回流结束时，将粗产品进行蒸馏以后，再进行洗涤分液，这样做有何优点？本实验若略去这一步，可能会产生什么问题？

第五节　香料添加剂 β-萘乙醚的制备

β-萘乙醚又称橙花醚，是一种合成香料，其稀溶液具有类似橙花和洋槐花的香味，并伴有甜味和草莓和菠萝的芳香，广泛用于肥皂中作为香料，并用于其他香料（如玫瑰香、薰衣草香、柠檬香等）的定香剂。

一、目的要求

(1) 能通过资料查阅，了解 β-萘乙醚的物理化学特性，筛选并确定制备方案；
(2) 能熟练使用普通回流装置制备 β-萘乙醚；
(3) 能用测熔点的方法进行 β-萘乙醚纯度的判定；
(4) 了解所用危险化学品的职业危害和处置救援方法。

二、确定方案

1. β-萘乙醚的物理化学特性

β-萘乙醚的分子式为 $C_{12}H_{12}O$，相对分子质量为 172.22，为白色结晶，熔点为 37℃，沸点为 282℃，闪点为 127℃，相对密度为 1.064（液态时），折射率（n_D^{20}）为 1.5932，溶于醇、醚、氯仿、石油醚、二硫化碳、甲苯，不溶于水。应避光、干燥、阴凉封闭储存 β-萘乙醚，防止日晒、雨淋。

2. 制备 β-萘乙醚的主要方法

纯脱水法制备 β-萘乙醚的主要反应式为

通常制备单醚使用此方法。

威廉逊（Williamson）法：卤代烃与烃氧负离子作用生成醚的反应，称为威廉逊（Williamson）醚合成。这是制备混醚和分子比较大单醚的有效方法。

可以用硫酸二乙酯或卤乙烷与 2-萘酚钠盐反应制取 β-萘乙醚，也可以用 2-萘酚钾与碘乙烷反应制取 β-萘乙醚。

3. 威廉逊（Williamson）法制备 β-萘乙醚的反应原理

本实验中，用溴乙烷与 β-萘酚钠在乙醇中反应制取 β-萘乙醚。其主反应为

123

$$\text{C}_{10}\text{H}_7\text{OH} + \text{NaOH} \longrightarrow \text{C}_{10}\text{H}_7\text{ONa} + \text{H}_2\text{O}$$

$$\text{C}_{10}\text{H}_7\text{ONa} + \text{C}_2\text{H}_5\text{Br} \longrightarrow \text{C}_{10}\text{H}_7\text{OC}_2\text{H}_5 + \text{NaBr}$$

副反应为 $\text{C}_2\text{H}_5\text{Br} + \text{NaOH} \longrightarrow \text{CH}_3\text{CH}_2\text{OH} + \text{NaBr}$

本实验在普通回流装置中进行,应控制加热温度,保持反应混合物微沸。β-萘乙醚为白色结晶,可以采用乙醇重结晶纯化。

4. 制备 β-萘乙醚的小试方案

(1)查阅资料并填写数据如表6-5所示。

表6-5 资料分析表(五)

名称	摩尔质量 g/mol	颜色性状	熔点 ℃	沸点 ℃	密度 g/cm³	水溶性	投入量(或理论产量) 质量(体积) g(mL)	物质的量 mol
β-萘酚								
溴乙烷								
氢氧化钠								
无水乙醇								
β-萘乙醚								

(2)β-萘乙醚制备的流程示意图如图6-8所示,请在空白处填写相应化合物的分子式。

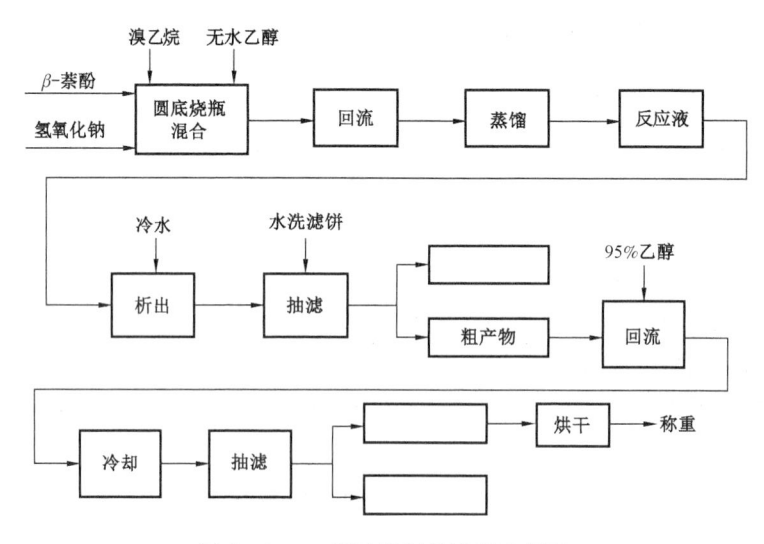

图6-8 β-萘乙醚制备流程示意图

三、制备过程准备

1. 仪器试剂准备

圆底烧瓶(100mL)、球形冷凝管、烧杯、锥形瓶(100mL)、表面皿、蒸馏头、接液管、水浴锅、减压过滤装置、电热套。

β－萘酚、氢氧化钠、无水乙醇、95%的乙醇、溴乙烷、活性炭。

2. 制备装置准备

(1)普通回流装置的安装:按图5－1(a)组装普通回流装置。
(2)简单蒸馏操作准备:参照第四章第三节简单蒸馏及其操作。
(3)过滤操作准备:参照第四章第一节重结晶及其操作。

四、制备过程

1. β－萘乙醚的制备

在干燥的100mL圆底烧瓶中,加入5g β－萘酚、30mL无水乙醇和1.8g研细的氢氧化钠,在振荡下加入3.2mL溴乙烷。安装回流冷凝管,见图5－1(a),用水浴加热回流1.5h。

2. 产品的精制

停止加热,装置改为蒸馏装置,蒸出并回收大部分乙醇。将圆底烧瓶内残留物趁热倾倒入盛有200mL冰水的烧杯中,冰—水浴冷却后减压过滤,用20mL冷水分两次洗涤滤饼,即得粗产物。将滤饼移入100mL锥形瓶中,加入20mL 95%乙醇重结晶,若有颜色,可用活性炭脱色,得无色片状晶体,干燥。将已知表面皿质量的样品称量,计算产率。

五、产品检测与评价

参照第三章第一节有机化合物熔点及其测定,测定产品的熔点。

将实验中所得的熔点值同纯的β－萘乙醚的熔点比较,对产品进行纯度判断。

六、制备过程成功的关键

(1)水浴温度不宜太高,保持反应混合物微沸即可,否则溴乙烷可能逸出。
(2)乙醇易挥发,所以重结晶操作时应装球形冷凝管。
(3)若反应时间过短,可能还有游离酚的存在,影响反应产率。

七、安全提示和应急处理

1. β－萘酚的危害性

β－萘酚有毒,对眼睛、皮肤、黏膜有强烈刺激作用,不应吸入或接触皮肤。β－萘酚可引起出血性肾炎,人接触该物质后可引起烧灼感、咳嗽、头痛、眩晕、喉炎、气短、恶心和呕吐等症状。误服后,人体可出现呕吐、腹泻、腹痛、痉挛、贫血、虚脱等症状。

β－萘酚遇高热、明火或与氧化剂接触,有引起燃烧的危险。

泄漏应急处理:隔离泄漏污染区,周围设警告标志,应急处理时佩戴自给式呼吸器,穿化学防护服。不要直接接触泄漏物,避免扬尘。应小心将其扫起,用水泥、沥青或适当的热塑性材料固化处理再废弃。如大量泄漏,回收或无害处理后废弃。

防护措施:空气中浓度较高时,应该佩戴防毒口罩。紧急事态抢救或撤离时,佩戴自给式呼吸器,对呼吸系统进行防护;戴化学安全防护眼镜,对眼睛防护;穿化学防护服;戴防化学品手套;工作现场禁止吸烟、进食和饮水;及时换工作服。

急救措施:若接触皮肤,脱去污染的衣着,用流动清水冲洗后就医;若接触眼睛,立即翻开上下眼睑,用流动清水冲洗15min后就医;若吸入,迅速脱离现场至空气新鲜处后就医,对症治疗;若不慎食入,误服者漱口,饮牛奶或蛋清后就医。

灭火方法:消防人员戴好防毒面具,在安全距离以外,在上风向灭火。

灭火剂:泡沫、二氧化碳、干粉、沙土。

2. 氢氧化钠的危害性

氢氧化钠有强碱性,对人体组织的腐蚀很大,不要吸入,不要触及皮肤。参照第六章第四节中的安全提示及应急处理部分相关内容。

3. 溴乙烷和乙醇的危害性

溴乙烷的危害性参照第六章第一节中的安全提示及应急处理部分相关内容。

乙醇的危害性参照第六章第一节中的安全提示及应急处理部分相关内容。

思 考 题

1. 威廉逊(Williamson)法为什么要使用干燥的玻璃仪器?否则会增加何种副产物?
2. 可否用乙醇和 β - 溴萘制备 β - 萘乙醚?为什么?
3. 本实验中加入的无水乙醇起什么作用?
4. 制备 β - 萘乙醚时,能否用氢氧化钠水溶液代替氢氧化钠乙醇溶液?
5. 反应结束后为什么要将大部分的乙醇蒸出?如果将反应混合物直接倒入水中而不先蒸出乙醇,对实验结果会有何影响?
6. 本实验中一共排放了多少废水与废渣?有什么合适的治理方案?

第六节 无铅汽油抗震剂甲基叔丁基醚的制备

铅尘是大气中对人体危害较大的一种污染物,由于其性能稳定,不易降解,一旦进入人体就会积累滞留,破坏机体组织。铅尘污染物主要来源于汽车排放的尾气。为了减少大气中的铅尘污染,世界上许多国家都在推行使用无铅汽油。所谓汽油无铅化,就是将汽油中用于增强汽车抗震性能的四乙基铅剔除,代之以甲基叔丁基醚。甲基叔丁基醚具有优良的抗震性,是一种高辛烷值汽油添加剂,常用于无铅汽油和低铅油的调和,对环境无污染。

一、目的要求

(1)能通过资料查阅,了解甲基叔丁基醚的物理化学特性,筛选确定制备方案;

(2)能熟练使用分馏装置制备甲基叔丁基醚；
(3)能用测折射率的方法进行甲基叔丁基醚含量的检测，用红外光谱确定其结构；
(4)了解所用危险化学品的职业危害和处置救援方法。

二、确定方案

1. 甲基叔丁基醚的物理化学特性

甲基叔丁基醚的英文缩写为 MTBE，其分子式为 $C_5H_{12}O$，相对分子质量为 88.2。熔点为 $-109℃$，沸点为 $53\sim56℃$，相对密度为 0.76。它是无色、透明、优良的高辛烷值汽油添加剂和抗爆剂，能与汽油及许多有机溶剂互溶，微溶于水，与某些极性溶剂如水、甲醇、乙醇可形成共沸混合物，具有类似萜烯的气味。

2. 制备甲基叔丁基醚的主要方法

工业上可用异丁烯和甲醇为原料，以强酸性阳离子交换树脂催化反应而制得甲基叔丁基醚，其反应式为

$$CH_3-\underset{\underset{CH_3}{|}}{C}=CH_2 + CH_3OH \xrightarrow{\text{酸性催化剂}} CH_3-\underset{\underset{CH_3}{|}}{\overset{\overset{CH_3}{|}}{C}}-O-CH_3$$

在实验室制备中，甲基叔丁基醚既可用威廉逊(Williamson)法制取醚，也可用硫酸脱水法制备。因为叔丁醇在酸催化下容易形成较稳定的正碳离子，继而与甲醇作用生成混合醚。

威廉逊法制醚是以碘甲烷和叔丁醇钠为原料制取，其反应式为

$$CH_3-\underset{\underset{CH_3}{|}}{\overset{\overset{CH_3}{|}}{C}}-ONa + CH_3I \xrightarrow{\Delta} CH_3-\underset{\underset{CH_3}{|}}{\overset{\overset{CH_3}{|}}{C}}-O-CH_3 + NaI$$

3. 硫酸脱水法制备甲基叔丁基醚的反应原理

在加热条件下，以稀硫酸为脱水剂，甲醇与叔丁醇发生分子间脱水反应，生成甲基叔丁基醚，其反应式为

$$CH_3-\underset{\underset{CH_3}{|}}{\overset{\overset{CH_3}{|}}{C}}-OH + CH_3OH \xrightarrow[\Delta]{H_2SO_4} CH_3-\underset{\underset{CH_3}{|}}{\overset{\overset{CH_3}{|}}{C}}-O-CH_3 + H_2O$$

4. 制备甲基叔丁基醚的小试方案

(1)查阅资料并填写数据，如表 6-6 所示。

表6-6 资料分析表(六)

名称	摩尔质量 g/mol	颜色性状	熔点 ℃	沸点 ℃	密度 g/cm³	水溶性	投入量(或理论产量) 质量(体积) g(mL)	投入量(或理论产量) 物质的量 mol
甲醇								
叔丁醇								
浓硫酸								
甲基叔丁基醚								

(2)甲基叔丁基醚的制备流程示意图如图6-9所示,请在空白处填写相应化合物的分子式。

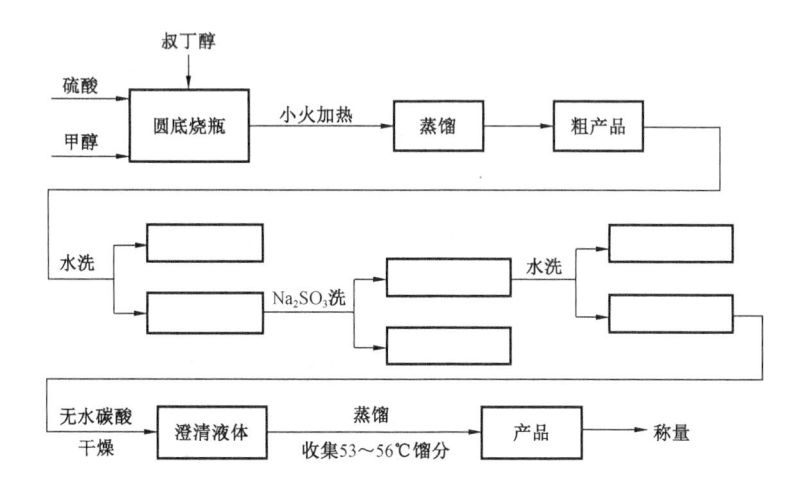

图6-9 甲基叔丁基醚制备流程示意图

三、制备过程准备

1. 仪器试剂准备

圆底烧瓶(250mL)、分馏柱、直型冷凝管、分液漏斗、锥形瓶(100mL)、蒸馏烧瓶、蒸馏头、接液管。

叔丁醇、甲醇、15%硫酸、无水碳酸钠、10%亚硫酸钠水溶液。

2. 制备装置准备

(1)分馏装置的安装:按图5-3组装带有分馏柱的反应装置。
(2)简单蒸馏操作准备:参照第四章第三节简单蒸馏及其操作。
(3)洗涤操作准备:参照第四章第七节液—液萃取及其操作。

四、制备过程

1. 甲基叔丁基醚的制备

在250mL圆底烧瓶上配置分馏柱,分馏柱顶端装上温度计,在其支管依序配置直形冷凝管、接引管和接收瓶。接引管支管连接橡皮管并导入水槽,接收瓶置于冰浴中,安装好分馏反应装置。

将70mL 15%硫酸、16mL甲醇和19mL叔丁醇加入到圆底烧瓶中,振摇使之混合均匀。投入几颗沸石,小火加热。收集49~53℃时的馏分。

2. 产品的精制

收集液转入分液漏斗中,依次用水、10%亚硫酸钠水溶液、水洗涤,以除去醚层中的醇和可能有的过氧化物。当醇洗净时,醚层显得清澈透明,然后用无水碳酸钠干燥,蒸馏、收集53~56℃时的馏分。称重并计算产率。

五、产品检测与评价

参照第三章第三节有机化合物折射率及其测定,测定产品的折射率。

将实验中所得的折射率值同纯的甲基叔丁基醚的折射率比较,对产品进行纯度判断。记录甲基叔丁基醚的红外光谱,并与图6-10标准的红外光谱图比较,确定其结构。

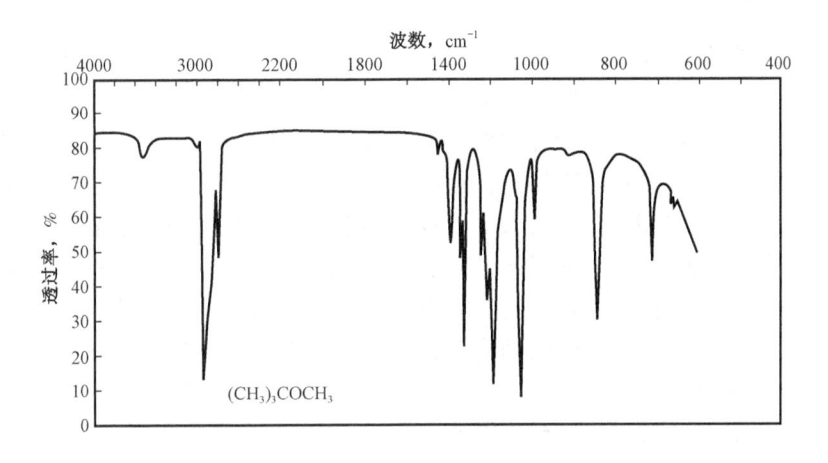

图6-10 甲基叔丁基醚的红外光谱

六、制备过程成功的关键

(1) 如果室温较低,加叔丁醇困难,可以加入少量水,使之液化后再加料。
(2) 实验原料和产物均易挥发、易燃、易爆,建议不要明火加热,最好采用恒温水浴加热。
(3) 制备甲基叔丁基醚时,不能用浓硫酸,否则副产物增多,产率降低。

七、安全提示和应急处理

1. 甲基叔丁基醚的危害性

甲基叔丁基醚蒸气或雾对眼睛、黏膜和上呼吸道有刺激作用,可引起化学性肺炎,对皮肤有刺激性。

甲基叔丁基醚易燃,其蒸气与空气可形成爆炸性混合物。甲基叔丁基醚遇明火、高热或与氧化剂接触,可发生燃烧或爆炸。它与氧化剂接触会猛烈反应。其蒸气比空气重,能在较低处扩散到相当远的地方,遇明火会引着回燃。

泄漏应急处理:迅速撤离泄漏污染区人员至安全区,并进行隔离,严格限制出入。切断火源。建议应急处理人员戴自给正压式呼吸器,穿消防防护服。尽可能切断泄漏源,防止进入下水道、排洪沟等限制性空间。小量泄漏,用沙土、蛭石或其他惰性材料吸收。若大量泄漏,应构筑围堤或挖坑收容;用泡沫覆盖,降低蒸气灾害。用防爆泵转移至槽车或专用收集器内,回收或运至废物处理场所处置。

防护措施:可能接触其蒸气时,佩戴过滤式防毒面具(半面罩);戴化学安全防护眼镜;穿防静电工作服。戴橡胶手套;工作现场严禁吸烟。工作完毕后,淋浴更衣。

急救措施:皮肤接触时,脱去被污染的衣着,用肥皂水和清水彻底冲洗皮肤。眼睛接触时,提起眼睑,用流动清水或生理盐水冲洗后就医。吸入时,迅速脱离现场至空气新鲜处,应保持呼吸道通畅。如呼吸困难,给输氧。如呼吸停止,立即进行人工呼吸并就医。若误食,应饮足量温水,禁止催吐,就医。

灭火方法:尽可能将其容器从火场移至空旷处。喷水保持火场容器冷却,直至灭火结束。处在火场中的容器若已变色或从安全泄压装置中产生声音,必须马上撤离。

灭火剂:抗溶性泡沫、干粉、二氧化碳、沙土。

2. 甲醇的危害性

甲醇为无色易挥发液体,有微弱白酒气味。其浓度低于 500ppm 时,吸入会引起头疼、呕吐、鼻咽刺激、瞳孔放大、醉酒感、肌肉失调、多汗、支气管炎、惊厥;吸入过量则会造成僵木、痛性痉挛、怕光甚至失明,病情恢复十分缓慢且不彻底;与人体表皮接触会使皮肤干裂、红肿,并对眼睛有刺激性;若误食,除吸入产生的症状还会损伤肝、肾、心脏、神经,甚至造成死亡(内服 10mL 有失明的危险,30mL 能致人死亡)。若皮肤接触应脱去被污染的衣着,用肥皂水和清水彻底冲洗皮肤;若眼睛接触,应提起眼睑,用流动清水或生理盐水冲洗后就医;若吸入,迅速脱离现场至空气新鲜处,保持呼吸道通畅,如呼吸困难,给输氧,如呼吸停止,立即进行人工呼吸后就医;若误食,应饮足量温水,催吐,用清水或 1% 硫代硫酸钠溶液洗胃,就医。

甲醇在体内不易排出,会发生蓄积,在体内氧化生成的甲醛和甲酸也都有毒性。在甲醇生产工厂,我国有关部门规定,空气中允许甲醇浓度为 50mg/m^3,在有甲醇气的现场工作须戴防毒面具,工厂废水要处理后才能排放,甲醇的允许含量应小于 200mg/L。

3. 叔丁醇的危害

叔丁醇为无色透明液体或无色结晶,易过冷,在少量水存在时则为液体。它有类似樟脑的气味,有吸湿性。和其他醇相比,它有较高的毒性和麻醉性。吸入对身体有害。对眼睛、皮肤、黏膜和呼吸道有刺激作用。液态的叔丁醇为中闪点易燃液体。

思 考 题

1. 通常混合醚的制备宜采用威廉逊(Williamson)法,为什么本实验可以用硫酸催化脱水法制备混合醚——甲基叔丁基醚?
2. 为什么要以稀硫酸作催化剂?如果采用浓硫酸会使反应产生什么结果?
3. 反应过程中,为何要严格控制馏出温度?馏出速度过快或馏出温度过高,会给反应带来什么影响?

第七节 香料添加剂乙酸乙酯的制备

纯净的乙酸乙酯是无色、透明、有芳香气味的液体,是一种用途广泛的精细化工产品,具有优异的溶解性、快干性,其用途广泛,是一种非常重要的有机化工原料和极好的工业溶剂,被广泛用于有关的生产过程中。作为香料原料,用于菠萝、香蕉、草莓等水果香精和威士忌、奶油等类型香料的主要原料。

一、目的要求

(1) 能通过资料查阅,了解乙酸乙酯的物理化学特性,筛选确定制备方案;
(2) 能熟练选用制备乙酸乙酯的制备装置;
(3) 能用测折射率的方法进行乙酸乙酯含量的检测,用红外光谱确定其结构;
(4) 了解所用危险化学品的职业危害和处置救援方法。

视频 6-7-1
乙酸乙酯制备
知识准备

二、确定方案

1. 乙酸乙酯的物理化学特性

乙酸乙酯的分子式为 $CH_3COOC_2H_5$,相对分子质量为 88.11。乙酸乙酯为无色透明液体,具低毒性,有甜味,浓度较高时有刺激性气味,易挥发,对空气敏感,能吸水分,使其缓慢水解呈酸性。它能与氯仿、乙醇、丙酮和乙醚混溶,微溶于水,相对密度为 0.902,熔点为 $-83℃$,沸点为 77℃,折射率为 1.3719。乙酸乙酯易燃,其蒸气能与空气形成爆炸性混合物。

保存:乙酸乙酯属于一级易燃品,应储存于低温通风处,远离火种火源。

2. 制备乙酸乙酯的主要方法

目前合成乙酸乙酯的方法主要有:直接酯化法、乙醛缩合法、乙烯与乙酸直接酯化法、乙醇被乙酸酐乙酰化法。应查阅资料论证各方法的优缺点,确定本实验中选用的方法。

乙醛缩合法:以烷基铝为催化剂,将乙醛进行缩合反应生成乙酸乙酯。国外工业生产大多采用此工艺。其反应式为

$$2CH_3CHO \xrightarrow{\text{乙酸铝}} CH_3COOCH_2CH_3$$

乙醇被乙酸酐乙酰化法:乙醇与乙酸酐发生乙酰化反应,生成乙酸乙酯和和乙酸,其反应式为

$$(CH_3CO)_2O + CH_3CH_2OH \longrightarrow CH_3COOCH_2CH_3 + CH_3COOH$$

反应生成乙酸与乙酸乙酯的混合物,分馏后可得较纯的乙酸乙酯,分馏温度约为 77℃。

乙烯与乙酸直接酯化法:乙烯与乙酸用磷酸盐作催化剂直接酯化生产乙酸乙酯,反应式为

$$CH_2=CH_2 + CH_3COOH \xrightarrow{\text{磷酸盐}} CH_3COOCH_2CH_3$$

3. 直接酯化法制备乙酸乙酯的反应原理

在浓硫酸催化下,乙酸和乙醇发生酯化反应生成乙酸乙酯,其主反应为

$$CH_3COOH + CH_3CH_2OH \underset{110 \sim 120℃}{\overset{H_2SO_4}{\rightleftharpoons}} CH_3COOCH_2CH_3 + H_2O$$

副反应为

$$2CH_3CH_2OH \underset{140℃}{\overset{H_2SO_4}{\rightleftharpoons}} CH_3CH_2OCH_2CH_3 + H_2O$$

$$CH_3CH_2OH \underset{170℃}{\overset{H_2SO_4}{\rightleftharpoons}} CH_2=CH_2 + H_2O$$

这是一个平衡反应,为提高反应的产率,一是增加原料,采用将反应物之一的乙醇过量投料;二是反应过程中蒸出产物,在反应过程中,不断地将反应产物乙酸乙酯和水同时蒸出。反应时需要控制温度,若温度过高,将有乙醚等副产物生成。

4. 制备乙酸乙酯的小试方案

(1)查阅资料并填写数据,如表6-7所示。

表6-7 资料分析表(七)

名称	摩尔质量 g/mol	颜色性状	熔点 ℃	沸点 ℃	密度 g/cm³	水溶性	投入量(或理论产量) 质量(体积) g(mL)	物质的量 mol
乙酸乙酯								
乙酸								
乙醇								
浓硫酸								

(2)乙酸乙酯的制备流程示意图如图6-11所示,请在空白处填写相应化合物的分子式。

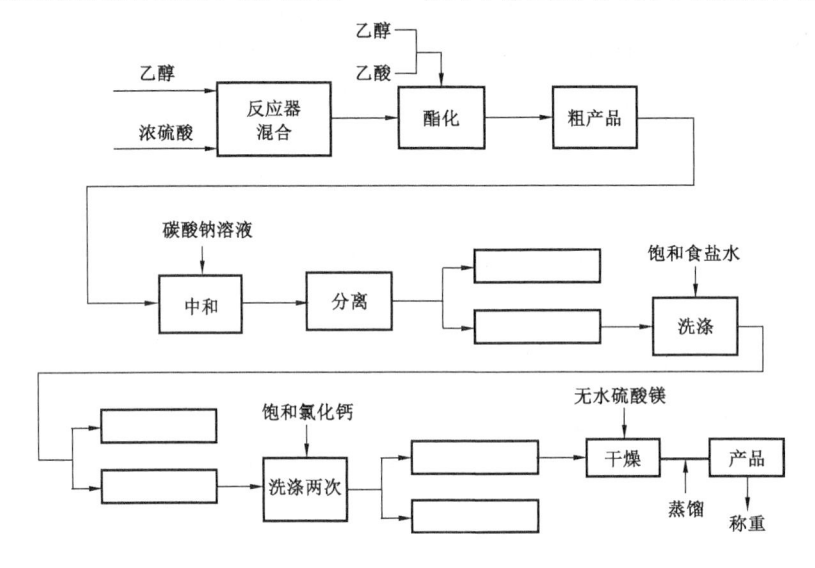

图6-11 乙酸乙酯制备流程示意图

三、制备过程准备

1. 仪器试剂准备

三口烧瓶(100mL)、恒压滴液漏斗、温度计、分馏柱、蒸馏头、直形冷凝管、接液管、圆底烧瓶、锥形瓶、热浴、冰浴。

冰醋酸、乙醇、浓硫酸、饱和碳酸钠溶液、饱和氯化钙溶液、无水碳酸钾、饱和氯化钠溶液。

2. 制备装置准备

根据反应实际情况可以选用普通回流装置、带分馏柱的反应装置和带滴液漏斗的蒸馏装置,分析各装置的利弊。

(1)带有分馏柱反应装置或普通回流装置、带滴液漏斗蒸馏装置的安装:按图6-12组装带有分馏柱的反应装置或按图6-12组装带滴液漏斗的蒸馏装置。

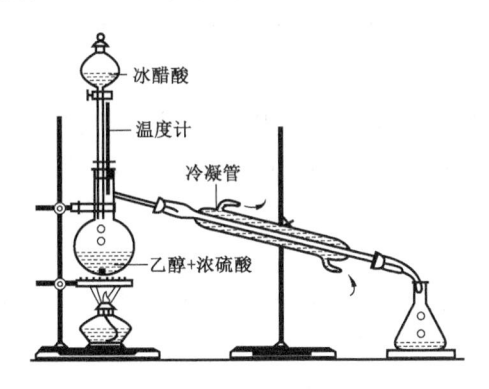

图6-12 乙酸乙酯的制备装置

(2)简单蒸馏操作准备:参照第四章第三节简单蒸馏及其操作。
(3)洗涤操作准备:参照第四章第七节液—液萃取及其操作。

四、制备过程

1. 乙酸乙酯的制备(以带分馏柱反应装置为例)

在250mL三口烧瓶中,加入9mL 95%乙醇,摇动下慢慢加入12mL浓硫酸使混合均匀,并加入2~3粒沸石。将14mL 95%乙醇和14.3mL冰醋酸混匀后,倒入恒压滴液漏斗,然后按图5-3安装一套用于制备反应的分馏装置。先向瓶内滴入3~4mL混合液,然后将三口烧瓶用小火加热到110~120℃,这时蒸馏管口应有液体流出,再自滴液漏斗慢慢滴入其余混合液,控制滴加速度和馏出速度使之大致相等,并维持反应液温度在110~120℃之间。滴加完毕后,继续加热15min,直至温度升高到130℃且不再有馏出液为止。

动画6-7-2
乙酸乙酯
制备过程

动画6-7-3
乙酸乙酯
精制过程

2. 产品的精制

向馏出液中慢慢加入饱和碳酸钠溶液,轻轻摇动锥形瓶,直到无二氧化碳气体逸出(或用pH试纸调节至pH值为7~9),然后将混合液转入分液漏斗中,分去下层水溶液。有机层依次用10mL饱和食盐水洗涤一次、饱和氯化钙洗涤两次,每次10mL。有机层倒入一干燥的锥形瓶中,用无水硫酸镁干燥(加5%～10%)。

将干燥好的有机层滤入25mL蒸馏瓶中,水浴加热蒸馏,收集73～78℃馏分,称重并计算产率。

五、产品检测与评价

1. 定性检测

酸与醇生成酯的反应是平衡反应。在碱性水溶液中,平衡向左移动,酯水解,酯层消失。

$$CH_2COOCH_2CH_3 + H_2O \xrightleftharpoons[\triangle]{NaOH} CH_3COOH + CH_3CH_2OH$$

在两支干燥的试管中分别加入1mL乙酸乙酯和1mL蒸馏水,在其中一支试管中加入0.5mL的3mol/L的硫酸溶液,向另一支试管中加入0.5mL氢氧化钠溶液,将两支试管同时放入70～80℃水浴中加热,边振摇边观察试管中酯层消失的速度。

2. 纯度分析

参照第三章第三节有机化合物折射率及其测定,测定产品的折射率。

将实验中所得的折射率值同纯的乙酸乙酯($n_D^{20} = 1.3723$)的折射率比较,对产品进行纯度判断。

3. 确定结构

用光谱分析技术,记录产品乙酸乙酯的红外光谱图,并与图6-13标准乙酸乙酯的红外光谱图比较,确定样品的结构。

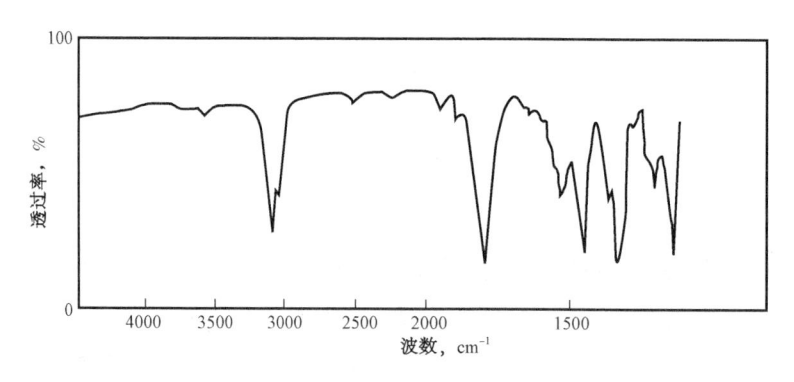

图6-13 乙酸乙酯的红外光谱图

六、制备过程成功的关键

(1)乙酸与浓硫酸的混合,一定要搅拌均匀,否则会影响硫酸的催化效果。

(2)应使加料导管伸入液面之下,否则滴入的物料会未来得及反应即受热被蒸出,使产率降低。

(3)加热温度过高,会增加副产物乙醚的生成量,使主产物乙酸乙酯的产量下降。

(4)滴加速度太快,会使反应温度下降过快。同时,也会使乙醇与乙酸来不及发生反应而被蒸出,导致主产物的产量下降。

(5)将产物中混杂的酸性物质进行中和反应,不要加入过多的碱液,否则下一步直接用氯化钙溶液处理时,会生成大量白色絮状碳酸钙沉淀。

（6）乙酸乙酯与水或乙醇可分别生成共沸混合物,若三者共存,则生成三元共沸混合物。因此,有机层中的乙醇不除净或干燥不够时,会由于形成低沸点共沸混合物而影响酯的产率。

七、安全提示和应急处理

1. 乙酸的危害性

乙酸(吸入或摄入)有中等程度毒性,有腐蚀性。吸其蒸气对鼻、喉和呼吸道有刺激性。乙酸对眼有强烈刺激作用。若皮肤接触,轻者出现红斑,重者引起化学灼伤。误服浓乙酸,口腔和消化道可产生糜烂,重者可因休克而致死。乙酸对人体的慢性影响为使眼睑水肿、结膜充血,造成慢性咽炎和支气管炎。长期反复接触乙酸,可致皮肤干燥、脱脂和皮炎。

乙酸易燃,其蒸气与空气可形成爆炸性混合物,遇明火、高热能引起燃烧爆炸。乙酸与铬酸、过氧化钠、硝酸或其他氧化剂接触,有爆炸危险。若发生火灾,可用水喷射逸出液体,使其稀释成不燃性混合物,并用雾状水保护消防人员。常用的乙酸的灭火剂为雾状水、抗溶性泡沫、干粉、二氧化碳。

图片 6-7-4
乙酸乙酯安全提示
和应急处理

2. 乙酸乙酯的危害性

乙酸乙酯对眼、鼻、咽喉有刺激作用。吸入高浓度乙酸乙酯可引发进行性麻醉作用,造成急性肺水肿和肝、肾损害。持续大量吸入乙酸乙酯,可致呼吸麻痹。误服者可产生恶心、呕吐、腹痛、腹泻等。乙酸乙酯有致敏作用,可造成血管神经障碍而致牙龈出血,可致湿疹样皮炎。乙酸乙酯的慢性影响为可致角膜混浊、继发性贫血、白细胞增多等。

乙酸乙酯易燃,其蒸气与空气可形成爆炸性混合物,遇明火、高热能引起燃烧爆炸,与氧化剂接触会猛烈反应。在火场中,受热的容器有爆炸危险。其蒸气比空气重,能在较低处扩散到相当远的地方,遇明火会引着回燃。可采用抗溶性泡沫、二氧化碳、干粉、沙土灭火。用水灭乙酸乙酯的火无效,但可用水保持火场中容器冷却。

3. 乙醇和浓硫酸的危害性

乙醇的危害性参照第六章第一节中的安全提示及应急处理部分相关内容。

浓硫酸的危害性参照第六章第一节中的安全提示及应急处理部分相关内容。

思 考 题

1. 本实验采用乙醇过量,若采用醋酸过量,该做法是否合适？为什么？
2. 能否用浓氢氧化钠溶液代替饱和碳酸钠溶液进行洗涤？
3. 用饱和氯化钙溶液洗涤,可除去哪种杂质？为什么先用饱和氯化钠溶液洗涤？可以用水代替饱和氯化钠溶液吗？

第八节　增塑剂邻苯二甲酸二丁酯的制备

邻苯二甲酸二丁酯是聚氯乙烯最常用的增塑剂,称为增塑剂 DBP,可使制品具有良好的柔软性,但挥发性和水抽出性较大,因而耐久性差。它也是硝基纤维素的优良增塑剂,凝胶化能力强,用于硝基纤维素涂料,有良好的软化作用。它的稳定性、耐挠曲性、黏结性和防水性均优于其他增塑剂,还可用作聚醋酸乙烯、醇酸树脂、硝基纤维素、乙基纤维素、氯丁橡胶、丁腈橡胶的增塑剂。它还可用作涂料、黏结剂、染料、印刷油墨、织物润滑剂的助剂。

一、目的要求

(1)能通过资料查阅,了解邻苯二甲酸二丁酯的物理化学特性,筛选确定制备方案;
(2)能熟练掌握带水分离器回流装置的安装和使用,掌握减压蒸馏的操作;
(3)能用测折射率的方法进行邻苯二甲酸二丁酯含量的检测,用红外光谱确定其结构;
(4)了解所用危险化学品的职业危害和处置救援方法。

二、确定方案

1. 邻苯二甲酸二丁酯的物理化学特性

邻苯二甲酸二丁酯的分子式为 $C_{16}H_{22}O_4$,相对分子质量为 278.34,为无色透明油状液体,可燃,有芳香气味。其熔点为 $-35℃$,沸点为 $340℃$,水中溶解度为 $0.04\%(25℃)$,易溶于乙醇、乙醚、丙酮和苯。保存时应将其储存于阴凉、通风的库房,远离火种、热源,应与氧化剂、酸类分开存放,切忌混储。

2. 直接酯化法制备邻苯二甲酸二丁酯的反应原理

邻苯二甲酸二丁酯通常由邻苯二甲酸酐(苯酐)和正丁醇在强酸(如浓硫酸)催化下反应而得。

1)主反应

主反应经过两个阶段,第一阶段是苯酐的醇解得到邻苯二甲酸单丁酯,反应式为

这一步很容易进行,稍稍加热,待苯酐固体全熔后,反应基本结束。

主反应的第二阶段是邻苯二甲酸单丁酯与正丁醇的酯化得到邻苯二甲酸二丁酯,反应式为

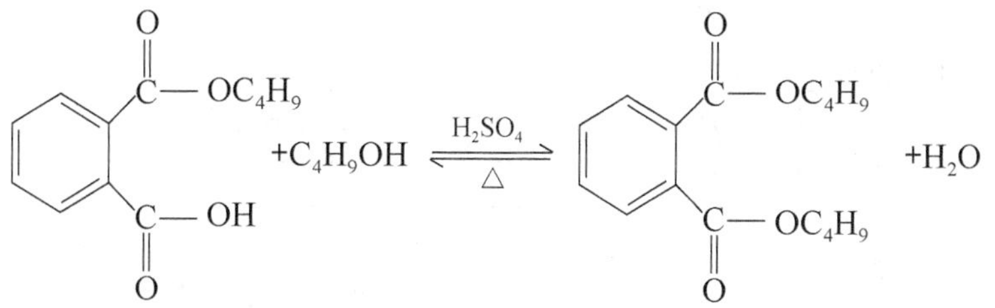

$$\text{邻苯二甲酸单丁酯} + C_4H_9OH \underset{\triangle}{\overset{H_2SO_4}{\rightleftharpoons}} \text{邻苯二甲酸二丁酯} + H_2O$$

这一步为可逆反应,反应较难进行,需用强酸催化和在较高的温度下进行,且反应时间较长。为使反应向正反应方向进行,常使用过量的醇以及利用油水分离器将反应过程中生成的水不断地从反应体系中除去。

加热回流时,正丁醇与水形成二元共沸混合物(沸点92.7℃,含醇57.5%),共沸物冷凝后的液体进入分水器中分为两层,上层为含20.1%水的醇层,下层为含7.7%醇的水层,上层的正丁醇可通过溢流返回到烧瓶中继续反应。

2)副反应

在强酸存在下,当反应温度高于180℃,邻苯二甲酸二丁酯分解,反应式为

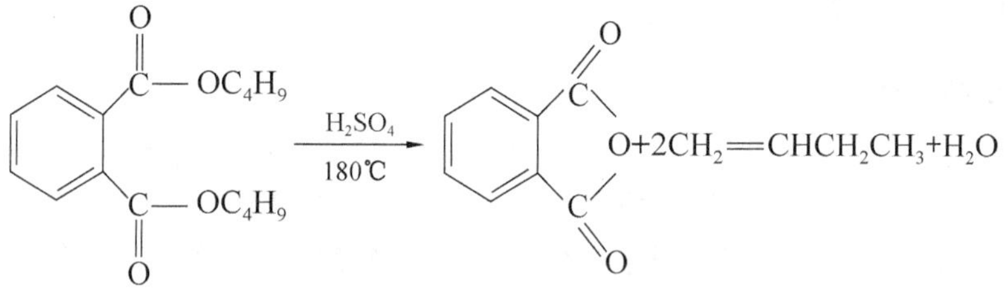

$$\text{邻苯二甲酸二丁酯} \xrightarrow[180℃]{H_2SO_4} \text{邻苯二甲酸酐} + 2CH_2=CHCH_2CH_3 + H_2O$$

因此,实际操作时,反应混合物的最高温度一般不超过160℃。

3. 制备邻苯二甲酸二丁酯的小试方案

(1)查阅资料并填写数据如表6-8所示。

表6-8 资料分析表(八)

名称	摩尔质量 g/mol	颜色性状	熔点 ℃	沸点 ℃	密度 g/cm³	水溶性	投入量(或理论产量) 质量(体积) g(mL)	物质的量 mol
邻苯二甲酸二丁酯								
邻苯二甲酸酐								
正丁醇								
浓硫酸								

(2)邻苯二甲酸二丁酯的制备流程示意图如图6-14所示,请在空白处填写相应化合物的分子式。

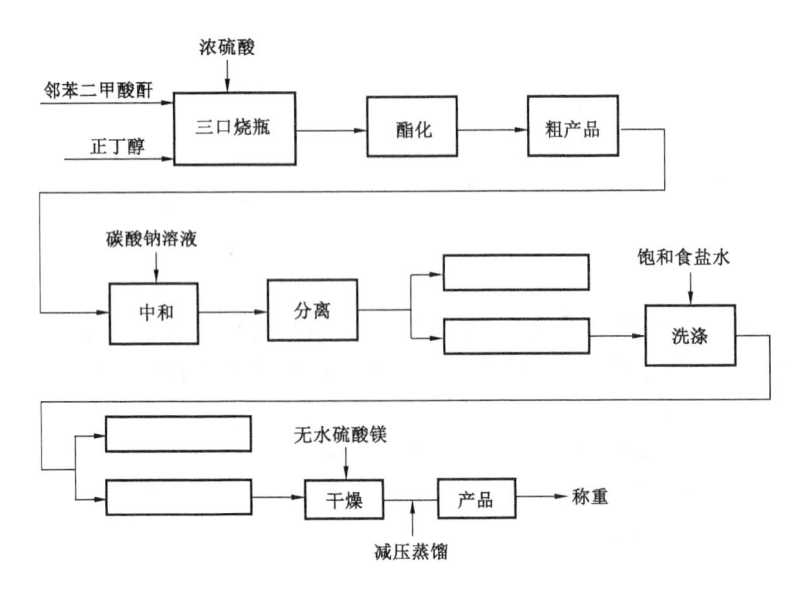

图 6-14 邻苯二甲酸二丁酯制备流程示意图

三、制备过程准备

1. 仪器试剂准备

三口烧瓶(100mL)、圆底烧瓶(60mL)、温度计(200℃)、分液漏斗(60mL)、锥形瓶(50mL,150mL 各 1 只)、球形冷凝管、直形冷凝管、分水器(10mL)、接液管。

邻苯二甲酸酐、正丁醇、浓硫酸、饱和食盐水、5%碳酸钠溶液、无水硫酸镁。

2. 制备装置准备

根据反应实际情况,可以选用带分水器的回流装置、减压蒸馏装置。
(1)带有分水器回流装置的安装:按图 5-1(c)组装带有分水器的回流装置。
(2)减压蒸馏操作准备:参照第四章第五节减压蒸馏及其操作。
(3)洗涤操作准备:参照第四章第七节液—液萃取及其操作。

四、制备过程

1. 邻苯二甲酸二丁酯的制备

在一个干燥 100mL 三口烧瓶中加入 12g 邻苯二甲酸酐、26mL 正丁醇和几粒沸石,在振摇下缓慢滴加 1mL 浓硫酸。按图 5-1(c)组装带有分水器的回流装置,在分水器中加入正丁醇至支管平齐。封闭加料口,另一口插入一只 200℃ 的温度计(水银球应位于离烧瓶底 0.5~0.8cm 处)。缓慢升温,使反应混合物微沸。约 15min 后,烧瓶内固体完全消失,标志第一步反应完成。继续升温到回流,此时逐渐有正丁醇和水的共沸物蒸出,并可看到有小水珠逐渐沉到分水器的底部,正丁醇仍回流到反应瓶中参与反应。随着反应的进行,瓶内的反应温度缓慢上升,当反应的温度升到 150℃ 时便可停止加热,记下分水器中水的体积(注意:含有少量正丁醇)。记下反应的时间(一般在 1.5~2h)。

> **注意**
> 苯酐对皮肤、黏膜有刺激作用,称取时应避免用手直接接触。

2. 产品的精制

当反应液冷却到70℃以下时,拆除装置。将反应混合液倒入分液漏斗,用30mL 5%碳酸钠溶液中和后,用30mL温热的饱和食盐水洗涤2~3次有机层,至有机层呈中性,分离出的油状物用无水硫酸镁干燥至澄清。用倾斜法除去干燥剂,有机层倒入50mL的圆底烧瓶,先用水泵减压蒸去过量的正丁醇,最后在油泵的减压下蒸馏,在相应压力下蒸出邻苯二甲酸二丁酯,见表6-9。收集180~190℃/1.33kPa(10mmHg)或200~210℃/2.67kPa(20mmHg)的馏分,称取质量并计算产率。

表6-9 邻苯二甲酸二丁酯的沸点与压力之间的关系

压力,mmHg	760	20	10	5	2
沸点,℃	340	200~210	180~190	175~180	165~170

注:1mmHg≈133Pa。

五、产品检测与评价

1. 纯度分析

参照第三章第三节有机化合物折射率及其测定,测定产品的折射率。

将实验中所得的折射率值同纯的邻苯二甲酸二丁酯($n_D^{20}=1.4926$)的折射率比较,对产品进行纯度判断。

2. 确定结构

利用光谱分析技术,记录产品邻苯二甲酸二丁酯的红外光谱图,并与图6-15标准邻苯二甲酸二丁酯的红外光谱图比较,确定样品的结构。

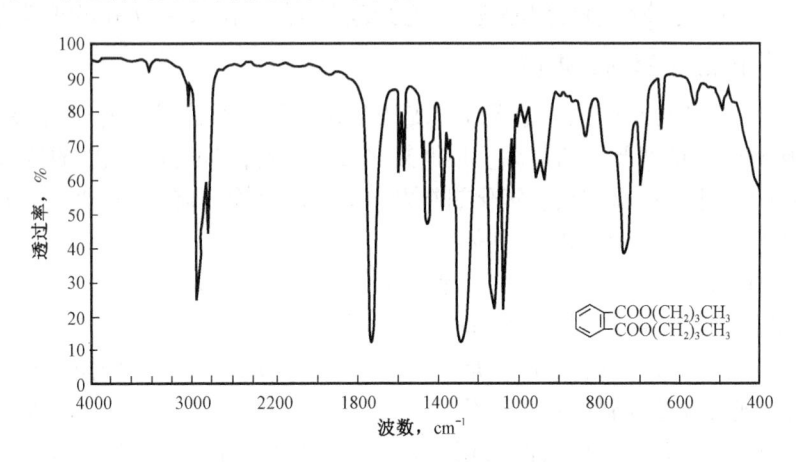

图6-15 邻苯二甲酸二丁酯的红外光谱图

六、制备过程成功的关键

（1）高温下苯酐会因升华而附在瓶壁上，使部分原料不能参与反应，从而造成收率下降，因此加热不宜太猛。

（2）当温度高于70℃时，酯在碱液中易发生皂化反应。因此，碱洗时温度不宜超过70℃，碱的浓度也不宜过高，更不能使用氢氧化钠，否则会发生酯的水解反应。

（3）如果有机层没有洗至中性，在蒸馏过程中，产物将会发生变化。例如，当有机层中含有残余的硫酸，在减压蒸馏时，冷凝管中会出现大量白色针状晶体，这是由于产物发生分解反应生成邻苯二甲酸酐的缘故。

（4）用饱和食盐水洗涤一方面可以减少酯的损失，另一方面可以防止洗涤过程中发生乳化现象，而且这样处理后不必进行干燥即可接着进行下一步操作。

七、安全提示和应急处理

1. 邻苯二甲酸酐的危害性

邻苯二甲酸酐为低毒类化合物，对眼、鼻、喉和皮肤有刺激作用，这种刺激作用可因其在湿润的组织表面水解为邻苯二甲酸而加重。它可造成皮肤灼伤。吸入它的粉尘或蒸气，可引起咳嗽、喷嚏和鼻衄。对有哮喘史者，它可诱发哮喘。长期反复接触它可引起皮疹和慢性眼刺激，可引起慢性支气管炎和慢性哮喘。

邻苯二甲酸酐遇高热、明火或与氧化剂接触，有引起燃烧的危险。

泄漏应急处理：隔离泄漏污染区，限制出入。建议应急处理人员戴自给式呼吸器，穿防酸碱工作服，不要直接接触泄漏物。小量泄露时应避免扬尘，用洁净的铲子收集于干燥、洁净、有盖的容器内。大量泄漏时应收集回收或运至废物处理场所处置。

急救措施：若不慎吸入，应迅速脱离现场至新鲜空气处，并保持呼吸道通畅。如呼吸困难，给输氧。如呼吸停止，立即进行人工呼吸后就医。若不慎误食，误服者应用水漱口，给饮牛奶或蛋清后就医。若皮肤接触，应立即脱去被污染衣着，用大量流动清水冲洗至少15min后就医。若眼睛接触，应立即提起眼睑，用大量流动清水或生理盐水彻底冲洗至少15min后就医。

灭火方法：切勿将水直接射至熔融物，以免引起严重的流淌火灾或引起剧烈的沸溅。

2. 邻苯二甲酸二丁酯的危害性

邻苯二甲酸二丁酯可经皮肤少量吸收。皮肤及眼黏膜一次接触该物质后，并不引起刺激作用，而反复接触则可见到严重的刺激。根据某些实验资料，它可引起轻度的致敏作用。邻苯二甲酸二丁酯可燃，遇明火、高温、强氧化剂有发生火灾的危险。流动、搅动会产生静电。燃烧时，该物质发生分解，生成有毒烟雾与气体。

泄漏应急处理：现场通风，排除一切火情隐患。应急处理人员须穿戴防护用具进入现场。用蛭石、干砂、泥土或类似吸附剂吸附泄漏物，并收集到密闭容器内。

防护措施：工作现场加强通风，严禁烟火。操作工人穿戴清洁完好的防护用具（最好使用丁基、氯丁、腈基或合成橡胶制作），戴防化镜，选择适当呼吸器。在空气中有高浓度邻苯二甲酸二丁酯时，要戴工业用A型防毒面罩，而存在气雾时加用过滤器。采用过滤式A型防毒面罩。合成和应用邻苯二甲酸二丁酯时，特别是加热邻苯二甲酸二丁酯或含有邻苯二甲酸二丁酯的塑料时，要密封以防止蒸气和气雾外溢。操作人员应对呼吸系统、肠胃系统进行定期检查。

急救措施:眼睛或皮肤接触后,应立即用流动清水冲洗。吸入后,将患者移至空气新鲜处,必要时输氧或进行人工呼吸。若不慎误食应漱口,饮大量水后就医。

应用干粉、二氧化碳、泡沫灭火器扑灭邻苯二甲酸二丁酯引发的火焰,并使用焚烧法处置废弃物。

思 考 题

1. 本实验浓硫酸用量过多会产生什么影响?
2. 苯酐与正丁醇反应时,为什么要严格控制温度?
3. 如果粗产物中残留有硫酸,在减压蒸馏过程中会产生什么后果?
4. 为什么要用饱和食盐水来洗涤反应混合物?
5. 用碳酸钠洗涤粗产品的目的是什么?操作时应注意哪些问题?
6. 产物洗涤至中性后,为什么不经干燥处理就可作蒸馏操作?

第九节 香料添加剂乙酸异戊酯的制备

乙酸异戊酯俗称香蕉油或香蕉水,蜜蜂的体液内,苹果、香蕉、可可豆、咖啡豆、葡萄、桃子、梨子和菠萝等水果中存在天然乙酸异戊酯。蜜蜂在叮刺入侵者时,随毒汁分泌出乙酸异戊酯作为响应信息素使其他同伴"闻信"而来,对入侵者群起攻之。乙酸异戊酯还可以用作溶剂,能溶解油漆、硝化纤维素、松脂、树脂、蓖麻油、氯丁橡胶等。它可用于配制香蕉、梨、苹果、草莓、葡萄、菠萝等多种香型的食品香精,也用于配制香皂、洗涤剂等所用的日化香精及烟用香精,还可用于香料和青霉素的提取,并用于织物染色处理等。

一、目的要求

(1) 能通过资料查阅,了解乙酸异戊酯的物理化学特性,筛选确定制备方案;
(2) 能熟练利用带分水器回流装置制备乙酸异戊酯;
(3) 能用测折射率的方法进行乙酸异戊酯含量的检测,用红外光谱确定其结构;
(4) 了解所用危险化学品的职业危害和处置救援方法。

视频 6-9-1
乙酸异戊酯制备
知识准备

二、确定方案

1. 乙酸异戊酯的物理化学特性

乙酸异戊酯的分子式为 $C_7H_{14}O_2$,相对分子质量为 130.19。乙酸异戊酯无色透明,相对密度为 0.8670,熔点 -78℃,沸点 142℃,闪点为 25℃(闭口)、27℃(开口),折射率(n_D^{20})为 1.4003。它难溶于水,可混溶于乙醇、乙醚、苯、乙酸乙酯、二硫化碳等多数有机溶剂。乙酸异戊酯易燃,蒸气能与空气形成爆炸性混合物,爆炸极限为1.0%~7.5%(体积分数)。

保存:密封阴凉保存。

2. 直接酯化法制备乙酸异戊酯的反应原理

在浓硫酸催化下,乙酸和异戊醇发生酯化反应生成乙酸异戊酯,其主反应为

$$CH_3COOH + CH_3CH(CH_3)CH_2CH_2OH \underset{\triangle}{\overset{H_2SO_4}{\rightleftharpoons}} CH_3COOCH_2CH_2CH(CH_3)CH_3 + H_2O$$

副反应为

$$2CH_3CH(CH_3)CH_2CH_2OH \underset{\triangle}{\overset{H_2SO_4}{\rightleftharpoons}} CH_3CH(CH_3)CH_2CH_2OCH_2CH_2CH(CH_3)CH_3 + H_2O$$

$$CH_3CH(CH_3)CH_2CH_2OH \underset{\triangle}{\overset{H_2SO_4}{\rightleftharpoons}} CH_3CH(CH_3)CH=CH_2 + H_2O$$

这是一个平衡反应,为了提高反应的产率,本实验中可以增加反应物之一冰醋酸的量,还可以采用带有分水器的回流装置,使反应中生成的水被及时分出,以破坏平衡,使反应向正反应方向进行。

反应混合物中的硫酸、过量的乙酸及未反应完全的异戊醇,可用水进行洗涤,残余的酸用碳酸氢钠中和除去,副产物醚类和少量的异戊醇在最后的蒸馏中予以分离。可以通过折射率和红外光谱判断实验结果。

3. 制备乙酸异戊酯的小试方案

(1) 查阅资料并填写数据,见表6-10。

表6-10 资料分析表(九)

名称	摩尔质量 g/mol	颜色性状	熔点 ℃	沸点 ℃	密度 g/cm³	水溶性	投入量(或理论产量) 质量(体积) g(mL)	投入量(或理论产量) 物质的量 mol
乙酸异戊酯								
乙酸								
异戊醇								
浓硫酸								

(2) 乙酸异戊酯的制备流程示意图如图6-16所示,请在空白处填写相应化合物的分子式。

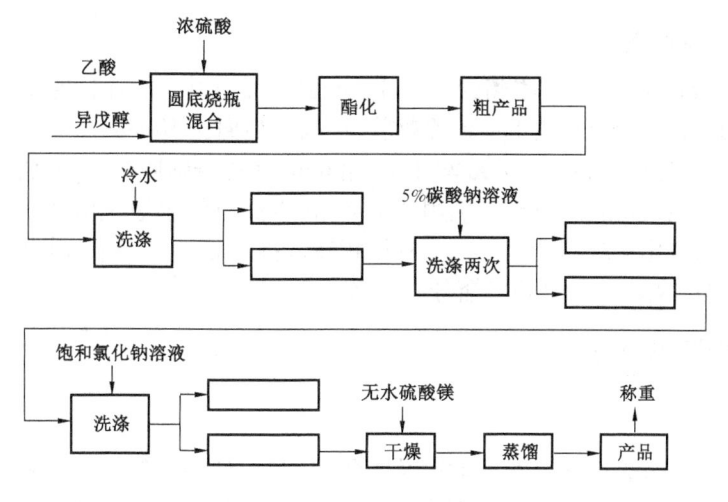

图 6-16 乙酸异戊酯制备流程示意图

三、制备过程准备

1. 仪器试剂准备

圆底烧瓶(100mL)、球形冷凝管、分水器、蒸馏头、直形冷凝管、接液管、分液漏斗(100mL)、锥形瓶(100mL)、温度计、电热套。

冰醋酸,异戊醇,浓硫酸,10%碳酸氢钠溶液、饱和氯化钠溶液、无水硫酸镁。

2. 制备装置准备

(1)带有分水器回流装置的安装:按图5-1(c)组装带分水器的回流装置。
(2)简单蒸馏操作准备:参照第四章第三节简单蒸馏及其操作。
(3)洗涤操作准备:参照第四章第七节液—液萃取及其操作。

四、制备过程

1. 方法一 常量法

1)乙酸异戊酯的制备

在干燥的100mL圆底烧瓶中,加入18mL异戊醇和24mL冰醋酸,在摇动与冷却下慢慢加入2.5mL浓硫酸,混匀后加入几粒沸石,按图5-1(c)装上带有分水器的回流装置,分水器中事先充水至支管口处,然后放出3.2mL水(为什么?)。检查装置气密性后,用电热套小火加热回流,继续升温,控制回流速度,至分水器中水层不再增加为止,反应约1.5h。

2)产品的精制

将反应物冷至室温,小心转入分液漏斗中,用30mL冷水洗涤烧瓶,并将其合并到分液漏斗中。振摇后静置,分出下层水溶液,有机层先用30mL10%碳酸氢钠溶液分两次洗涤(水溶液对pH试纸呈碱性)。然后再用10mL饱和氯化钠溶液洗涤,分出水层,有机层倒入一干燥的锥形瓶中,用1~2g无水硫酸镁干燥。干燥后的粗产物滤入到圆底烧瓶中,蒸馏收集138~142℃馏分,称重,计算产率。

动画6-9-2 乙酸异戊酯制备过程

动画6-9-3 乙酸异戊酯精制过程

2. 方法二 微量法

将 2.7mL 异戊醇和 3.2mL 冰醋酸加入 10mL 圆底烧瓶中，摇动下缓慢加入 0.6mL 浓硫酸，混合均匀后加入 2 粒沸石，装上回流冷凝管，小火加热回流 50min。

将反应物冷至室温，小心转入分液漏斗中，用 6mL 水洗涤圆底烧瓶，并将其合并到分液漏斗中，振摇后分出下层水相，有机相分别用 3.7mL 5% 碳酸氢钠溶液洗涤 2 次，静置分层，去下层水相。再用饱和氯化钠溶液洗涤一次。有机相转入锥形瓶，用 0.5g 无水硫酸镁干燥后转入 5mL 圆底烧瓶蒸馏，收集 138~143℃ 馏分。产量约 2g。

五、产品检测与评价

1. 纯度分析

参照第三章第三节有机化合物折射率及其测定，测定产品的折射率。将实验中所得的折射率值同纯的乙酯异戊酯（$n_D^{20}=1.4003$）的折射率比较，对产品进行纯度判断。

2. 确定结构

利用光谱分析技术，记录产品乙酯异戊酯的红外光谱图，并与图 6-17 标准乙酸异戊酯的红外光谱图比较，确定样品的结构。

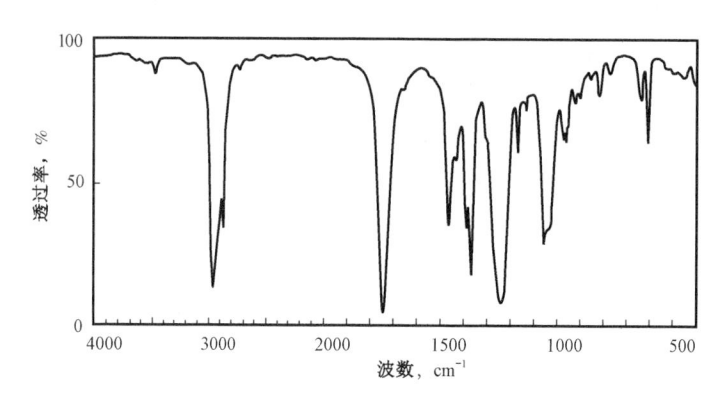

图 6-17　标准乙酸异戊酯的红外光谱图

六、制备过程成功的关键

（1）在乙酸和异戊醇混合液中，加入浓硫酸时，一定要边振摇边加入，若混合不均匀，加热时会使有机物炭化导致溶液发黑。

（2）加热温度过高，会增加副产物醚的生成量，使主产物乙酸异戊酯的产量下降。

（3）用碳酸氢钠溶液洗涤时，会产生大量的二氧化碳，因此开始时要打开顶塞，摇动分液漏斗至无明显气泡产生后再塞住瓶口振摇，并注意及时放气。

（4）氯化钠饱和溶液不仅降低酯在水中的溶解度，而且可以防止乳化，有利于分层，便于分离，减少产物的损失。

七、安全提示和应急处理

1. 乙酸异戊酯的危害性

乙酸异戊酯蒸气对眼及上呼吸道黏膜有刺激性。乙酸异戊酯有麻醉作用,人体接触后会出现咳嗽、胸闷、疲乏,有烧灼感,高浓度时则会引发头晕、发烧感受,并可造成脉速过快、心悸、头痛、耳鸣、震颤、恶心、食欲丧失。它可引起皮肤干燥、皮炎、湿疹。应将其储藏于低温通风处,远离火种、热源。乙酸异戊酯与氧化剂、酸碱类等分储分运,并禁止使用易产生火花的工具操作。

泄漏应急处理:迅速撤离泄漏污染区人员至安全区,并进行隔离,严格限制出入,切断火源。建议应急处理人员戴自给正压式呼吸器,穿消防防护服,尽可能切断泄漏源,防止其进入下水道、排洪沟等限制性空间。小量泄漏时用活性炭或其他惰性材料吸收,也可以用不燃性分散剂制成的乳液刷洗,洗液稀释后放入废水系统。大量泄漏时构筑围堤或挖坑收容,用泡沫覆盖,降低蒸气灾害,用防爆泵转移至槽车或专用收集器内,回收或运至废物处理场所处置。

防护措施:呼吸系统防护,当空气中浓度较高时应佩戴自吸过滤式防毒面具,必要时佩戴空气呼吸器;眼睛防护,要戴化学安全防护眼镜;身体防护,穿防静电工作服;手防护,戴防苯耐油手套。工作现场严禁吸烟、进食和饮水。工作完毕,淋浴更衣,注意个人清洁卫生。

急救措施:乙酯异戊酯侵入途径有吸入、食入、经皮肤吸收。若不慎接触皮肤,要脱去被污染的衣着,用肥皂水和清水彻底冲洗皮肤。眼睛接触时要提起眼睑,用流动清水或生理盐水冲洗,就医。吸入时迅速脱离现场至空气新鲜处,保持呼吸道通畅。如呼吸困难,给输氧;如呼吸停止,应立即进行人工呼吸并送医。若误食则应饮足量温水,催吐后就医。

灭火方法:喷水冷却容器,可能的话将容器从火场移至空旷处。

灭火剂:泡沫、二氧化碳、干粉、沙土。

2. 异戊醇的危害性

异戊醇为无色液体,有令人不愉快的气味。微溶于水,可混溶于醇、醚等有机溶剂。其蒸气或雾对眼睛、皮肤、黏膜和呼吸道有刺激作用,可引起神经系统功能紊乱,长时间接触有麻醉作用。异戊醇易燃,其蒸气与空气可形成爆炸性混合物,遇明火、高热能引起燃烧爆炸。异戊醇与氧化剂能发生强烈反应。异戊醇易挥发,在火场中,受热的容器有爆炸危险。

思 考 题

1. 制备乙酸乙酯时,使用过量的醇,本实验为何要用过量的乙酸?如使用过量的异戊醇有什么负面影响?
2. 本实验的产物中含有什么杂质,各步洗涤的目的何在?
3. 在本实验中,一共排放了多少废水与废渣?有什么合适的治理方案?

第十节　合成洗涤剂十二烷基硫酸钠的制备

十二烷基硫酸钠又称月桂醇硫酸钠,是最早开发的合成洗涤剂之一,属阴离子表面活性剂。易溶于水,与阴离子、非离子复配伍性好,具有良好的乳化、发泡、渗透、去污和分散性能,广泛用于牙膏、香波、洗发膏、洗发香波、洗衣粉、洗涤液、化妆品,并用于塑料的脱模、润滑,还用于制药、造纸、建材、化工等行业。十二烷基硫酸钠不仅适用于软水,而有在硬水中也同样有效。它能被微生物所降解,尽管价格较高,仍然得到了广泛的应用。

一、目的要求

(1)学习氯磺酸对高级醇的硫酸化作用的原理和实验方法;
(2)能熟练掌握旋转蒸发器(减压蒸馏装置)的操作技能;
(3)学习十二烷基硫酸钠的分离纯化技术,学习确定其结构的方法;
(4)了解所用危险化学品的职业危害和处置救援方法。

二、确定方案

1. 十二烷基硫酸钠的物理化学特性

十二烷基硫酸钠是硫酸酯盐型阴离子表面活性剂的典型代表,化学式为 $C_{12}H_{25}SO_4Na$,相对分子质量为 288.38。十二烷基硫酸钠为白色或奶油色结晶鳞片或粉末,熔点为 204~207℃,相对密度为 1.09。十二烷基硫酸钠易溶于热水,可溶于水,溶于热乙醇,微溶于醇,不溶于氯仿、醚。十二烷基硫酸钠有特殊气味,无毒,对碱、弱酸、硬水均稳定。十二烷基硫酸钠具有可燃性,120℃以上会分解。

保存:储存于阴凉、通风的库房,远离火种、热源,应与氧化剂分开存放,切忌混合储存。

2. 用氯磺酸硫酸化法制备十二烷基硫酸钠的反应原理

合成十二烷基硫酸钠的方法目前主要有氯磺酸硫酸化法、氨基磺酸硫化法,还可用十二醇分别与三氧化硫、硫酸、发烟硫酸等反应,经中和后制得。

氯磺酸硫酸化法:通常由十二醇和氯磺酸反应后,用碳酸钠中和后而制得,反应式为

$$CH_3(CH_2)_{10}CH_2OH + ClSO_3H \longrightarrow CH_3(CH_2)_{10}CH_2OSO_3H + HCl$$
十二醇(月桂醇)   硫酸单十二烷基酯

$$2CH_3(CH_2)_{10}CH_2OSO_3H + Na_2CO_3 \longrightarrow 2CH_3(CH_2)_{10}CH_2OSO_3Na + H_2O + CO_2$$
                   十二烷基硫酸钠

三氧化硫法:月桂醇与三氧化硫作用,用碱中和,反应式为

$$CH_3(CH_2)_{10}CH_2OH + SO_3 \longrightarrow CH_3(CH_2)_{10}CH_2OSO_3H \xrightarrow{NaOH} CH_3(CH_2)_{10}CH_2OSO_3Na$$

3. 酸碱滴定法测定十二烷基硫酸钠的纯度

十二烷基硫酸钠在强酸性溶液中水解生成十二醇和硫酸,反应式为

$$2CH_3(CH_2)_{10}CH_2OSO_3Na + 2H_2O \xrightarrow{H_2SO_4} 2CH_3(CH_2)_{10}CH_2OH + H_2SO_4 + Na_2SO_4$$

通过样品和空白实验所耗 NaOH 标准溶液的体积差,可求出十二烷基硫酸钠的质量分数。

4. 制备十二烷基硫酸钠的小试方案

(1)查阅资料并填写数据,见表 6-11。

表 6-11 资料分析表(十)

名称	摩尔质量 g/mol	颜色性状	熔点 ℃	沸点 ℃	密度 g/cm³	水溶性	投入量(或理论产量) 质量(体积) g(mL)	投入量(或理论产量) 物质的量 mol
十二烷基硫酸钠								
月桂酸								
氯磺酸								
碳酸钠								

(2)十二烷基硫酸钠的制备流程示意图如图 6-18 所示,请在空白处填写相应化合物的分子式。

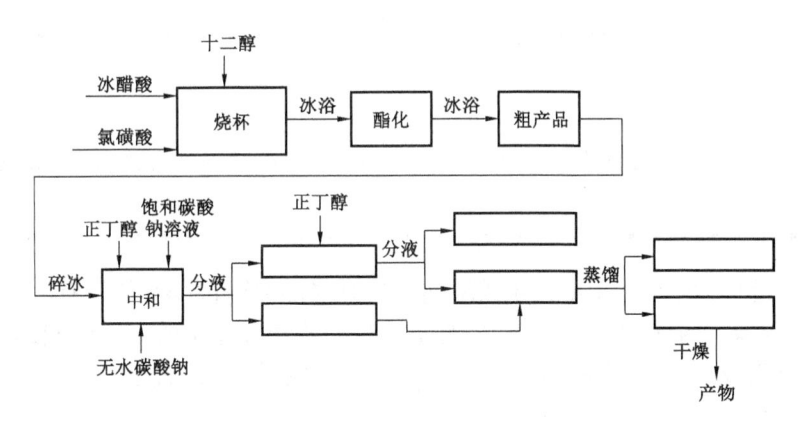

图 6-18 十二烷基硫酸钠制备流程示意图

三、制备过程准备

1. 仪器试剂准备

烧杯(250mL)、滴管、分液漏斗、旋转蒸发器(或减压蒸馏装置)。
月桂醇、正丁醇、氯磺酸、冰醋酸、饱和碳酸钠溶液、无水碳酸钠。

2. 制备装置准备

(1)减压蒸馏操作准备:参照第四章第五节减压蒸馏及其操作。
(2)洗涤操作准备:参照第四章第七节液—液萃取及其操作。

四、制备过程

1. 十二烷基硫酸钠的制备

将 10mL 冰醋酸倒入干燥的 250mL 烧杯中,并将烧杯置于冰浴中冷却至 5℃ 左右。然后将冷却后的烧杯放在通风橱中,在不断搅拌下,用干燥的滴管向烧杯中慢慢滴加 3.6mL 氯磺酸。滴加时温度不要超过 30℃,注意加料时有泡沫产生,勿使物料溢出。

滴加完毕,将烧杯置于冰浴中,用玻璃棒边搅拌边将 10g 月桂醇慢慢加入至烧杯中,大约在 5min 内加完。然后在 5℃ 条件下继续搅拌反应 30min,使十二醇全部溶解。如果还有部分醇没溶解,可撤除冰浴,在室温下延长搅拌时间,直至十二醇完全溶解,反应即至终点。

> **注意**
>
> 在搅拌操作过程中,始终要十分小心,切不可将水溅入到烧杯中,因为氯磺酸会与水发生剧烈反应。

2. 产品的精制

将盛有30g碎冰的250mL烧杯置于通风橱内,将反应混合物慢慢倒在碎冰上,搅拌后再加入30mL正丁醇,用玻璃棒充分搅拌3min。然后,在搅拌下慢慢滴加饱和碳酸钠溶液,直至pH值为7~8。

> **注意**
>
> 实验时加入碳酸钠溶液会产生大量的二氧化碳,滴加时不可太快,以防溶液随气体溢出烧杯。

接着,再向混合物中加入10g无水碳酸钠,稍加搅拌后静置片刻,使没有溶解的碳酸钠沉积在烧杯底部,然后将液相倾入分液漏斗,静置分层。收集液相中的上层油相,分出来的水相再以20mL正丁醇萃取。正丁醇萃取液与前面收集的油相合并,静置于分液漏斗中,将残余水相分离完全。

打开水泵,在减压条件下用旋转蒸发仪(或在减压蒸馏装置中),蒸除绝大部分正丁醇溶剂。当大部分溶剂蒸除后,洗涤剂十二烷基硫酸钠呈白色稠状物析出,将稠状物置于烘箱中,在80℃条件下干燥,然后称量并计算产率。

五、产品检测与评价

1. 纯度分析

参照第三章第一节有机化合物熔点及其测定方法,测定产品的熔点。

将实验中所得的熔点值同纯的十二烷基硫酸钠的熔点比较,对产品进行纯度判断。

2. 确定结构

利用光谱分析技术,记录产品十二烷基硫酸钠的红外光谱图,并与图6-19标准十二烷基硫酸钠的红外光谱图比较,确定样品的结构。

3. 测试产物的发泡性质

溶解1.5g十二烷基硫酸钠于100mL水,取此溶液20mL倒入250mL具磨口塞的锥形瓶中,塞紧后剧烈振荡15min,再静置30s,观察泡沫水准线。

六、制备过程成功的关键

(1)十二醇的熔点为24℃,室温较低时,反应前要将固态十二醇充分研细。

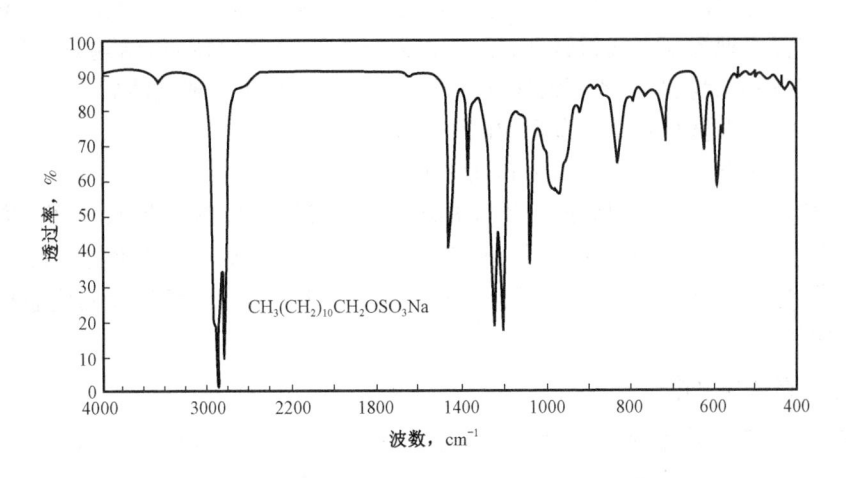

图 6-19　标准十二烷基硫酸钠的红外光谱图(研糊法)

(2)将烧杯放置于冷水浴中,以调控烧杯内温度。必要时可添加冰块调节温度。

(3)正丁醇的沸点在117℃,蒸去溶剂的操作,要当心不要使瓶内产物烧焦,防止升温过急、过高。

(4)烘箱温度不宜过高,以免发生产物的分解或熔化等。

七、安全提示和应急处理

1. 氯磺酸的危害性

氯磺酸是一种油状腐蚀性无色或淡黄色的液体,具有辛辣气味,不溶于二硫化碳、四氯化碳,溶于氯仿、乙酸。它在空气中发烟,遇水起剧烈反应,生成硫酸与氯化氢,有催泪性,主要用于有机化合物的磺化,制取药物、染料、农药、洗涤剂等。其蒸气对黏膜和呼吸道有明显刺激作用。误吸或误食的临床表现有气短、咳嗽、胸痛、咽干痛以及流泪、流涕、痰中带血、恶心、无力等。空气中,其允许浓度为 $5mg/m^3$。

氯磺酸助燃,具强腐蚀性、强刺激性,可致人体灼伤。

泄漏应急处理:迅速撤离泄漏污染区人员至安全区,并立即隔离150m,严格限制出入。建议应急处理人员戴自给正压式呼吸器,穿防酸碱工作服。从上风处进入现场。尽可能切断泄漏源,防止流入下水道、排洪沟等限制性空间。少量泄漏时用沙土、蛭石或其他惰性材料吸收。大量泄漏时构筑围堤或挖坑收容,在专家指导下清除。

防护措施:密闭操作,注意通风。操作尽可能机械化、自动化。操作人员必须经过专门培训,严格遵守操作规程。建议操作人员佩戴过滤式防毒面具(半面罩),戴化学安全防护眼镜,穿橡胶耐酸碱服,戴橡胶耐酸碱手套。工作现场禁止吸烟、进食和饮水。工作完毕应淋浴更衣。单独存放被毒物污染的衣服,洗后备用。工作人员应保持良好的卫生习惯。远离易燃、可燃物,远离火种、热源,工作场所严禁吸烟。应防止蒸气泄漏到工作场所空气中。避免与酸类、碱类、醇类、活性金属粉末接触,尤其要注意避免与水接触。搬运时要轻装轻卸,防止包装及容器损坏。配备相应品种和数量的消防器材及泄漏应急处理设备。倒空的容器可能残留有害物,应妥善处理。

急救措施:若皮肤接触,应立即脱去被污染的衣物,用大量流动清水冲洗至少15min后就医。若眼睛接触,应立即提起眼睑,用大量流动清水或生理盐水彻底冲洗至少 15min 后就医。若吸入,应迅速脱离现场至空气新鲜处,保持呼吸道通畅,如呼吸困难,给输氧。如呼吸停止,应立即进行人工呼吸后就医。若不慎误食,应用水漱口,给饮牛奶或蛋清后就医。

灭火方法:消防人员必须穿全身耐酸碱消防服。

灭火剂:二氧化碳、沙土,禁止用水和泡沫灭火。

氯磺酸储存方法:装于玻璃瓶或干燥铁桶中(腐蚀塑料),储存于阴凉、干燥、通风良好的库房。库温不超过 35℃,相对湿度不超过 80%。包装必须密封,切勿受潮。应与易(可)燃物、酸类、碱类、醇类、活性金属粉末等分开存放,切忌混储。储区应备有泄漏应急处理设备和合适的收容材料。

2. 十二烷基硫酸钠的危害性

十二烷基硫酸钠对黏膜和上呼吸道有刺激作用,对眼和皮肤有刺激作用。可引起呼吸系统过敏性反应。十二烷基硫酸钠可燃,具刺激性,具致敏性。

泄漏应急处理:隔离泄漏污染区,限制出入。切断火源。建议应急处理人员戴防尘面具(全面罩),穿防毒服。避免扬尘,小心扫起,置于袋中转移至安全场所。若大量泄漏,用塑料布、帆布覆盖,回收或运至废物处理场所处置。

防护措施:密闭操作,加强通风。操作人员必须经过专门培训,严格遵守操作规程。建议操作人员佩戴自吸过滤式防尘口罩,戴化学安全防护眼镜,穿防毒物渗透工作服,戴橡胶手套。远离火种、热源,工作场所严禁吸烟。使用防爆型的通风系统和设备。应避免产生粉尘并避免与氧化剂接触。搬运时要轻装轻卸,防止包装及容器损坏。配备相应品种和数量的消防器材及泄漏应急处理设备。倒空的容器可能残留有害物,操作人员应及时换洗工作服,保持良好的卫生习惯。

急救措施:若皮肤接触,脱去污染的衣着,用大量流动清水冲洗。若眼睛接触,提起眼睑,用流动清水或生理盐水冲洗后就医。若不慎吸入,应脱离现场至空气新鲜处。如呼吸困难,应给输氧后就医。若不慎误食,应饮足量温水,催吐后就医。

灭火方法:消防人员须佩戴防毒面具、穿全身消防服,在上风向灭火。

灭火剂:雾状水、泡沫、干粉、二氧化碳、沙土。

储存方法:储存于阴凉、通风的库房,远离火种、热源。应与氧化剂分开存放,切忌混储,并配备相应品种和数量的消防器材。储区应备有合适的材料收容泄漏物。

废弃处:处置前应参阅国家和地方有关法规。建议用焚烧法处置。焚烧炉排出的硫氧化物通过洗涤器除去。十二烷基硫酸钠可燃,为可疑致癌物,具刺激性。

3. 十二醇的危害性

十二醇是白色固体或无色油状液体,具花香味。十二醇的蒸气或(烟)雾对眼睛、皮肤、黏膜和上呼吸道有刺激作用。十二醇遇明火、高热可燃。十二醇与氧化剂可发生反应。十二醇受高热分解放出有毒的气体。其蒸气密度比空气大,能在较低处扩散到相当远的地方,遇火源会着火回燃。若遇高热,容器内压增大,有开裂和爆炸的危险。

4. 碳酸钠的危害性

碳酸钠常温下为白色无气味的粉末或颗粒。有吸水性,露置空气中逐渐吸收 1mol/L 水分(约 =15%)。该品具有弱刺激性和弱腐蚀性。直接接触可引起皮肤和眼灼伤。生产中吸入其粉尘和烟雾可引起呼吸道刺激和结膜炎,还可有鼻黏膜溃疡、萎缩及鼻中隔穿孔。长时间接触该品溶液可发生湿疹、皮炎、鸡眼状溃疡和皮肤松弛。接触该品的作业工人呼吸器官疾病发病率升高。误服可造成消化道灼伤、黏膜糜烂、出血和休克。

思 考 题

1. 氯磺酸对醇分子的硫酸化与芳烃磺化反应有何不同？
2. 反应为何要在无水条件下进行，如有水分存在，对反应有何妨碍？
3. 加入碳酸钠为何要有碎冰的存在？如何正确地进行该步骤的操作？
4. 从理论上计算，碳酸钠的用量以多少为宜(包括饱和溶液和固体在内)？为什么要加入过量的固体碳酸钠？
5. 在本次实验中，一共排放了多少废水？有什么合适的治理方案？

第十一节 解热镇痛药阿司匹林的制备

阿司匹林也叫乙酰水杨酸，是一种历史悠久的解热镇痛药，诞生于1899年3月6日。阿司匹林用于治感冒、发热、头痛、牙痛、关节痛、风湿病，还能抑制血小板聚集，用于预防和治疗缺血性心脏病、心绞痛、心肺梗塞、脑血栓形成，也可提高植物的出芽率，应用于血管形成术及旁路移植术也有效。

一、目的要求

(1) 能通过资料查阅，了解乙酰水杨酸的物理化学特性，筛选确定制备方案；
(2) 能熟练使用回流、重结晶等装置制备乙酸水杨酸；
(3) 能用测熔点的方法进行乙酸水杨酸纯度的判定；
(4) 了解所用危险化学品的职业危害和处置救援方法。

视频 6-11-1
阿司匹林制备
知识准备

二、确定方案

1. 阿司匹林的物理化学特性

阿司匹林(乙酰水杨酸)的分子化学式为 $C_9H_8O_4$，分子结构式为 $CH_3COOC_6H_4COOH$，相对分子质量为180.16。阿司匹林为白色针状或板状结晶或粉末，熔点为135℃，沸点为321.4℃，无气味，微带酸味。阿司匹林在干燥空气中稳定，在潮湿空气中缓缓水解成水杨酸和乙酸，能溶于乙醇、乙醚和氯仿，微溶于水。阿司匹林在氢氧化碱或碳酸碱溶液中能溶解，但同时分解。

保存：避光、干燥、阴凉封闭储存，防止日晒、雨淋。

2. 水杨酸乙酰化制备阿司匹林的反应原理

本实验采用乙酸酐作酰基化剂，在浓硫酸作用下，与水杨酸发生酰化反应得到乙酰水杨酸，主反应为

— 151 —

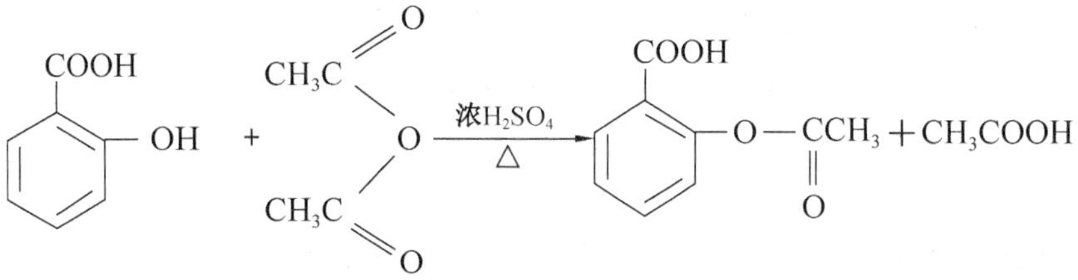

副反应为

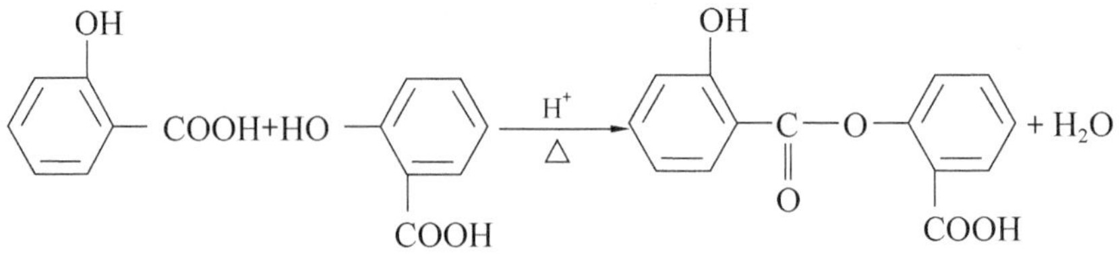

水杨酰水杨酸

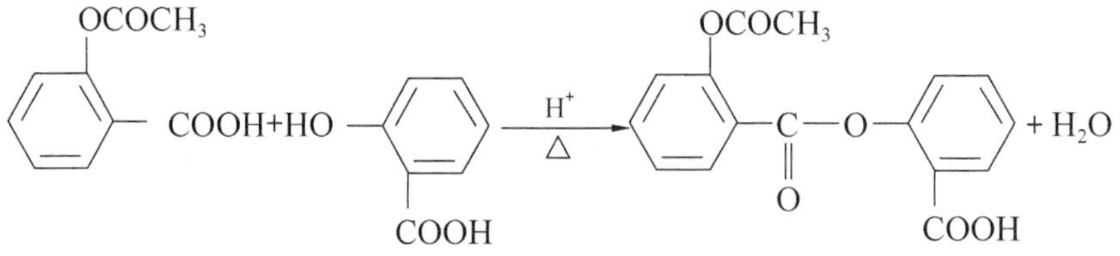

乙酰水杨酰水杨酸

可以发生缩合反应,生成少量聚合物。乙酰水杨酸与碳酸氢钠反应生成水溶性钠盐,而副产物聚合物不能溶于碳酸氢钠,这种性质上的差别可用于阿司匹林的纯化。

3. 制备阿司匹林的小试方案

(1) 查阅资料并填写数据,见表6-12。

表6-12 资料分析表(十一)

名称	摩尔质量 g/mol	颜色性状	熔点 ℃	沸点 ℃	密度 g/cm³	水溶性	投入量(或理论产量) 质量(体积) g(mL)	物质的量 mol
乙酰水杨酸								
水杨酸								
乙酸酐								
硫酸								

(2) 乙酰水杨酸的制备流程示意图如图6-20所示,请在空白处填写相应化合物的分子式。

152

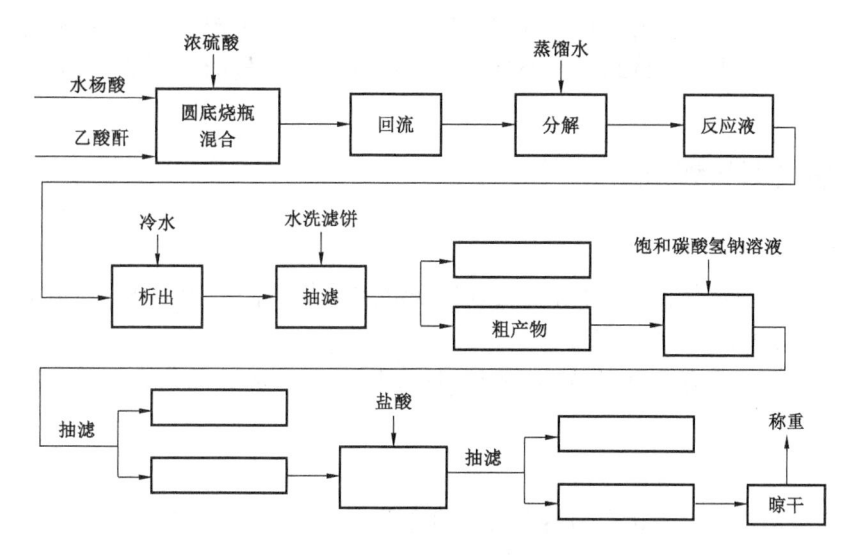

图 6-20 乙酰水杨酸制备流程示意图

三、制备过程准备

1. 仪器试剂准备

圆底烧瓶(100mL)、球形冷凝管、烧杯、锥形瓶(100mL)、表面皿、水浴锅、减压过滤装置、电热套、温度计。

水杨酸、乙酸酐、浓硫酸、饱和碳酸氢钠溶液、1∶2盐酸、1%三氯化铁溶液。

2. 制备装置准备

(1)普通回流装置的安装:按图5-1(a)组装普通回流装置。
(2)简单蒸馏操作准备:参照第四章第三节简单蒸馏及其操作。
(3)过滤装置操作准备:参照第四章第一节重结晶及其操作。

四、制备过程

1. 阿司匹林的制备

在干燥的100mL圆底烧瓶中,加入4g水杨酸和10mL新蒸馏的乙酸酐,在不断振摇下缓慢滴加10滴浓硫酸。按图5-1(a)安装回流装置。通水后,振摇烧瓶使水杨酸溶解,然后于水浴中加热,控制水浴温度在80~85℃之间,反应20min。

2. 产品的精制

稍冷却,在搅拌下将反应液倒入盛有100mL冷水的烧杯中,并用冰水浴冷却,放置20min。待结晶完全析出后,减压抽滤,用少量冷水洗涤结晶两次,压紧抽干,转移置于表面皿上,晾干,称重。将粗产物放入100mL烧杯中,加入50mL饱和碳酸氢钠溶液并不断搅拌,直至无二氧化碳气泡产生为止。

减压过滤,除去不溶性杂质。滤液倒入洁净的200mL烧杯中,在搅拌下加入30mL 1∶2

盐酸,阿司匹林即呈沉淀析出。将烧杯置于冰—水浴中充分冷却后,减压过滤,用少量冷水洗涤滤饼两次,压紧抽干。将结晶小心转移至洁净的已知质量的表面皿上,晾干后称量,计算产率。

五、产品检测与评价

1. 定性检测

水杨酸与大多酚类化合物一样,与三氯化铁形成深色络合物,阿司匹林因酚羟基已被酰化,不再与三氯化铁发生颜色反应。

取几粒结晶加入盛有 5mL 水的试管中,加入 1~2 滴 1% 三氯化铁溶液,观察有无颜色反应。

2. 纯度分析

参照第三章第一节有机化合物熔点及其测定方法,测定产品的熔点。

将实验中所得的熔点值同纯的阿司匹林的熔点比较,对产品进行纯度判断。

3. 确定结构

利用光谱分析技术,记录产品阿司匹林的红外光谱图,并与图 6-21 标准阿司匹林的红外光谱图比较,确定样品的结构。

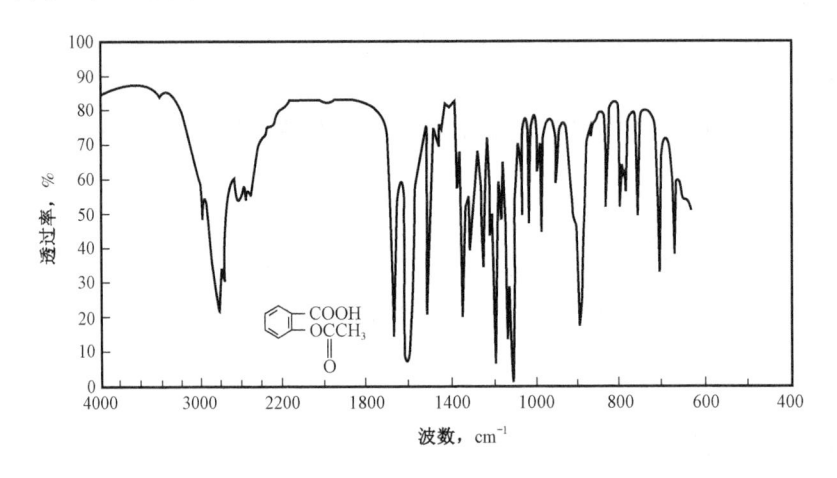

图 6-21 阿司匹林的红外光谱图

六、制备过程成功的关键

(1)本实验中,乙酸酐应用新蒸馏过的,收集 139~140℃时的馏液。

(2)反应温度不宜过高,否则将增加副产物的生成。

(3)由于阿司匹林微溶于水,所以洗涤结晶时用水量要少些,温度要低些,以减少产品损失。

(4)若不析出晶体,可在水浴上蒸馏稍加浓缩,并将溶液置于冰水中冷却,或用玻棒摩擦瓶壁,可促使晶体生成。

七、安全提示和应急处理

1. 水杨酸的危害性及应急处理

水杨酸粉尘对呼吸道有刺激性，吸入后可引起咳嗽和胸部不适。水杨酸对眼有刺激性，长时间接触可致眼损害。长时间或反复皮肤接触水杨酸可引起皮炎，甚至发生灼伤。摄入水杨酸会发生胃肠道刺激、耳鸣及肾损害。

泄漏应急处理：隔离泄漏污染区，限制出入，切断火源。建议应急处理人员戴防尘面具（全面罩），穿防毒服。避免扬尘，小心扫起，置于袋中转移至安全场所。若大量泄漏，用塑料布、帆布覆盖。收集回收或运至废物处理场所处置。

急救措施：皮肤接触时，立即脱去污染的衣着，用大量流动清水冲洗至少15min后就医。眼睛接触时，立即提起眼睑，用大量流动清水或生理盐水彻底冲洗至少15min后就医。若不慎吸入，应脱离现场至空气新鲜处。如呼吸困难，给输氧后就医。若不慎误食，应饮足量温水，催吐后洗胃，导泻，然后就医。

该品可燃，具刺激性，遇明火、高热可燃。

灭火方法：消防人员须佩戴防毒面具、穿全身消防服，在上风向灭火。

灭火剂：雾状水、泡沫、干粉、二氧化碳、沙土。

操作处置与储存：密闭操作，局部排风。操作人员必须经过专门培训，应严格遵守操作规程。建议操作人员佩戴自吸过滤式防尘口罩，戴化学安全防护眼镜，穿防毒物渗透工作服，戴橡胶手套。操作人员应远离火种、热源。工作场所严禁吸烟。应使用防爆型的通风系统和设备，避免产生粉尘，避免与氧化剂、碱类接触。搬运时要轻装轻卸，防止包装及容器损坏。应配备相应品种和数量的消防器材及泄漏应急处理设备。倒空的容器可能残留有害物，应妥善处理。

储存注意事项：储存于阴凉、通风的库房。远离火种、热源。保持容器密封。应与氧化剂、碱类等分开存放，切忌混储。应配备相应品种和数量的消防器材。储区应备有合适的材料收容泄漏物。

2. 乙酸酐的危害性

乙酸酐为无色透明液体，有强烈的乙酸气味，味酸，有吸湿性，溶于氯仿和乙醚，缓慢地溶于水形成乙酸。乙酸酐易燃，有腐蚀性，有催泪性。本品吸入后对呼吸道有刺激作用，可引起咳嗽、胸痛、呼吸困难。乙酸酐蒸气对眼有刺激性，眼和皮肤直接接触液体可致灼伤。口服乙酸酐会灼伤口腔和消化道，出现腹痛、恶心、呕吐和休克等。受该品蒸气慢性作用的工人，可有结膜炎、畏光等症状。勿接触皮肤或眼睛，以防引起损伤。

3. 浓盐酸的危害性

盐酸具有极强的挥发性，因此打开盛有浓盐酸的容器后能在其上方看到白雾，易溶于水、乙醇、乙醚和油等，有刺激性气味和强腐蚀性。盐酸本身和其酸雾都会腐蚀人体组织，可能会不可逆地损伤呼吸器官、眼部、皮肤和胃肠等。在将盐酸与氧化剂（例如漂白剂次氯酸钠或高锰酸钾等）混合时，会产生有毒气体氯气。

使用盐酸时，应配合个人防护装备（如橡胶手套或聚氯乙烯手套、护目镜、耐化学品的衣物和鞋子等），以降低直接接触盐酸所带来的危险。

思 考 题

1. 制备阿司匹林时,为何要加入少量浓硫酸?反应温度应控制在什么范围?高温会造成什么影响?
2. 制备阿司匹林时为何要使用干燥的仪器?
3. 乙酰水杨酸受热时容易分解,试问在制备过程中哪些操作是为了保护产物免受分解的?
4. 本次实验中一共排放了多少废水与废渣?有什么合适的治理方案?

第十二节　有机合成原料乙酰乙酸乙酯的制备

乙酰乙酸乙酯,又称乙酰醋酸乙酯,简称"三乙",是一种重要的有机合成原料,为无色或微黄色透明液体,有果子香味。乙酰乙酸乙酯在有机合成中的应用极广,可用来合成吡啶、吡咯、吡唑酮、嘧啶、嘌呤和环内酯等杂环化合物;还广泛用于药物合成,是合成解热止痛药安替比林、匹拉米董、安乃近的中间体,可制消炎药磺胺二甲基嘧啶,是合成维生素 B_1 的重要原料;也用于偶氮黄色染料的制备;还用于调合苹果香精及其他果香香精。

视频 6-12-1
乙酰乙酸乙酯
制备知识准备

一、目的要求

(1)了解克莱森(Claisen)酯缩合反应的机理和应用;
(2)熟悉在酯缩合反应中金属钠的应用和操作;
(3)复习液体干燥和减压蒸馏操作。
(4)了解所用危险化学品的职业危害和处置救援方法。

二、确定方案

1. 乙酰乙酸乙酯的物理化学特性

乙酰乙酸乙酯,其分子式为 $C_6H_{10}O_3$,相对分子质量为130.14,无色液体,有芳香味。乙酰乙酸乙酯微溶于水,可溶于多种有机溶剂,25℃时在水中溶解12%;水在乙酰乙酸乙酯中溶解4.9%。乙酰乙酸乙酯对石蕊呈中性。其相对密度为1.0282(20/4℃),熔点(酮式)为-39℃,熔点(烯醇式)为-44℃,沸点为180.8℃,折射率为1.4194,闪点(闭口)为84.4℃。普通的乙酰乙酸乙酯是酮式和烯醇式组成的平衡混合物,酮式占93%,烯醇式占7%。酮式乙酰乙酸乙酯为结晶状化合物,不能与溴起加成反应,也不使三氯化铁显色,但能与酮试剂作用;烯醇式乙酰乙酸乙酯不与酮试剂反应,但能使三氯化铁显色。乙酰乙酸乙酯的酮式和烯醇式在酸碱催化下可发生迅速互变。

2. 乙酰乙酸乙酯的反应原理

依据含 α-活泼氢的酯在强碱性试剂(如 Na、$NaNH_2$、NaH 或三苯甲基钠等)存在下,能与另一分子酯发生克莱森酯缩合反应,生成 β-羰基酸酯。反应式为

$$CH_3COOH \underset{H_2SO_4/\triangle}{\overset{CH_3CH_2OH}{\rightleftharpoons}} \underset{\text{乙酸乙酯}}{CH_3COOCH_2CH_3} \underset{CH_3COOH}{\overset{NaOC_2H_5}{\longrightarrow}} \underset{\text{乙酰乙酸乙酯}}{CH_3COCH_2COOCH_2CH_3}$$

乙酰乙酸乙酯就是通过这一反应制备的。虽然反应中使用金属钠作缩合试剂,但真正的催化剂是钠与乙酸乙酯中残留的少量乙醇作用产生的乙醇钠。

3. 制备乙酰乙酸乙酯的小试方案

(1)查阅资料并填写数据,如表 6-13 所示。

表 6-13 资料分析表(十二)

名称	摩尔质量 g/mol	颜色性状	熔点 ℃	沸点 ℃	密度 g/cm³	水溶性	投入量(或理论产量) 质量(体积) g(mL)	投入量(或理论产量) 物质的量 mol
二甲苯								
乙酸乙酯								
乙酰乙酸乙酯								

(2)乙酰乙酸乙酯的制备流程示意图如图 6-22 所示,请在空白处填写相应化合物的分子式。

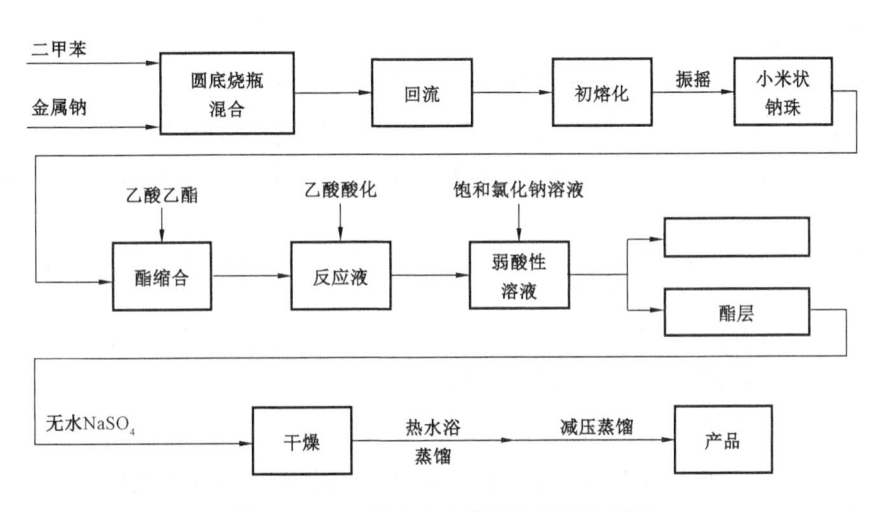

图 6-22 乙酰乙酸乙酯制备流程示意图

三、制备过程准备

1. 仪器试剂准备

圆底烧瓶(25mL)、球形冷凝管、分液漏斗、蒸馏瓶(5mL)、蒸馏头、干燥管、锥形瓶、量筒(5mL)、电炉、水浴锅。

金属钠 0.5g(0.022mol),乙酸乙酯 5g(5.5mL,0.057mol),二甲苯 2.5mL,醋酸,饱和氯化钠溶液,无水硫酸钠。

2. 制备装置准备

(1)回流装置的安装:按图 5-1(b)组装回流装置。圆底烧瓶上安装回流冷凝管,冷凝管

上端配置氯化钙干燥管;

(2) 盐析操作准备:参照第四章第七节液液萃取中的洗涤操作;

(3) 减压蒸馏操作准备:参照第四章第五节减压蒸馏及其操作。

四、制备过程

1. 乙酰乙酸乙酯的制备

1) 熔钠和摇钠

在干燥的100mL圆底烧瓶中加入2.5g金属钠和12.5mL二甲苯,装上球形冷凝管,加热使钠熔融。拆去冷凝管,用磨口玻璃塞塞紧圆底烧瓶,用力振摇得细粒状钠珠。

动画6-12-2 乙酰乙酸乙酯制备过程

> **注意**
>
> 金属钠遇水即燃烧爆炸,故使用时应严格防止钠接触水,并避免接触皮肤。
>
> 钠珠的制作过程中间一定不能停,且振摇,使瓶内温度下降不至于使钠珠结块。

2) 加酯回流缩合和酸化

稍经放置钠珠沉于瓶底,将二甲苯倾倒到二甲苯回收瓶中(切勿倒入水槽或废物缸,以免着火)。迅速向瓶中加入27.3mL乙酸乙酯,重新装上冷凝管,并在其顶端装氯化钙干燥管,按装置图5-1(b)连接好仪器,反应随即开始,并有气泡逸出。如反应很慢时,可稍加温热。

待激烈的反应过后,置反应瓶于石棉圈上小火加热,保持微沸状态,直至所有金属钠全部作用完为止。反应约需0.5h。此时生成的乙酰乙酸乙酯钠盐为橘红色透明溶液(冷却时析出黄白色沉淀)。待反应物稍冷后,在摇荡下加入50%的醋酸溶液,直到反应液呈弱酸性(pH=4~5)(约需3mL)。此时,所有的固体物质均已溶解。

2. 产品的精制

将溶液转移到分液漏斗中,加入等体积的饱和氯化钠溶液,用力摇振片刻。静置后,乙酰乙酸乙酯分层析出。分出上层粗产物,用无水硫酸钠干燥后滤入蒸馏瓶,并用少量乙酸乙酯洗涤干燥剂,一并转入蒸馏瓶中。

动画6-12-3 乙酰乙酸乙酯精制过程

先在沸水浴上蒸去低沸点物质,然后将剩余液体移入250mL圆底烧瓶中,用减压蒸馏装置进行减压蒸馏。乙酰乙酸乙酯沸点与压力的关系见表6-14。

表6-14 乙酰乙酸乙酯沸点与压力的关系

压力,mmHg	760	80	60	40	30	20	18	14	12	10	5	1.0	0.1
沸点,℃	181	100	97	92	88	82	78	74	71	67.3	54	28.5	5

减压蒸馏时需缓慢加热,待残留的低沸点物质蒸出后,再升高温度,收集乙酰乙酸乙酯,称重,计算产率。

五、产品检测与评价

1. 纯度分析

参照第三章第三节有机化合物折射率及其测定,测定产品的折射率。

将实验中所得的折射率值同纯的乙酰乙酸乙酯($n_D^{20}=1.4199$)的折射率比较,对产品进行纯度判断。

2. 确定结构

利用光谱分析技术,记录产品乙酰乙酸乙酯的红外光谱图,并与图6-23标准乙酰乙酸乙酯的红外光谱图比较,确定样品的结构。

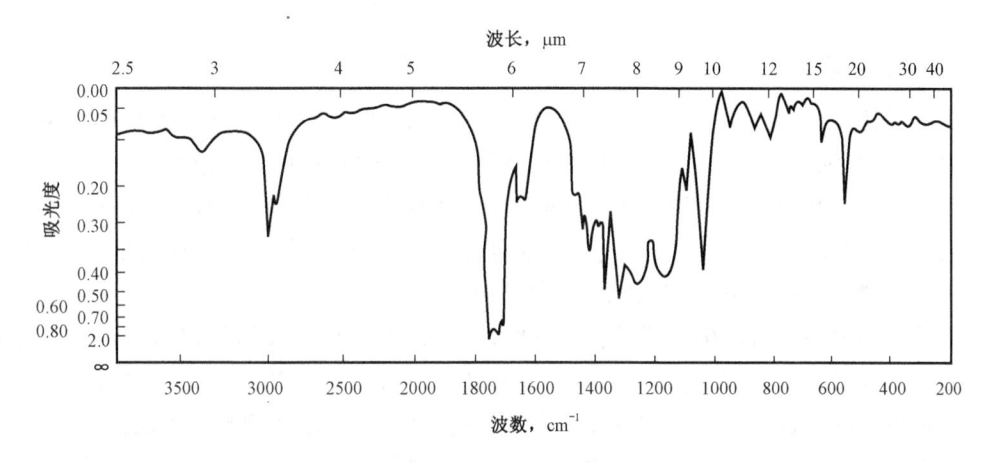

图 6-23 乙酰乙酸乙酯红外光谱图

六、制备过程成功的关键

(1)仪器干燥,严格无水。金属钠遇水即燃烧爆炸,故使用时应严格防止钠接触水。除所用仪器要事先洗净干燥外,乙酸乙酯要绝对干燥,同时还应含有1%~2%的乙醇。其提纯方法为:将普通乙酸乙酯用饱和氯化钙溶清洗涤数次,再用焙烧过的无水碳酸钾干燥,在水浴上蒸馏,收集76~78℃馏分。

(2)操作迅速,防止体系吸水。

(3)摇钠为本实验关键步骤,因为钠珠的大小决定着反应的快慢。钠珠越细越好,应呈小米状细粒。否则,应重新熔融再摇。摇钠时应用干抹布包住瓶颈,快速而有力地来回振摇,往往最初的数下有力振摇即达到要求。

(4)用乙酸中和时,宜在振摇下先迅速加入少量50%的乙酸,然后在振摇下小心加入乙酸至刚呈弱酸性。若开始时慢慢加入乙酸,会使乙酰乙酸乙酯钠盐成大块析出,不易中和。但加入乙酸过量,蒸馏时使酯分解,同时增加酯在水中的溶解度,降低产率。另外,应注意在加乙酸时一定要等大部分钠反应完后,再加乙酸水溶液,以防着火。

(5)乙酰乙酸乙酯常压蒸馏时很易分解,其分解产物为"去水乙酸",这样会影响产率,故宜采用减压蒸馏,且压力越低越好。

七、安全提示和应急处理

1. 乙酰乙酸乙酯的危害性

乙酰乙酸乙酯是一种重要的有机合成原料,无色或微黄色透明液体,有醚样和苹果似的香气,并有新鲜的朗姆酒酒香,香甜而带些果香。香气飘逸,不持久。有使人愉快的香气。易溶于水,可混溶于多数有机溶剂、醇、醚。与乙醇、丙二醇及油类可互溶。乙酰乙酸乙酯对皮肤有刺激作用。吸入、摄入或经皮肤吸收后对身体有害。对眼睛、黏膜和上呼吸道有刺激作用。

乙酰乙酸乙酯可燃,具刺激性。遇明火、高热可燃。若遇高热,容器内压增大,有开裂和爆炸的危险。

2. 二甲苯的危害性

二甲苯易挥发,发生事故时现场会弥漫着二甲苯的特殊芳香味,倾泻入水中的二甲苯可漂浮在水面上,或呈油状物分布在水面,可造成鱼类和水生生物的死亡。危险特性:易燃,其蒸气与空气可形成爆炸性混合物。遇明火、高热能引起燃烧爆炸。与氧化剂能发生强烈反应。流速过快,容易产生和积聚静电。其蒸气比空气重,能在较低处扩散至相当远的地方,遇明火会引着回燃。燃烧(分解)产物:一氧化碳、二氧化碳。

二甲苯在环境中也可以生物降解,但这种过程的速度比挥发过程的速率低得多。挥发到空中的二甲苯也可能被光解,这是它的主要迁移转化过程。二甲苯经呼气和代谢物从人体排出的速度很快,在接触停止18小时内几乎全部排出体外,二甲苯能相当持久地存在于饮水中。

防护措施:呼吸系统防护,空气中浓度较高时,建议佩戴防毒面具(半面罩)。紧急事态抢救或撤离时,建议佩戴空气呼吸器。眼睛防护,戴化学安全防护眼镜。身体防护,穿防化学毒物渗透防化服。手部防护,戴防化手套。其他防护,比如工作现场禁止吸烟、进食和饮水,工作毕,淋浴更衣,注意个人清洁卫生。

急救措施:脱去被污染的衣着,用肥皂水和清水彻底冲洗皮肤;若眼睛接触,提起眼睑,用流动清水或生理盐水冲洗。迅速脱离现场至空气新鲜处。保持呼吸道通畅。如呼吸困难,给输氧。如呼吸停止,立即进行人工呼吸。

泄漏应急处理:迅速撤离泄漏污染区人员至安全区,并进行隔离,严格限制出入。切断火源。建议应急处理人员戴正压式空气呼吸器,穿消防防护服。尽可能切断泄漏源,防止进入下水道、排洪沟等限制性空间。小量泄漏:用活性炭或其他惰性材料吸收。也可以用不燃性分散剂制成的乳液刷洗,洗液稀释后放入废水系统。

大量泄漏:构筑围堤或挖坑收容;用泡沫覆盖,抑制蒸发。用防爆泵转移至槽车或专用收集器内,回收或运至废物处理场所处置。迅速将被二甲苯污染的土壤收集起来,转移到安全地带。对污染地带沿地面加强通风,蒸发残液,排除蒸气。迅速筑坝,切断受污染水体的流动,并用围栏等限制水面二甲苯的扩散。

3. 乙醇、钠、乙酸、乙酸乙酯的危害性

参照第6章相关章节中的安全提示及应急处理部分相关内容。

> **思 考 题**
>
> 1. 克莱森酯缩合反应的催化剂是什么？本实验为什么可以用金属钠代替？
> 2. 本实验中加入50%醋酸溶液和饱和氯化钠溶液的目的何在？
> 3. 本实验应以哪种物质为基准计算产率？为什么？

第十三节 食品添加剂肉桂酸的制备

肉桂酸，又名 β-苯丙烯酸、3-苯基-2-丙烯酸，是从肉桂皮或安息香分离出的有机酸，为植物中由苯丙氨酸脱氨降解产生的苯丙烯酸。肉桂酸主要用于香精香料、食品添加剂、农药，并应用于医药工业、有机合成、美容等方面。

一、目的要求

(1) 能通过资料查阅，了解肉桂酸的物理化学特性，筛选确定制备方案；
(2) 能熟练使用插温度计的回流、重结晶、水蒸气蒸馏等装置制备肉桂酸；
(3) 能用测熔点的方法和薄层色谱法进行肉桂酸纯度的判定；
(4) 了解所用危险化学品的职业危害和处置救援方法。

视频6-13-1
肉桂酸制备
知识准备

二、确定方案

1. 肉桂酸的物理化学特性

肉桂酸的化学名称是3-苯基-2-丙烯酸，分子式为 $C_9H_8O_2$，相对分子质量为148.16。熔点为133℃，沸点为300℃，相对密度为1.2475。肉桂酸为白色至淡黄色粉末，微有桂皮香气。肉桂酸溶于乙醇、甲醇、石油醚、氯仿，易溶于苯、乙醚、丙酮、冰醋酸、二硫化碳及油类，微溶于水。

2. 制备肉桂酸的主要方法

合成肉桂酸的方法有多种，如 Perkin 法、Knoevenagel 法、苯甲醛—丙酮法、苯甲醛—乙烯酮法、苯甲醛—醋酸法、苯乙烯—四氯化碳法、苯乙烯——氧化碳法、苯乙烯—二氧化碳法、苯基氯甲烷—无水醋酸钠法、卤代苯—丙烯酸法、肉桂醛氧化法等。以上方法中大部分因能耗大、污染重、成本高、产率低等因素而没有实际工业应用价值，或已经被淘汰。目前工业上生产肉桂酸的方法主要是 Perkin 法和苯乙烯—四氯化碳法。

3. Perkin 法制备肉桂酸的反应原理

芳香醛和酸酐在碱性催化剂存在下，可发生类似羟醛缩合的反应。生成 α-不饱和芳香酸和 β-不饱和芳香酸，称为 Perkin 反应。通常使用相应酸酐的羧酸钾或钠做催化剂，有时也可用 K_2CO_3 或叔胺代替。Perkin 法是工业和实验室中普遍采用的合成肉桂酸的一种方法，即以苯甲醛和醋酐为原料，在无水碳酸钾存在下发生羟醛缩合反应制取肉桂酸，主反应为

副反应为

反应产物中混有少量未反应的苯甲醛,可通过水蒸气蒸馏将其除去。

4. 制备肉桂酸的小试方案

(1) 查阅资料并填写数据,见表6-15。

表6-15 资料分析表(十三)

名称	摩尔质量 g/mol	颜色性状	熔点 ℃	沸点 ℃	密度 g/cm³	水溶性	投入量(或理论产量) 质量(体积) g(mL)	物质的量 mol
苯甲醛								
乙酸酐								
肉桂酸								

(2) 肉桂酸的制备流程示意图如图6-24所示,请在空白处填写相应化合物的分子式。

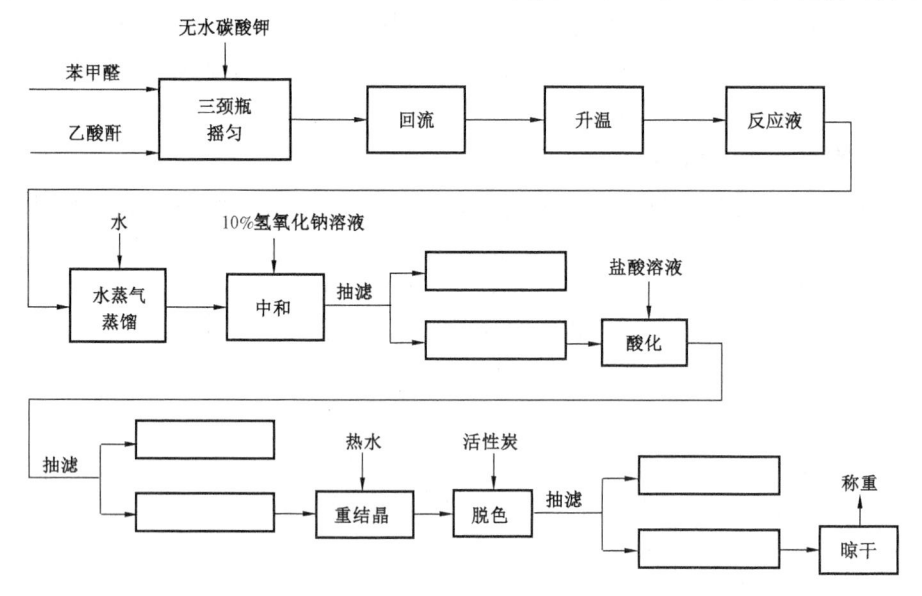

图6-24 肉桂酸制备流程示意图

三、制备过程准备

1. 仪器试剂准备

三口烧瓶(250mL)、空气冷凝管、水蒸气蒸馏装置、减压过滤装置、烧杯、锥形瓶(100mL)、表面皿、温度计、保温漏斗、电热套。

苯甲醛、乙酸酐、无水碳酸钾、10%氢氧化钠溶液、浓盐酸、活性炭。

2. 制备装置准备

(1) 带温度计的回流装置的安装：三口烧瓶中口安装空气冷凝管，一侧口安装温度计，另一侧口配上塞子。

(2) 水蒸气蒸馏操作准备：参照第四章第四节水蒸气蒸馏及其操作。

(3) 过滤装置操作准备：参照第四章第一节重结晶及其操作。

四、制备过程

1. 方法一 常量法

1) 肉桂酸的制备

在干燥的250mL三口烧瓶中依次加入4.2g研细的无水碳酸钾，3mL新蒸过的苯甲醛和8mL乙酸酐，摇匀，安装带温度计的回流装置。用电热套或油浴加热，使反应液温度缓慢升至140℃，并在此温度下回流1h，然后升温至170℃，保持1h。

2) 产品的精制

冷却反应混合物，加入40mL水浸泡几分钟后进行水蒸气蒸馏，将未反应的苯甲醛蒸出，直至馏出液无油珠。

在烧瓶中加入20mL10%氢氧化钠溶液，振摇，至检测溶液的pH值为8~9。振摇使肉桂酸全部生成钠盐而溶解，抽滤，将滤液转入250mL烧杯中，冷却至室温。在搅拌下用浓盐酸酸化至刚果红试纸变蓝(pH=2~3)。冰—水浴中充分冷却后抽滤。用少量冷水洗涤滤饼，压紧抽干后称重。

粗产品用热水重结晶(每克粗产品加水50mL)。稍冷却加入约1g活性炭，煮沸，趁热用保温漏斗过滤。滤液在冰水浴中充分冷却，抽滤。将结晶小心转移至洁净的已知质量的表面皿上，晾干后称量，计算产率。

2. 方法二 微量法(微波辐射法)

在25mL圆底烧瓶中，混合1.4g无水碳酸钾、2.5mL醋酸酐和1.6mL苯甲醛，装上回流装置，将微波火力调至低挡，在微波炉中加热回流15min。

反应完毕，将反应物趁热倒入100mL圆底烧瓶中，并以少量沸水冲洗反应瓶几次，使反应物全部转移至100mL烧瓶中，加入少量固体碳酸钠(2~3g)，使溶液呈微碱性，在微波炉中进行简单水蒸气蒸馏至无油珠馏出为止。

在残留液中加入少量活性炭，煮沸数分钟并趁热过滤，在搅拌下往热滤液中小心加入浓盐酸至呈酸性(pH=3)，冷却，待结晶全部析出，抽滤收集，以少量冷水洗涤，干燥，产品约0.84g。在3:1(乙醇:水,体积比)的稀乙醇中进行重结晶。

五、产品检测与评价

1. 纯度分析

参照第三章第一节有机化合物熔点及其测定方法,测定产品的熔点。

将实验中所得的熔点值同纯的肉桂酸的熔点比较,对产品进行纯度判断。

2. 确定结构

利用光谱分析技术,记录产品肉桂酸的红外光谱图,并与图 6-25 标准肉桂酸的红外光谱图比较,确定样品的结构。

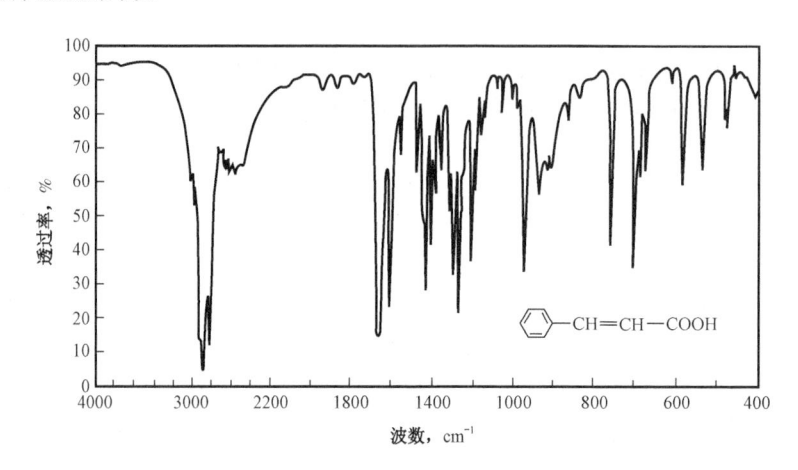

图 6-25 肉桂酸的红外光谱图

六、制备过程成功的关键

(1)本实验中的所有仪器必须干燥。

(2)缩合反应过程中要缓慢升温,以防苯甲醛被氧化。

(3)苯甲醛久置后,由于自动氧化有苯甲酸生成,这不仅影响反应的进行,而且混在产品中不易除去,影响产品的质量。因此,本实验所用的苯甲醛应预先蒸馏,接收 176~180℃ 馏分。乙酸酐久置后会因吸潮或水解变为乙酸,严重影响反应,所以使用时也一定要预先蒸馏,接收 137~140℃ 馏分。

图片 6-13-4 苯甲醛安全提示和应急处理

七、安全提示和应急处理

1. 苯甲醛的危害性

苯甲醛具低毒性,对神经有麻醉作用,对皮肤有刺激性。对眼睛、呼吸道黏膜有一定的刺激作用。

急救措施:皮肤接触时应脱去污染的衣着,用流动清水冲洗。眼睛接触时应提起眼睑,用流动清水或生理盐水冲洗后就医。若不慎吸入,应脱离现场至空气新鲜处;如呼吸困难,应给输氧后就医。若不慎误食,应饮足量温水,催吐后就医。

苯甲醛遇明火、高热可燃;若遇高热,容器内压增大,有开裂和爆炸的危险。其有害燃烧产物是一氧化碳、二氧化碳。

灭火方法:消防人员须佩戴防毒面具、穿全身消防服,在上风向灭火。尽可能将容器从火场移至空旷处。喷水保持火场容器冷却,直至灭火结束。处在火场中的容器若已变色或从安全泄压装置中产生声音,必须马上撤离。

灭火剂:雾状水、泡沫、干粉、二氧化碳及沙土。

泄漏应急处理:迅速撤离泄漏污染区人员至安全区,并进行隔离,严格限制出入,切断火源。建议应急处理人员戴自给正压式呼吸器,穿防毒服。尽可能切断泄漏源,防止有害物质流入下水道、排洪沟等限制性空间。少量泄漏时,用沙土、蛭石或其他惰性材料吸收,也可以用不燃性分散剂制成的乳液刷洗,洗液稀释后放入废水系统。大量泄漏时,构筑围堤或挖坑收容,用泵转移至槽车或专用收集器内,回收或运至废物处理场所处置。

2. 乙酸酐、氢氧化钠、盐酸的危害性

乙酸酐的危害性参照第六章第十一节中的安全提示和应急处理部分。
氢氧化钠的危害性参照第六章第四节中的安全提示和应急处理部分。
盐酸的危害性参照第六章第十一节中的安全提示和应急处理部分。

思 考 题

1. 在本实验所用的回流装置中,为什么采用空气冷凝管?
2. 缩合反应之后,为什么要用水蒸气蒸馏的方法来除去苯甲醛?
3. 若先中和,后进行水蒸气蒸馏,所用碱液是否还可以用氢氧化钠溶液?
4. 本次实验中,一共排放了多少废水与废渣?有什么合适的治理方案?

第十四节　食品防腐剂苯甲酸的制备

苯甲酸俗称安息香酸,因最初由安息香树脂干馏制得而得名。苯甲酸及其钠盐是食品的重要防腐剂,在酸性条件下,对酵母和霉菌有抑制作用。苯甲酸对微生物有剧毒,但其钠盐的毒性却显著下降。苯甲酸及其钠盐对人体无毒害。苯甲酸进入人机体后,大部分在 9~15h 内与甘氨酸作用生成马尿酸,从尿中排出。苯甲酸除了主要用于制备苯甲酸钠防腐剂外,还用于制造增塑剂、聚酯聚合用引发剂、香料等,甚至还可用作钢铁设备的防锈剂。

一、目的要求

(1)能通过资料查阅,了解苯甲酸的物理化学特性,筛选确定制备方案;
(2)能熟练操作带搅拌器的回流、重结晶、洗涤等装置;
(3)能用测熔点及红外光谱的方法判定苯甲酸的纯度和结构;
(4)了解所用危险化学品的职业危害和处置救援方法。

二、确定方案

1. 苯甲酸的物理化学特性

苯甲酸的分子式为 $C_7H_6O_2$,相对分子质量为 122.12。苯甲酸具有苯或甲醛气味的鳞片

状或针状结晶。苯甲酸熔点为122.13℃,沸点为249℃,相对密度为1.2659(15℃/4℃)。它在100℃时迅速升华,其蒸气有很强的刺激性,吸入后易引起咳嗽。苯甲酸微溶于水,易溶于乙醇、乙醚等有机溶剂。苯甲酸是弱酸,比脂肪酸酸性强。

2. 制备苯甲酸的主要方法

制备苯甲酸的方法有很多,工业上常用甲苯氯化法、邻苯二甲酸酐脱羧法和甲苯氧化法等。

邻苯二甲酸酐脱羧法的成本较高,甲苯氯化法所得产品不适合于食品,因此,甲苯氧化法是目前主要的生产方法。

甲苯氧化法:用高锰酸钾作氧化剂由甲苯制取苯甲酸,其反应式为

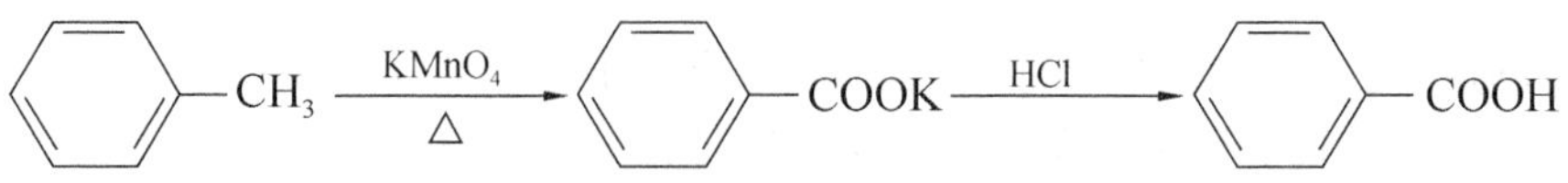

$$\text{C}_6\text{H}_5\text{-CH}_3 \xrightarrow[\triangle]{\text{KMnO}_4} \text{C}_6\text{H}_5\text{-COOK} \xrightarrow{\text{HCl}} \text{C}_6\text{H}_5\text{-COOH}$$

3. 应用格氏反应制备苯甲酸的反应原理

本实验应用格氏反应,以溴苯和金属镁为原料来制取苯甲酸。这种合成路线并不是制备苯甲酸最经济的途径,但是作为格氏反应的应用,它却是制备羧酸的一种重要方法,其主反应为

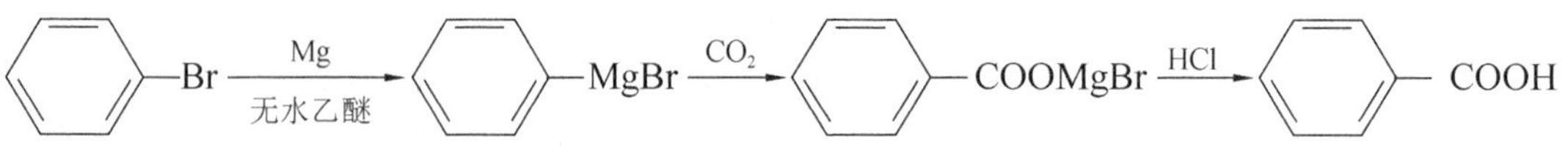

$$\text{C}_6\text{H}_5\text{-Br} \xrightarrow[\text{无水乙醚}]{\text{Mg}} \text{C}_6\text{H}_5\text{-MgBr} \xrightarrow{\text{CO}_2} \text{C}_6\text{H}_5\text{-COOMgBr} \xrightarrow{\text{HCl}} \text{C}_6\text{H}_5\text{-COOH}$$

其副反应为

$$\text{C}_6\text{H}_5\text{-Br} + \text{C}_6\text{H}_5\text{-MgBr} \longrightarrow \text{C}_6\text{H}_5\text{-C}_6\text{H}_5 + \text{MgBr}_2$$

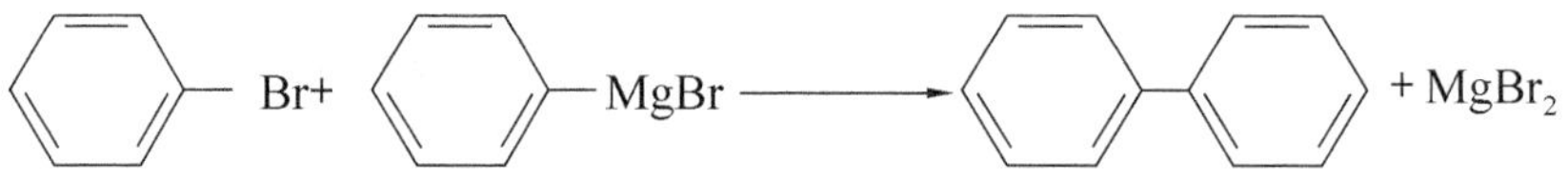

4. 制备苯甲酸的小试方案

(1)查阅资料并填写数据见表6-16。

表6-16 资料分析表(十四)

名称	摩尔质量 g/mol	颜色性状	熔点 ℃	沸点 ℃	密度 g/cm³	水溶性	投入量(或理论产量) 质量(体积) g(mL)	物质的量 mol
溴苯								
金属镁								
苯甲酸								

(2)苯基溴化镁制备流程示意图如图6-26所示。

(3)苯甲酸制备流程示意图如图6-27所示,请在空白处填写相应化合物的分子式。

图 6-26 苯基溴化镁制备流程示意图

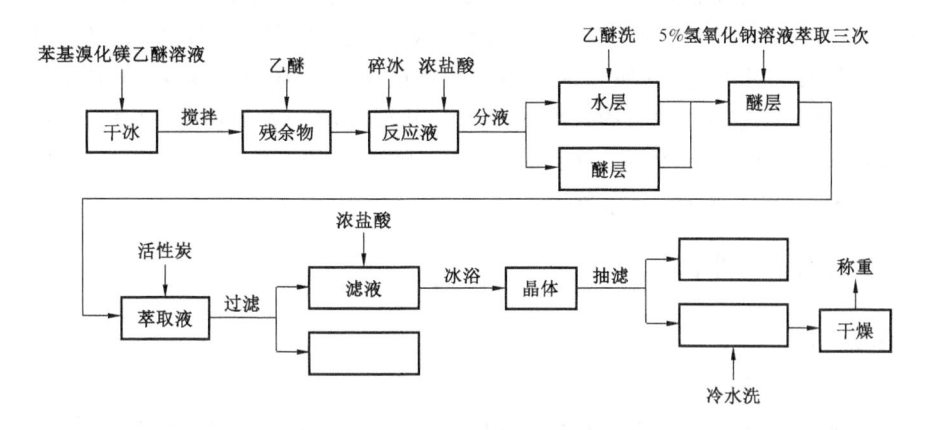

图 6-27 苯甲酸制备流程示意图

三、制备过程准备

1. 仪器试剂准备

三口烧瓶(100mL)、带搅拌器的回流装置、减压过滤装置、烧杯、锥形瓶(100mL)、表面皿、分液漏斗、温度计。

溴苯、镁屑、无水乙醚、干冰、碘晶、浓盐酸、5%氢氧化钠溶液、活性炭。

2. 制备装置准备

(1)带搅拌器的回流装置的安装：按图5-2(b)组装带搅拌器的回流装置。三口烧瓶中口安装搅拌器，一侧口安装温度计，另一侧口安装回流冷凝管。

(2)过滤装置操作准备：参照第四章第一节重结晶及其操作。

四、制备过程

1. 苯基溴化镁的制备

在已干燥的三口烧瓶(100mL)上配置搅拌器，恒压滴液漏斗和回流冷凝管，回流冷凝管上端装上氯化钙干燥管。

依次向三口烧瓶投入1.2g干燥的镁屑、10mL无水乙醚和一小粒碘晶。在滴液漏斗中装上由5.2mL溴苯和20mL无水乙醚配成的混合溶液。自滴液漏斗向三口烧瓶先滴入约5mL溴苯溶液，如果在几分钟内仍未见反应，应对三口烧瓶用温水浴加热，反应液开始沸腾，碘的颜色逐渐消退，反应就开始了。

停止加热，在搅拌下将余下的溴苯溶液滴入三口烧瓶中，滴速以保持反应液平稳沸腾为宜。当溴苯溶液全部加毕，继续在温水浴中加热回流0.5h，使反应完全，即得苯基溴化镁乙醚溶液,冷却至室温备用。

2. 苯甲酸的制备及分离纯化

将干冰置于400mL干燥的烧杯中,在玻璃棒的搅拌下,将苯基溴化镁乙醚溶液缓缓倒在干冰上,保持搅拌,直到剩余干冰全部升华。残余物为黏稠液体,加入10mL乙醚,搅拌均匀,使其稀释。向稀释后的反应液中加入20g碎冰和5mL浓盐酸,用玻璃棒搅拌,让固体物质完全溶解。将混合液转入分液漏斗,分出醚层。另用15mL乙醚对水层萃取,并将醚层合并。

用5%氢氧化钠溶液对醚层萃取三次(每次20mL),合并萃取液,将萃取液转入烧杯,在通风橱中用热水浴加热并搅拌,以除去少量溶解于水层中的乙醚,然后向溶液中加入少许活性炭,用小火沸煮5min,经热过滤后静置冷却。然后用5mL浓盐酸对滤液进行酸化,边酸化边搅拌。再将酸化液置入冰浴中,使苯甲酸尽量析出。将析出的产物减压抽滤,并用少量冷水洗涤,挤压去水分。干燥后称重,计算产率。

五、产品检测与评价

1. 纯度分析

参照第三章第一节有机化合物熔点及其测定,测定产品的熔点。

将实验中所得的熔点值同纯的苯甲酸的熔点比较,对产品进行纯度判断。

2. 确定结构

利用光谱分析技术,记录产品苯甲酸的红外光谱图,并与图6-28 标准苯甲酸的红外光谱图比较,确定产品的结构。

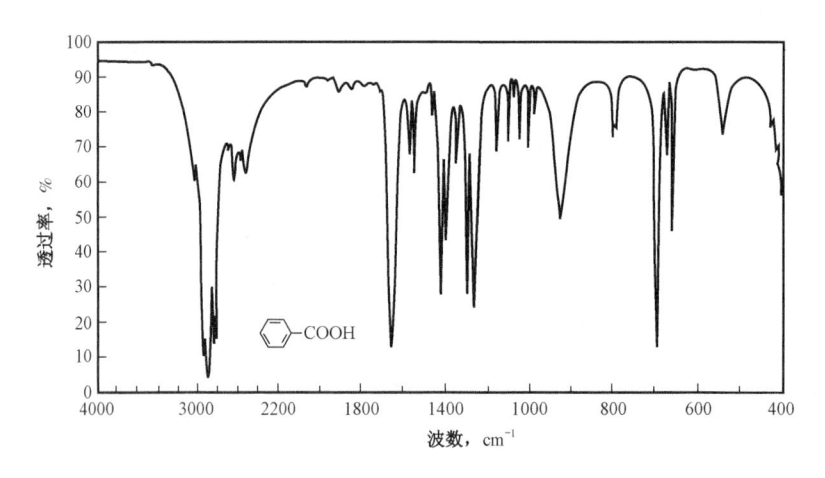

图6-28 苯甲酸的红外光谱图

六、制备过程成功的关键

(1) 如果采用普通滴液漏斗,在漏斗上端应配置氯化钙干燥管。
(2) 滴加溴苯的速度不宜太快,否则反应会太剧烈,同时也会导致副反应。
(3) 干冰会使空气中的水分在其表面凝结,而水分会使格氏试剂分解。因此,应在格氏试剂与二氧化碳反应前将块状干冰用布包着敲碎,并立即使用。

七、安全提示和应急处理

1. 苯甲酸的危害性

苯甲酸对皮肤有轻度刺激性。苯甲酸的蒸气会对上呼吸道、眼和皮肤产生刺激。苯甲酸在一般情况下接触无明显的危害性,对水体和大气可造成污染,可燃,具刺激性,遇明火、高热可燃。若皮肤接触苯甲酸会发红、有燃烧的感觉、瘙痒。若吸入会引发咳嗽,喉咙痛。若不慎入眼,会导致眼睛发红、疼痛。若误吞会腹痛,恶心,呕吐。

急救措施:皮肤接触时,应脱去污染的衣着,用大量流动清水彻底冲洗。眼睛接触时,立即翻开上下眼睑,用流动清水或生理盐水冲洗后就医。若不慎吸入,应迅速脱离现场至空气新鲜处,保持呼吸道通畅。呼吸困难时给输氧。呼吸停止时,立即进行人工呼吸后就医。若不慎食入,误服者应漱口,饮牛奶或蛋清后就医。

泄漏应急处理:隔离泄漏污染区,周围设警告标志,切断火源。应急处理人员应戴好防毒面具,穿一般消防防护服。用清洁的铲子将苯甲酸收集于干燥、洁净、有盖的容器中,运至废品处理场所。如大量泄漏,回收或无害处理后废弃。

防护措施:当空气中浓度超标时,应戴面具式呼吸器。紧急事态抢救或撤离时,建议佩戴自给式呼吸器;眼睛防护要戴化学安全防护眼镜;穿防酸碱工作服;戴防化学品手套。

灭火剂:雾状水、泡沫、二氧化碳、干粉、沙土。

2. 溴苯的危害性

溴苯为无色油状液体,具有苯的气味。溴苯不溶于水,溶于甲醇、乙醚、丙酮等多数有机溶剂。吸入该品蒸气或雾刺激上呼吸道,会引起咳嗽、胸部不适。吸入高浓度溴苯后有麻醉作用。其液体或雾对眼睛有刺激性。较长时间接触对皮肤有刺激性。若不慎入口,可引起恶心、呕吐、腹痛、腹泻、头痛、迟钝、中枢神经系统影响,甚至发生死亡。

3. 无水乙醚的危害性

无水乙醚为无色透明液体,有特殊刺激气味,带甜味,极易挥发。其蒸气重于空气,其蒸气与空气可形成爆炸性混合物,遇明火、高热极易燃烧爆炸。在空气的作用下,无水乙醚能氧化成过氧化物、醛和乙酸,暴露于光线下能促进其氧化。当乙醚中含有过氧化物时,在蒸发所分离的残留的过氧化物加热到100℃以上时能引起强烈爆炸;这些过氧化物可通过加5%硫酸亚铁水溶液振摇除去。无水乙醚的与无水硝酸、浓硫酸和浓硝酸的混合物反应也会发生猛烈爆炸。无水乙醚溶于低碳醇、苯、氯仿、石油醚和油类,微溶于水。无水乙醚的相对密度为0.7134,熔点为 -116.3℃,沸点为34.6℃,折射率为1.35555,闪点(闭杯)为 -45℃,易燃、低毒。

无水乙醚的主要作用为全身麻醉。急性大量接触时,早期会出现兴奋,继而嗜睡、呕吐、面色苍白、脉缓、体温下降和呼吸不规则,进而有生命危险。急性少量接触后的暂时后作用有头痛、易激动或抑郁、流涎、呕吐、食欲下降和多汗等。无水乙醚的液体或高浓度蒸气对眼有刺激性。长期低浓度吸入,可造成头痛、头晕、疲倦、嗜睡、蛋白尿、红细胞增多症。长期皮肤接触,可发生皮肤干燥、皲裂。

思 考 题

1. 本实验为什么要在干燥无水的条件下进行？
2. 格氏反应在什么样的情况下需要加入碘晶加以引发？
3. 本实验存在哪些副反应？应采取哪些措施加以防范？
4. 在对反应混合物处理时,分别用乙醚、5%氢氧化钠溶液萃取的目的是什么？

第十五节　重要有机二元酸己二酸的制备

己二酸,又称肥酸,是一种重要的有机二元酸,能够发生成盐反应、酯化反应、酰胺化反应等,并能与二元胺或二元醇缩聚成高分子聚合物等。己二酸是在工业上具有重要意义的二元羧酸,主要用作尼龙66和工程塑料的原料,也用于生产各种酯类产品,还用作聚氨基甲酸酯弹性体的原料、各种食品和饮料的酸化剂,其作用有时胜过柠檬酸和酒石酸。己二酸也是医药、酵母(提纯)、杀虫剂、黏合剂、合成革、合成染料和香料的原料,己二酸的产量居所有二元羧酸中的第二位。

一、目的要求

(1) 能通过资料查阅,了解己二酸的物理化学特性,筛选确定制备方案;
(2) 能熟练操作带搅拌器的回流、重结晶、洗涤等装置;
(3) 能用测熔点及红外光谱的方法判定己二酸的纯度和结构;
(4) 了解所用危险化学品的职业危害和处置救援方法。

视频 6-15-1
己二酸制备
知识准备

二、确定方案

1. 己二酸的物理化学特性

己二酸,又称肥酸,是一种重要的有机二元酸,其分子式为 $C_6H_{10}O_4$,相对分子质量为 146.14,熔点为 153℃,沸点为 330.5℃,相对密度为 1.36。己二酸为白色结晶体或结晶性粉末,有骨头烧焦的气味,微溶于水,己二酸在水中的溶解度随温度变化较大,当溶液温度由 28℃升至 78℃时,其溶解度可增大 20 倍。15℃时其溶解度为 1.44g/100mL;25℃时其溶解度为 2.3g/100mL;100℃时其溶解度为 160g/100mL。己二酸易溶于酒精、乙醚等大多数有机溶剂。

2. 制备己二酸的主要方法

环己醇硝酸氧化法:由环己醇和硝酸作用制得,反应式为

环己醇 $\xrightarrow{HNO_3}$ 环己酮 $\xrightarrow{HNO_3}$ 己二酸(COOH,COOH) +NO+H$_2$O

环己醇高锰酸钾氧化法：由环己醇和高锰酸钾的氢氧化钠溶液反应制得，反应式为

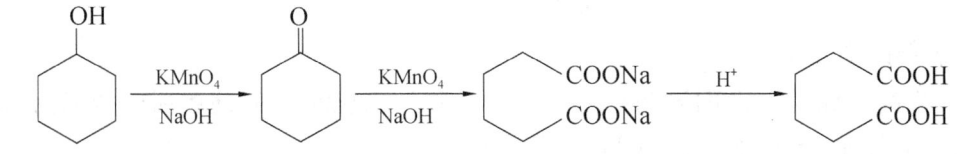

$$\text{环己醇} \xrightarrow[\text{NaOH}]{\text{KMnO}_4} \text{环己酮} \xrightarrow[\text{NaOH}]{\text{KMnO}_4} \text{己二酸二钠} \xrightarrow{\text{H}^+} \text{己二酸}$$

环己酮过氧化氢氧化法：由环己酮在钨酸钠、硫酸氢钾作用下，与过氧化氢反应而制得，反应式为

$$\text{环己酮} + \text{H}_2\text{O}_2 \xrightarrow[\text{KHSO}_4]{\text{Na}_2\text{WO}_4} \text{己二酸}$$

己二酸还可用重铬酸钾和硫酸氧化环己烯制取、用环己烷一步空气氧化法制取、用氯代环己烷的碱性水解制取。

3. 环己醇高锰酸钾氧化法制备己二酸的反应原理

环己醇高锰酸钾氧化法是工业上和实验室中普遍采用的制备己二酸的一种方法，即以环己醇和高锰酸钾为原料，在氢氧化钠溶液存在的情况下发生氧化反应制取己二酸，反应式为

$$3\,\text{环己醇} + 8\text{KMnO}_4 + \text{H}_2\text{O} \longrightarrow 3\,\text{己二酸} + 8\text{MnO}_2 + 8\text{KOH}$$

4. 制备己二酸的小试方案

(1) 查阅资料并填写数据见表 6-17。

表 6-17　资料分析表（十五）

名称	摩尔质量 g/mol	颜色性状	熔点 ℃	沸点 ℃	密度 g/cm³	水溶性	投入量（或理论产量） 质量(体积) g(mL)	投入量（或理论产量） 物质的量 mol
环己醇								
高锰酸钾								
己二酸								

(2) 己二酸制备流程示意图如图 6-29 所示，请在空白处填写相应化合物的分子式。

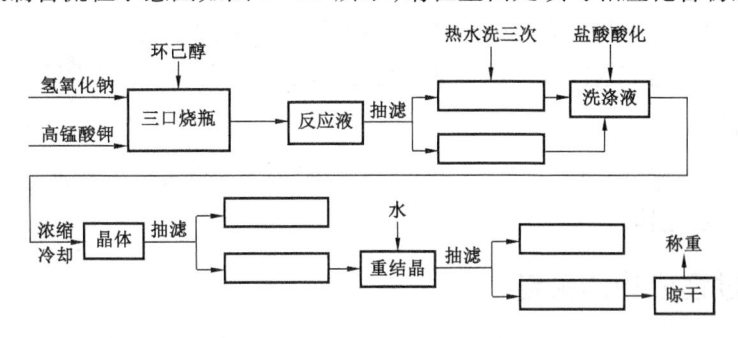

图 6-29　己二酸制备流程示意图

三、制备过程准备

1. 仪器试剂准备

三口烧瓶(125mL)、球形冷凝管、温度计、分液漏斗、布氏漏斗、抽滤瓶、带搅拌器的回流装置、减压过滤装置、烧杯、锥形瓶(100mL)、表面皿。

环己醇、高锰酸钾、1.2%氢氧化钠溶液、浓盐酸、亚硫酸钠。

2. 制备装置准备

(1)带搅拌器的回流装置的安装:按图5-2(b)组装带搅拌器的回流装置。三口烧瓶中口安装搅拌器,一侧口安装温度计,另一侧口安装回流冷凝管。

(2)过滤装置操作准备:参照第四章第一节重结晶及其操作。

四、制备过程

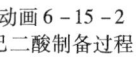

1. 己二酸的制备

在已干燥的125mL三口烧瓶中加入75mL的1.2%氢氧化钠溶液,按图5-2(b)安装带常压滴液漏斗和电动搅拌的回流装置。开启电动搅拌器,在不断搅拌下,加入9g研细的高锰酸钾,使之溶解。然后用滴管慢慢滴加3.2mL环己醇,维持瓶内反应物温度在43~49℃之间。环己醇滴加完毕,反应物温度降至43℃左右时,用沸水浴加热烧瓶数分钟,使反应生成的二氧化锰沉淀完全。

在滤纸上点一小滴混合物,如样品呈紫色,则说明还有过量的高锰酸钾,可用少量固体亚硫酸钠将其除去,即到上述点滴试验呈负性结果为止。

2. 产品的精制

将上述混合液趁热抽滤,收集滤液,滤饼用少量热水洗涤三次,每次均用玻璃塞挤压,尽量除去滤饼中的水分,将滤液和洗涤液合并,在搅拌下加入浓盐酸(约6mL)酸化,直到溶液呈强酸性,小心加热蒸发,浓缩至约15mL左右。在冷水浴中冷却,析出己二酸晶体。抽滤,将晶体用水进行重结晶、晾干、称量,计算产率。

五、产品检测与评价

1. 纯度分析

参照第三章第一节有机化合物熔点及其测定,测定产品的熔点。

将实验中所得的熔点值同纯的己二酸的熔点比较,对产品进行纯度判断。

2. 确定结构

利用光谱分析技术,记录产品己二酸的红外光谱图,并与图6-30标准己二酸的红外光谱图比较,确定产品的结构。

六、制备过程成功的关键

(1)高锰酸钾氧化法一般在碱性条件下进行。$KMnO_4$要研细,以利于$KMnO_4$充分反应。

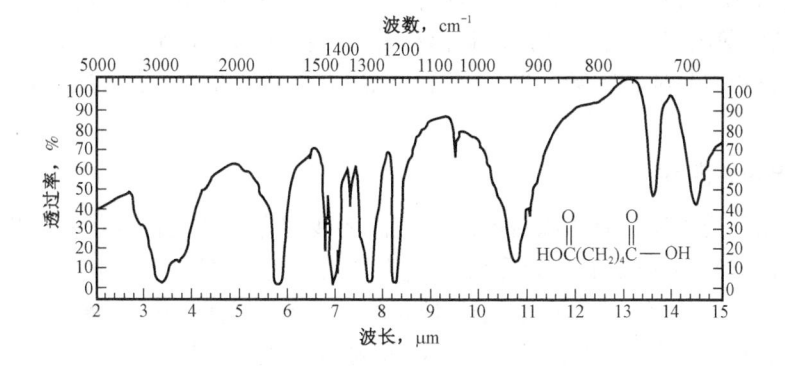

图 6-30 己二酸的红外光谱图

(2)温度计的水银球要浸在反应液中,严格控制反应温度,稳定在 43~49℃ 之间。

(3)环己醇熔点 24℃,常温下为黏稠状液体,容易黏附在量筒内壁,为减少损失,加完后可用少量水冲洗量筒,并加到三口烧瓶中。

(4)氧化反应是强烈放热反应,控制反应在一定的温度下进行是非常重要的。一旦反应失控,不仅使产率降低,有时还会有爆炸的危险。本实验通过严格控制滴加环己醇的速度来维持反应物的温度,如果反应温度过高,可用冷水浴冷却,以防止反应物冲出三口烧瓶。

(5)用热水洗涤 MnO_2 滤饼时,每次加水量约 5~10mL,不可太多。

(6)用浓盐酸酸化时,要慢慢滴加,酸化至 pH = 1~3。

(7)浓缩蒸发时,加热不要过猛,以防液体外溅。浓缩至 15mL 左右后停止加热,让其自然冷却、结晶。

(8)为了提高收率,最好用冰水冷却溶液以降低己二酸在水中的溶解度。

七、安全提示和应急处理

1. 己二酸的危害性

己二酸对眼睛、皮肤、黏膜和上呼吸道有刺激作用。在工业使用中尚未见职业性损害的报告。

急救措施:皮肤接触时,脱去污染的衣着,用大量流动清水冲洗后就医;眼睛接触时,提起眼睑,用流动清水或生理盐水冲洗后就医;若不慎吸入,脱离现场至空气新鲜处,如呼吸困难,给输氧后就医;若不慎误食,饮足量温水,催吐后就医。

图片 6-15-4 己二酸安全提示和应急处理

消防措施:己二酸的粉体与空气可形成爆炸性混合物,当达到一定浓度时遇火星会发生爆炸。己二酸受高热可分解,放出刺激性烟气。消防人员须佩戴防毒面具、穿全身消防服,在上风向灭火。可采用雾状水、泡沫、干粉、二氧化碳、沙土作为灭火剂。

泄漏应急处理:隔离泄漏污染区,限制出入。切断火源。建议应急处理人员戴防尘面具(全面罩),穿防毒服。应避免扬尘,小心扫起己二酸,置于袋中转移至安全场所。若大量泄漏,应用塑料布、帆布覆盖,回收或运至废物处理场所处置。

操作处置与储存:密闭操作,操作人员必须经过专门培训,并严格遵守操作规程。工厂操作人员必须佩戴自吸过滤式防尘口罩、穿防毒物渗透工作服、劳保鞋及橡胶手套,必要时佩戴过滤式防毒面具。工作场所严禁吸烟。应使用防爆型的通风系统和设备,避免产生粉尘。搬运时要轻装轻卸,防止包装及容器损坏。注意倒空的容器可能残留有害物,应设法妥善处理。

储存于阴凉、通风、防雨水的库房。远离火种、热源,应与氧化剂、还原剂、碱类分开存放,切忌混储。配备相应品种和数量的消防器材及泄漏应急处理设备。储区应备有合适的材料收容泄漏物。

2. 环己醇的危害性

环己醇为无色透明油状液体或白色针状结晶,有似樟脑气味,有吸湿性,能与乙醇、乙酸乙酯、二硫化碳、松节油、亚麻子油和芳香烃类混溶。在正常生产条件下,因吸入其蒸气引起急性中毒的可能性小。环己醇在空气中浓度达 $40mg/m^3$ 时,对人的眼、鼻、咽喉有刺激作用。液态的环己醇对皮肤有刺激作用,接触可引起皮炎,但经皮肤吸收很慢。经口摄入毒性小,但仍应避免与皮肤和眼睛接触。

环己醇遇明火、高热可燃,与氧化剂可发生反应。若遇高热,容器内压增大,有开裂和爆炸的危险。

3. 高锰酸钾的危害性

高锰酸钾深紫色细长斜方柱状结晶,有金属光泽。高锰酸钾可溶于水、碱液,微溶于甲醇、丙酮、硫酸,主要用于有机合成、油脂工业、氧化、医药、消毒等。高锰酸钾有毒,且有一定的腐蚀性。高锰酸钾吸入后可引起呼吸道损害,溅落眼睛内,可刺激结膜,重者致灼伤。刺激皮肤后呈棕黑色。高锰酸钾的浓溶液或结晶对皮肤有腐蚀性,对组织有刺激性。口服后,会严重腐蚀口腔和消化道,出现口内烧灼感、上腹痛、恶心、呕吐、口咽肿胀等。口服剂量大者,口腔黏膜呈棕黑色、肿胀糜烂,造成胃出血、肝肾损害、剧烈腹痛,造成呕吐、血便、休克,最后死于循环衰竭。高锰酸钾纯品致死量约为 10g。

思 考 题

1. 为什么必须严格控制滴加环己醇的速度和反应物的温度?
2. 为什么有些实验在加入最后一个反应物前要预热,而开始滴加时却又不能滴加得太快?反应开始反而可以适当加快加料速度,原因何在?
3. 本次实验中,一共排放了多少废水与废渣?有什么合适的治理方案?

第十六节 苯甲酸与苯甲醇的制备

苯甲酸常以游离酸、酯的形式存在。在香精油中以甲酯形式存在。在食品添加剂中,苯甲酸与苯甲酸钠属于常用的酸性环境防腐性剂,用于医药、染料载体、增塑剂、香料和食品防腐剂等的生产,也用于醇酸树脂涂料的性能改进。

苯甲醇是最简单的芳香醇之一,可看作是苯基取代的甲醇。在自然界中多数以酯的形式存在于香精油中,例如茉莉花油、风信子油和秘鲁香脂中都含有此成分。苯甲醇中文别名苄醇,是极有用的定香剂,用于配制香皂、日用化妆香精。但苄醇能缓慢地自然氧化,一部分生成苯甲醛和苄醚,使市售产品常带有杏仁香味,故不宜久存。苄醇在工业化学品生产中用途广泛,可用于医药、合成树脂溶剂,还可用作尼龙丝、纤维及塑料薄膜的干燥剂,染料、纤维素酯、酪蛋白的溶剂,制取苄基酯或醚的中间体。同时,还广泛用于制笔(圆珠笔油)、油漆溶剂等。

一、目的要求

(1)能通过资料查阅,了解苯甲酸和苯甲醇的物理化学特性,确定合成方案;
(2)能熟练使用搅拌、萃取、重结晶、蒸馏等装置制备苯甲酸和苯甲醇;
(3)能用测熔点的方法和折射率法进行苯甲酸和苯甲醇纯度的判定;
(4)了解所用危险化学品的职业危害和处置救援方法。

二、确定方案

1. 苯甲醇的物理化学特性

苯甲醇,又称苄醇,其分子式为 C_7H_8O,相对分子质量为108.13。苯甲醇为无色液体,有芳香味,熔点为15.3℃,沸点为205.35℃,相对密度为1.0419(20/4℃),折射率 n_D^{20} 为1.5396,微溶于水,易溶于醇、醚、芳烃。

2. 制备苯甲酸与苯甲醇的反应原理

不含 α-氢原子的脂肪醛、芳醛或杂环醛类在浓碱作用下发生歧化反应,醛分子自身同时发生氧化与还原作用,生成相应的羧酸(在碱溶液中生成羧酸盐)和醇的反应称为康尼查罗反应,其反应式为

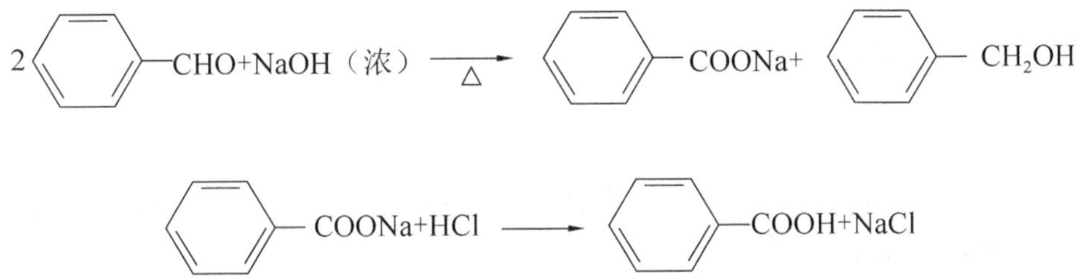

$$2\;C_6H_5\text{—CHO} + NaOH(浓) \xrightarrow{\triangle} C_6H_5\text{—COONa} + C_6H_5\text{—CH}_2\text{OH}$$

$$C_6H_5\text{—COONa} + HCl \longrightarrow C_6H_5\text{—COOH} + NaCl$$

3. 制备苯甲酸与苯甲醇的小试方案

(1)查阅资料并填写数据,如表6-18所示。

表6-18 资料分析表(十六)

名称	摩尔质量 g/mol	颜色性状	熔点 ℃	沸点 ℃	密度 g/cm³	水溶性	投入量(或理论产量) 质量(体积) g(mL)	投入量(或理论产量) 物质的量 mol
苯甲醛								
苯甲酸								
苯甲醇								
乙醚								

(2)本实验的制备流程示意图如图6-31所示,请在空白处填写相应化合物的分子式。

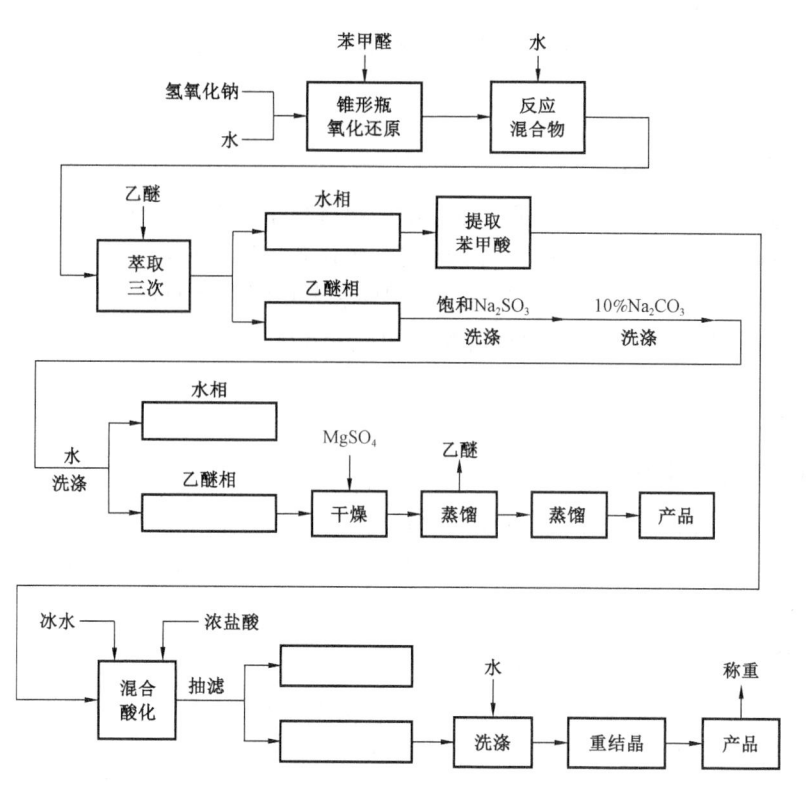

图 6-31 苯甲酸与苯甲醇制备流程示意图

三、制备过程准备

1. 仪器试剂准备

磨口锥形瓶(150mL)、空气冷凝管、蒸馏装置、减压过滤装置、烧杯、量筒、磨口锥形瓶(100mL)、分液漏斗、表面皿、热浴、冷浴。

苯甲醛、氢氧化钠溶液、浓盐酸、乙醚、饱和亚硫酸氢钠、10%碳酸钠溶液、无水硫酸镁。

2. 制备装置准备

(1)萃取洗涤操作准备:参照第四章第八节液—固萃取及其操作。
(2)简单蒸馏操作准备:参照第四章第三节简单蒸馏及其操作。
(3)过滤装置操作准备:参照第四章第一节重结晶及其操作。

四、制备过程

1. 苯甲酸与苯甲醇的制备

在烧杯中加入11mL水和6.48g固体氢氧化钠,搅拌使之溶解,在冷水浴中冷却至25℃。量取12mL新蒸馏过的苯甲醛,加入150mL磨口锥形瓶中,再加入氢氧化钠溶液。用磨口塞将烧瓶塞紧,振摇混合物使之充分混合,形成乳浊液。将混合物在室温静置24h或更长时间。反应结束时,应不再有苯甲醛气味。

2. 产品的精制

萃取苯甲醇：向反应混合物中加 40～45mL 水，使白色沉淀物溶解，可以稍微温热或搅拌以助溶解。用 30mL 乙醚均分 3 次萃取该溶液，合并乙醚提取液，依次用 5mL 饱和亚硫酸氢钠溶液、10mL10% 碳酸钠溶液及 10mL 冷水洗涤。洗涤后的乙醚萃取液用无水硫酸镁干燥。经过干燥后的乙醚溶液，先在热水浴上加热，蒸出乙醚。然后待蒸馏后剩余液体冷却后，改用空气冷凝管，加热蒸馏，收集 198～204℃的馏液。

纯化苯甲酸：在 250mL 烧杯中放入 40mL 水和 250g 碎冰，再加入 40mL 浓盐酸搅拌均匀，然后将上述保存的水相在不断搅拌下以细流状慢慢地加入。冷却至室温后，减压抽滤，滤出苯甲酸粗制品尽量压干，用 5mL 冷水洗涤后，再次进行减压抽滤，用滤纸片压干，取出产物烘干。将苯甲醇馏液和苯甲酸结晶称量并计算产率。

五、产品检测与评价

参照第三章第三节有机化合物折射率及其测定，测定产品的折射率。

参照第三章第二节有机化合物沸点及其测定，测定产品的沸点。

将实验中所得的沸点和折射率同纯的苯甲醇的沸点和折射率比较，对产品进行纯度判断。

参照第三章第一节有机化合物熔点及其测定方法，测定产品的熔点。

将实验中所得苯甲酸的熔点值同纯的苯甲酸的熔点比较，对产品进行纯度判断。

六、制备过程成功的关键

(1) 苯甲醛一定要用新蒸的。

(2) 充分振摇是反应成功的关键，如混合充分，放置 24h 后混合物通常在瓶内固化，苯甲醛气味消失。

(3) 苯甲酸钠盐用盐酸中和时，会放出大量的热，易造成溶液的暴沸而溢出，应加入水和碎冰。

(4) 在苯甲酸析出时，一定要冷却到室温后抽滤，否则部分苯甲酸溶于水中，而使产率下降。

(5) 有机物苯甲醛及歧化反应生成的苯甲醇的存在，降低了白色的苯甲酸盐在水中的溶解度，此时苯甲酸盐不能完全溶解，以固体状态存在，从而形成了白色蜡状物，所以后面操作需要再加入足够量的水（约 60mL）时，可以溶解白色糊状物苯甲酸盐。

七、安全提示和应急处理

1. 苯甲醇的危害性

苯甲醇具有麻醉作用，对眼、上呼吸道、皮肤有刺激作用。摄入该品易引起头痛、恶心、呕吐、胃肠道刺激、惊厥、昏迷。该品可燃，有毒，具刺激性。不慎与眼睛接触后，请立即用大量清水冲洗并征求医生意见。

苯甲醇遇明火、高热可燃。灭火时可用雾状水、泡沫、干粉、二氧化碳、沙土。

2. 苯甲醛、氢氧化钠、盐酸、乙醚的危害性

苯甲醛的危害性参照第六章第十三节中的安全提示和应急处理部分。

氢氧化钠的危害性参照第六章第四节中的安全提示和应急处理部分。

盐酸的危害性参照第六章第十一节中的安全提示和应急处理部分。
乙醚的危害性参照第六章第十四节中的安全提示和应急处理部分。

思 考 题

1. 饱和亚硫酸氢钠洗涤产物中什么杂质？如何除去这种杂质？
2. 为什么苯甲醛要使用新蒸馏过的？久置的苯甲醛有何杂质？对反应有何影响？
3. 苯甲酸和苯甲醇的制备时的白色糊状物是什么？
4. 在利用康尼查罗反应制备苯甲酸苯甲醇的实验中，为什么苯甲醇产率会过低？
5. 在本次实验中，一共排放了多少废水与废渣？你有什么治理方案？

第十七节 甜味香料二苯甲酮的制备

二苯甲酮具有甜味及玫瑰香味，能赋予香精以甜的气息，作为香料常用在香水和香皂香精中。二苯甲酮还可用于紫外线吸收剂、有机颜料、医药、香料、杀虫剂的中间体。医药工业中用于生产双环己哌啶、苯甲托品氢溴酸盐、苯海拉明盐酸盐等。二苯甲酮本身也是苯乙烯聚合抑制剂和香料定香剂，能赋予香精以甜的气息，用在多种香水和皂用香精中。二苯甲酮可用于调配杏仁、桃子、奶油、椰子等食用香精，在最终加香食品中的建议用量为 0.5~2.4mg/kg。

一、目的要求

(1) 能通过资料查阅，了解二苯甲酮的物理化学特性，确定合成方案；
(2) 通过二苯甲酮的制备学习 Friedel-Crafts 反应的理论和实验方法；
(3) 能熟练萃取、蒸馏和减压蒸馏等操作技术；
(4) 了解所用危险化学品的职业危害和处置救援方法。

二、确定方案

1. 二苯甲酮的物理化学特性

二苯甲酮，简称 BP，其分子式为 $C_{13}H_{10}O$，相对分子质量为 182.22，稳定式（另有两种不稳定式）为白色有光泽的菱形结晶，气味似玫瑰香，有甜味。1g 二苯甲酮溶于 7.5mL 乙醇、6mL 乙醚，溶于氯仿，不溶于水。其相对密度为 1.1146（20℃/4℃），熔点为 48.5℃，沸点为 305.4℃，折射率 n_D^{20} 为 1.5975，闪点为 138℃，有刺激性。

2. 制备二苯甲酮的反应原理

依据反应原料和条件的不同二苯甲酮的合成方法很多，主要有苄氯烷基化法和苯烷基化法。
苄氯烷基化法：以苄基氯为原料经烷基化、氧化等反应制得，反应式为

苯烷基化法：以苯作起始原料通过烷基化、水解等步骤制备，反应式为

$$\text{苯} \xrightarrow[\text{AlCl}_3]{\text{CCl}_4} \text{Ph-CCl}_2\text{-Ph} \xrightarrow{\text{H}_2\text{O}} \text{Ph-CO-Ph}$$

本实验以苯甲酰氯为原料，通过 Friedel-Crafts 反应来制备二苯甲酮，反应式为

$$\text{Ph-COCl} + \text{苯} \xrightarrow{\text{AlCl}_3} \text{Ph-CO-Ph}$$

3. 制备二苯甲酮的小试方案

（1）查阅资料并填写数据，如表 6-19 所示。

表 6-19 资料分析表（十七）

名称	摩尔质量 g/mol	颜色性状	熔点 ℃	沸点 ℃	密度 g/cm³	水溶性	投入量（或理论产量） 质量（体积）g（mL）	物质的量 mol
苯甲酰氯								
苯								
三氯化铝								
二苯甲酮								

（2）二甲苯酮的制备流程示意图如图 6-32 所示，请在空白处填写相应化合物的分子式。

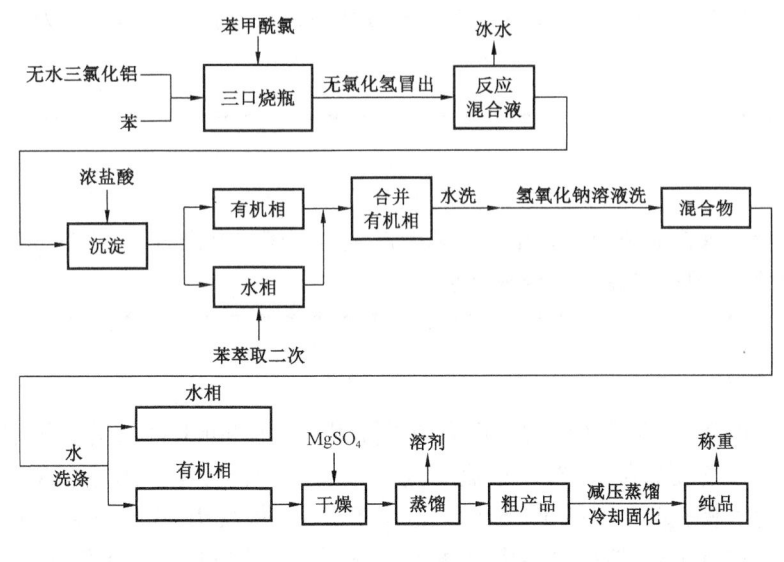

图 6-32 二甲苯酮制备流程示意图

三、制备过程准备

1. 仪器试剂准备

烧杯(100mL,200mL)、三口烧瓶(100mL)、搅拌器、滴液漏斗、减压蒸馏装置、分液漏斗、回流冷凝管、气体吸收装置、氯化钙干燥管、蒸馏装置。

无水三氯化铝、无水苯、苯甲酰氯、5%氢氧化钠溶液、浓盐酸、无水硫酸镁。

2. 制备装置准备

(1)带搅拌器的回流装置的安装:按图5-2(b)组装带搅拌器的回流装置。三口烧瓶中口安装搅拌器,一侧口安装温度计,另一侧口安装回流冷凝管,冷凝管上端依次配置氯化钙干燥管和盛有碱液的气体吸收装置。

(2)萃取洗涤操作准备:参照第四章第七节液—液萃取及其操作。

(3)减压蒸馏操作准备:参照第四章第五节减压蒸馏及其操作。

(4)过滤装置操作准备:参照第四章第一节重结晶及其操作。

四、制备过程

1. 二苯甲酮的制备

在三口烧瓶(100mL)上配置搅拌器、恒压漏斗、温度计和回流冷凝管,冷凝管上端依次配置氯化钙干燥管和盛有碱液的气体吸收装置。

在通风橱内称取7.5g无水三氯化铝,在研钵内研细后迅速投入三口烧瓶中,加入30mL苯,在室温下边搅拌边自滴液漏斗向三口烧瓶内滴加6mL苯甲酰氯,滴速以控制反应温度处于40℃为宜。

瓶内混合物剧烈反应,并伴有氯化氢气体产生,反应液逐渐呈褐色,大约10min后滴加完毕,在60℃水浴上加热并搅拌,直至反应混合物液面不再有氯化氢气体逸出为止,需时约1.5h左右。

> **注意**
>
> 实验中所用仪器和药品均需干燥。苯甲酰氯具有催泪刺激性,对皮肤、眼睛及呼吸道都有强刺激作用,因此应在通风橱内量取。

2. 产品的精制

待三口烧瓶冷却后,在通风橱内将反应物慢慢倒入盛有50mL冰水的烧杯中,有沉淀物析出。搅拌后用滴管慢慢加入2~3mL浓盐酸,直至沉淀物全部分解。用分液漏斗分出有机相,以苯作萃取剂对水相提取两次(2×15mL)。合并有机相,依次用20mL水和20mL 5%氢氧化钠溶液对有机相进行洗涤,然后再用水洗涤2~3次(每次20mL),直至有机相呈中性。经无水硫酸镁干燥、蒸除溶剂,即得粗产物,然后减压蒸馏,收集187~190℃、2.0kPa(15mmHg)馏分冷却后固化,即得纯品。

如果不经减压蒸馏,粗产物可用石油醚(60~90℃)重结晶,干燥后称重、测熔点并计算产率。

五、产品检测与评价

参照第三章第一节有机化合物熔点及其测定方法,测定产品的熔点。

记录二苯甲酮的红外光谱,并与图6-33标准二苯甲酮红外光谱图比较,确定其结构。

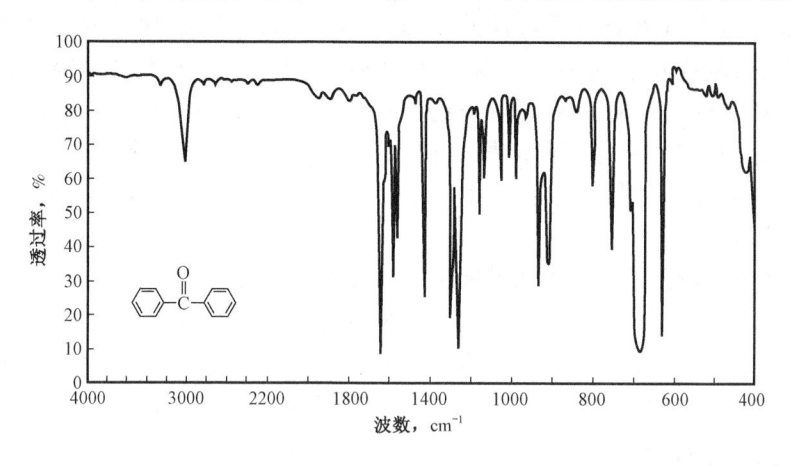

图6-33 二苯甲酮红外光谱图

六、制备过程成功的关键

(1)实验中所用苯要求重新蒸馏、弃去10%初馏分,即可满足要求。

(2)无水三氯化铝极易吸潮,与潮湿空气接触会产生刺激性的氯化氢气体,称重、研磨及投料等要迅速。

(3)实验中溶剂未除尽或有不同晶型产品存在,会导致熔点下降,粗产品常呈黏稠状。

(4)二苯甲酮有多种晶型,它们的熔点各不相同,其中α型熔点为49℃,相对其他晶型比较稳定。

七、安全提示和应急处理

1. 苯的危害性

苯(Benzene, C_6H_6)是一种碳氢化合物,也是最简单的芳烃。它难溶于水,易溶于有机溶剂,也可作为有机溶剂。苯是一种石油化工基本原料,其产量和生产的技术水平是一个国家石油化工发展水平的标志之一。苯在常温下为一种无色、有甜味的透明液体,并具有强烈的芳香气味,可燃,毒性较高,会抑制人体造血功能,能致使白细胞、红细胞和血小板的减少而造成多种疾病,对皮肤和黏膜有局部刺激作用,是一种致癌物质。由于苯的挥发性大,暴露于空气中很容易扩散。人和动物吸入或皮肤接触大量苯进入体内,会引起急性和慢性苯中毒,体内极其难降解,长期吸入会侵害人的神经系统,急性中毒会产生神经痉挛甚至昏迷、死亡。在白血病患者中,有很大一部分有苯及其有机制品接触历史。

急救措施:吸入中毒者,应迅速将患者移至空气新鲜处,脱去被污染衣服,松开所有的衣服及颈、胸部纽扣,解下腰带,使其静卧,口鼻如有污垢物,要立即清除,以保证肺通气正常,呼吸通畅。并且要注意身体的保暖。口服中毒者应用质量分数为0.5%的活性炭悬液或质量分数为2%的碳酸氢钠溶液洗胃催吐,然后服导泻和利尿药物,以加快体内毒物的排泄,减少毒物吸收。皮肤中毒者,应换去被污染的衣服和鞋袜,用肥皂水和清水反复清洗皮肤和头发。有昏迷、抽搐患者,应及早清除口腔异物,保持呼吸道的通畅,由专人护送至医院救治。

操作处置注意事项:密闭操作,加强通风。操作人员必须经过专门培训,严格遵守操作规程。建议操作人员佩戴自吸过滤式防毒面具(半面罩),戴化学安全防护眼镜,穿防毒物渗透工作服,戴橡胶耐油手套。应远离火种、热源,工作场所严禁吸烟,并使用防爆型的通风系统和设备。应防止蒸气泄漏到工作场所空气中,并避免与氧化剂接触。灌装时应控制流速,且有接地装置,防止静电积聚。搬运时要轻装轻卸,防止包装及容器损坏。应配备相应品种和数量的消防器材及泄漏应急处理设备。倒空的容器可能残留有害物,应妥善处理。

储存注意事项:储存于阴凉、通风的库房。远离火种、热源。库温不宜超过30℃。保持容器密封。应与氧化剂、食用化学品分开存放,切忌混储。采用防爆型照明、通风设施。禁止使用易产生火花的机械设备和工具。储区应备有泄漏应急处理设备和合适的收容材料。

灭火剂:苯易燃,常用泡沫、干粉、二氧化碳、沙土作灭火剂,用水灭火无效。

2. 苯甲酰氯的危害性

苯甲酰氯常温下为无色液体,有刺激性气味,可溶于乙醚、氯仿和苯,遇水或乙醇逐渐分解,生成苯甲酸或苯甲酸乙酯和氯化氢。苯甲酰氯对眼睛、皮肤黏膜和呼吸道有强烈的刺激作用。人体吸入可能由于喉、支气管的痉挛、水肿、炎症、化学性肺炎、肺水肿而致死。其中毒表现有烧灼感、咳嗽、喘息、喉炎、气短、头痛、恶心、呕吐。不慎与眼睛接触后,请立即用大量清水冲洗并征求医生意见。

苯甲酰氯遇明火、高热或与氧化剂接触,有引起燃烧爆炸的危险。遇水反应发热放出有毒的腐蚀性气体。苯甲酰氯有腐蚀性,操作时应穿戴适当的防护服、手套、护目镜(或面具)。

3. 苯甲酮的危害

苯甲酮为低毒类化学品,对人体有害,应避免皮肤和眼睛接触。苯甲酮易燃,具刺激性,遇明火、高热或与氧化剂接触,可引起燃烧爆炸。苯甲酮与氧化剂能发生强烈反应。

4. 无水三氯化铝的危害性

无水三氯化铝常温下为白色颗粒或粉末,有强盐酸气味。其工业品呈淡黄色,原因是含有游离氯。该品遇水蒸气能水解,遇水爆炸。该品对皮肤、黏膜有刺激作用。吸入高浓度该品可引起支气管炎,个别人可引起支气管哮喘。误服量大时,可引起口腔糜烂、胃炎、胃出血和黏膜坏死。若长期接触,其慢性影响为头痛、头晕、食欲减退、咳嗽、鼻塞、胸痛等症状。

无水三氯化铝遇明火不燃,具强腐蚀性、强刺激性,可致人体灼伤。

5. 氢氧化钠、盐酸的危害性

氢氧化钠的危害性参照第六章第四节中的安全提示及应急处理部分。

盐酸的危害性参照第六章第十一节中的安全提示及应急处理部分。

思 考 题

1. 用酰氯作酰基化试剂进行 Friedel—Crafts 反应时,为什么要用过量许多的无水三氯化铝作催化剂?
2. 酰基化反应结束后为什么要用酸处理?
3. 反应完成后的混合物倒入冰水中产生的沉淀是什么?为何要加入盐酸使沉淀分解?
4. 试述反应后有机相依次用水、氢氧化钠、水洗涤的目的。
5. 在酰基化反应中,是否容易产生多酰基取代芳烃?
6. 和脂肪酮相比,芳酮分子中的羰基红外吸收峰是向高波数移动还是向低波数移动?

第十八节 染料指示剂甲基橙的制备

甲基橙在分析化学中是一种常用的酸碱滴定指示剂,不适用于作有机酸类化合物滴定的指示剂。其浓度为 0.1% 的水溶液的 pH 值为 3.1(红) ~ 4.4(黄),适用于强酸与强碱、弱碱间的滴定。它还用于分光光度测定氯、溴和溴离子,并用于生物染色等。

甲基橙曾在实验室和工农业生产中用作化学反应的酸碱度控制,并用于化工产品和中间体的酸碱滴定分析。甲基橙指示剂的缺点是黄红色泽较难辨认,已被广泛指示剂所代替。甲基橙也是一种偶氮染料,可用于印染纺织品。

一、目的要求

(1) 能通过资料查阅,了解甲基橙的物理化学特性,确定合成方案;
(2) 通过甲基橙的制备学习重氮化反应和偶合反应的实验操作;
(3) 熟练掌握低温、重结晶操作技术;
(4) 了解所用危险化学品的职业危害和处置救援方法。

二、确定方案

1. 甲基橙的物理化学特性

甲基橙是一种黄色漆料,其结构式命名是对二甲基氨基偶氮苯磺酸钠或 4 - ((4 - (二甲氨基)苯基)偶氮基)苯磺酸钠盐,其分子式为 $C_{14}H_{14}N_3O_3S \cdot Na$,相对分子质量为 327.36,熔点为 300℃,密度为 1.28g/cm^3,闪点为 37℃,为橙黄色粉末或鳞片状结晶,稍溶于水而呈黄色,易溶于热水,溶液呈金黄色,几乎不溶于乙醇。

2. 制备甲基橙的反应原理

甲基橙是一种指示剂,它是由对氨基苯磺酸重氮盐与 N,N - 二甲基苯胺的醋酸盐在弱酸性介质中偶合得到的。偶合首先得到的是嫩红色的酸式甲基橙,称为酸性黄,在碱中酸性黄转变为橙色的钠盐,即甲基橙。其反应包括重氮化反应和偶合反应。

重氮化反应的反应式为

$$H_2N-\underset{}{\bigcirc}-SO_3H \xrightarrow{NaOH} H_2N-\underset{}{\bigcirc}-SO_3Na$$

$$H_2N-\underset{}{\bigcirc}-SO_3Na \xrightarrow[0\sim5℃]{NaNO_2,\ HCl} HO_3S-\underset{}{\bigcirc}-N_2Cl$$

偶合反应的反应式为

$$HO_3S-\underset{}{\bigcirc}-N_2Cl + \underset{}{\bigcirc}-N(CH_3)_2 \xrightarrow[HAc,\ 0\sim5℃]{} [HO_3S-\underset{}{\bigcirc}-N=N-\underset{}{\bigcirc}-N(CH_3)_2]^+CH_3COO^-$$

$$\xrightarrow{NaOH} NaO_3S-\underset{}{\bigcirc}-N=N-\underset{}{\bigcirc}-N(CH_3)_2$$

3. 制备甲基橙的小试方案

(1)查阅资料并填写数据,如表 6-20 所示。

表 6-20 资料分析表(十八)

名称	摩尔质量 g/mol	颜色性状	熔点 ℃	沸点 ℃	密度 g/cm³	水溶性	投入量(或理论产量) 质量(体积) g(mL)	投入量(或理论产量) 物质的量 mol
对氨基苯磺酸								
N,N-二甲苯胺								
甲基橙								
亚硝酸钠								

(2)甲基橙的制备流程示意图如图 6-34 所示,请在空白处填写相应化合物的分子式。

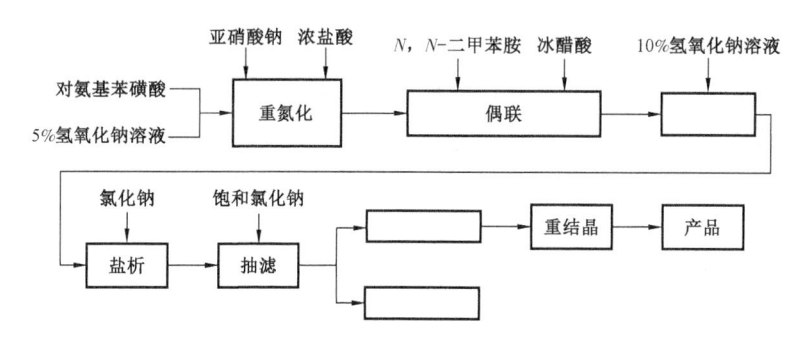

图 6-34 甲基橙制备流程示意图

三、制备过程准备

1. 仪器试剂准备

烧杯(100mL,200mL)、温度计(100℃)、减压过滤装置、表面皿、水浴锅、试管、玻璃棒、冰盐浴。

对氨基苯磺酸、5%氢氧化钠溶液、浓盐酸、亚硝酸钠、N,N-二甲基苯胺、冰醋酸、氯化钠、乙醇、乙醚。

2. 制备装置准备

(1)萃取洗涤操作准备:参照第四章第八节液—固萃取及其操作。

(2)过滤装置操作准备:参照第四章第一节重结晶及其操作。

四、制备过程

1. 甲基橙的制备

1)重氮盐的制备

在100mL烧杯中,加入2.1g对氨基苯磺酸及10mL5%氢氧化钠溶液,在热水浴中加热溶解后冷却至室温。另溶0.8g亚硝酸钠于6mL水中,将此溶液倒入上述烧杯中,置于冰水浴中冷却至0~5℃。在不断搅拌下,将3mL浓盐酸与10mL水配成的溶液缓缓滴加到上述混合溶液中,并控制温度在5℃以下。滴加完后用淀粉碘化钾试纸检验,然后在冰盐浴中放置15min以上,保证反应完全。

2)偶合反应

在试管内混合1.2g N,N-二甲基苯胺和1mL冰醋酸,在不断搅拌下,将此溶液慢慢加到上述冷却的重氮盐溶液中。加完后,继续搅拌15min使反应完全,然后慢慢加入氢氧化钠溶液,直到反应物变为橙色,反应液呈碱性,粗制的甲基橙呈细粒状沉淀析出。

2. 产品的精制

将反应物在沸水浴上加热5min,冷至室温后,再在冰水浴中冷却,使甲基橙晶体析出完全。抽滤收集结晶,依次用少量冷水、乙醇、乙醚洗涤,压干。

若要得到较纯产品,可用溶有少量氢氧化钠的沸水进行重结晶。待结晶析出完全后,抽滤收集,结晶依次用少量乙醇、乙醚洗涤,压紧,抽干,得到橙色的小叶片状甲基橙结晶。将甲基橙小心转移到已知质量的表面皿上,晾干,称量,计算其产率。

3. 性能试验

溶解少许甲基橙于水中,观察溶液的颜色。然后加入2滴稀盐酸,观察颜色的变化。再用3滴稀氢氧化钠中和,并观察颜色的变化。

五、产品检测与评价

参照第三章第一节有机化合物熔点及其测定方法,测定产品的熔点。

记录甲基橙的红外光谱,并与图 6-35 标准甲基橙红外光谱图比较,确定其结构。

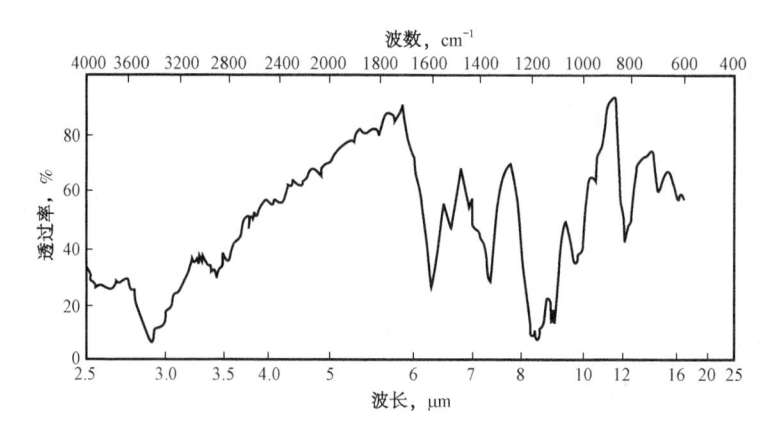

图 6-35 甲基橙的红外光谱图

六、制备过程成功的关键

(1) N,N-二甲基苯胺久置易被氧化,因此需要重新蒸馏后再使用。

(2) 甲基橙在水中溶解度较大,重结晶时加水不宜过多。

(3) 为了使对氨基苯磺酸完全重氮化,反应过程中必须不断搅拌。

(4) 重氮化反应控制温度很重要,反应温度若高于 5℃,则生成的重氮盐易水解成苯酚,降低了产率。

(5) 若反应物中含有未作用的 N,N-二甲基苯胺醋酸盐,在加入氢氧化钠后,就会有难溶于水的 N,N-二甲基苯胺析出,影响产物的纯度。

(6) 重结晶操作应迅速,否则由于产物呈碱性,在温度高时易使湿的产物变质,颜色变深。

图片 6-18-4 二甲苯胺安全提示和应急处理

七、安全提示和应急处理

1. N,N-二甲基苯胺的危害性

N,N-二甲基苯胺常温下为无色至淡黄色油状液体,有刺激性臭味,在空气中或阳光下易氧化使色泽变深。N,N-二甲基苯胺溶于乙醇、乙醚、氯仿、苯等多种有机溶剂,能溶解多种有机合成物,微溶于水。N,N-二甲基苯胺可燃,遇明火会燃烧,蒸气与空气形成爆炸性混合物,具高毒性,高热能分解放出有毒的苯胺气体。通过皮肤吸收 N,N-二甲基苯胺可引起中毒,空气中最高容许浓度 $5mg/m^3$。吸入其蒸气或经皮肤吸收引起中毒,具有血液毒、神经毒和致癌性。本品遇明火、高热或与氧化剂接触,有燃烧爆炸的危险,受热分解放出有毒的氧化氮烟气。操作现场应有良好通风,设备应密闭。操作人员要穿戴防护用具。

急救措施:皮肤接触时,应立即脱去污染的衣着,用肥皂水和清水彻底冲洗皮肤后就医。眼睛接触时,应提起眼睑,用流动清水或生理盐水冲洗后就医。若不慎吸入,应迅速脱离现场至空气新鲜处。应保持呼吸道通畅,如呼吸困难,给输氧。如呼吸停止,应立即进行人工呼吸后就医。食入时,饮足量温水,催吐后就医。

泄漏应急处理:迅速撤离泄漏污染区人员至安全区,并进行隔离,严格限制出入并切断火源。建议应急处理人员戴自给正压式呼吸器,穿防毒服。不要直接接触泄漏物,尽可能切断泄

漏源,防止其流入下水道、排洪沟等限制性空间。少量泄漏时应用沙土或其他不燃材料吸附或吸收。大量泄漏时应构筑围堤或挖坑收容,用泡沫覆盖,降低蒸气灾害,用泵转移至槽车或专用收集器内,回收或运至废物处理场所处置。

防护措施:防护呼吸系统,在可能接触其蒸气时,佩戴过滤式防毒面具(半面罩)。紧急事态抢救或撤离时,佩戴隔离式呼吸器。防护眼睛,应戴化学安全防护眼镜。防护身体,应穿防毒物渗透工作服。手防护,戴橡胶耐油手套。工作现场禁止吸烟、进食和饮水。应及时换洗工作服。工作前后不可饮酒,并用温水洗澡。应注意检测毒物,并实行就业前和定期的体检。

灭火剂:采用雾状水、泡沫、二氧化碳、干粉、沙土灭火。

2. 亚硝酸钠的危害性

亚硝酸钠常温下为白色至浅黄色粒状、棒状或粉末状物质,有吸湿性,加热至320℃以上分解。亚硝酸钠在空气中慢慢氧化为硝酸钠,遇弱酸分解放出棕色三氧化二氮气体。亚硝酸钠是一种工业盐,虽然和氯化钠很像,但有毒,不能食用。亚硝酸钠有较强毒性,人食用0.2~0.5g就可能出现中毒症状,如果一次性误食3g就可能造成死亡。亚硝酸钠中毒的特征表现为紫绀,症状体征有头痛、头晕、乏力、胸闷、气短、心悸、恶心、呕吐、腹痛、腹泻、口唇、指甲及全身皮肤、黏膜紫绀等,甚至抽搐、昏迷,严重时还会危及生命。

3. 对氨基苯磺酸的危害性

对氨基苯磺酸常温下为白色至灰白色粉末,在空气中吸收水分后变为白色结晶体。摄入、吸入或经皮肤吸收后对身体有害。对氨基苯磺酸具有刺激作用,应避免皮肤接触。不慎与眼睛接触后,请立即用大量清水冲洗并征求医生意见。若进行操作,应穿戴适当的防护服、手套、护目镜(或面具)。

4. 甲基橙的危害性

甲基橙属微毒类,无吸入中毒报道,大量口服可引起腹部不适。甲基橙对眼睛有刺激作用,可引起皮肤湿疹。甲基橙遇明火、高热可燃,具刺激性,其粉体与空气可形成爆炸性混合物。当达到一定浓度时,甲基橙遇火星会发生爆炸。本品受高热可分解,产生有毒的腐蚀性烟气。

思 考 题

1. 重氮化反应为什么要在低温、强酸介质中进行?
2. 本实验中制备重氮盐时,为什么要将对氨基苯磺酸先变成钠盐?
3. 重氮盐的偶联反应是在什么介质中进行的?为什么?
4. 洗涤滤饼时,为什么要用饱和食盐水?
5. 在本次实验中,一共排放了多少废水与废渣?有什么合理的治理方案?

阅读材料

冷遇化动力,动力创奇迹

法国著名化学家维克多·格林尼亚(Victor Grignard),发现了著名的格氏试剂,一生科研成果显著,对科学事业做出了重大贡献,1912年获诺贝尔化学奖。关于格林尼亚的成功和格氏试剂的发现,曾经发生过一个特别感人的故事,并在化学发展史上被传为佳话。

1871年5月6日,格林尼亚诞生在法国的瑟堡,出身于上层贵族家庭。他的父亲是瑟堡有名的船舶制造资本家。由于家境优裕,父母过分娇惯,少年时代的格林尼亚根本不把学业放在心上,整天东游西逛,吃喝玩乐,常常出没于上层贵族的宴席中,梦想着长大后当上王公大人。这样,他的儿童时代和少年时代,都在游玩中度过了。青年时代的格林尼亚虽风度不凡却贪图享受、胸无大志、不学无术,整日与漂亮女孩子谈情说爱,成了当地有名的花花公子。

一天,瑟堡上层人士举办盛况空前的午宴。当地名流淑女都欣然前往。宴会上,一位年轻美貌的姑娘使格林尼亚一见钟情。于是,他贸然傲气十足地上前请她跳舞。谁知那姑娘不但拒绝了他,还投来不屑一顾的眼光。格林尼亚从来都是我行我素,这次"闭门羹"使他难堪极了,简直怒不可遏了。当他得知这位高傲的美女是从巴黎来的波多丽女伯爵时,第一次感到了自己的冒昧,便主动过去致歉。女伯爵用睥睨的眼光看了他一眼,并冷笑着说:"算了吧,请站远一点,我不愿看到你这样的花花公子!"这句话深深刺痛了他的心。格林尼亚顿时如触电般难受,愤怒、羞愧、悔恨涌上心头。他彻底地醒悟了,决心幡然改进,重新做人。

从此,他去里昂求学。虽然他这时年龄比较大了,但他发奋努力,从零学起。功夫不负有心人,1891年他插班进入里昂大学。在一年的时间里,他以超乎常人的毅力和速度读完了高等教育课程,1892年以优异成绩毕业于里昂大学化学系。

大学毕业后,他留校给著名有机化学家巴比尔当助手,开始在巴比尔的指导下进行有机金属化合物的研究工作。1894年任里昂大学化学系助教,1898年获物理学硕士学位,同年被任命为指导讲师。在研究中,他首先发现镁在干醚中,与许多有机卤化合物起反应,生成一种稳定的化合物——有机镁化合物,后被称为格林尼亚试剂,简称格氏试剂。1900年,他制得了有名的格氏试剂,1901年,他成功地完成了有机镁化合物研究的博士论文,并获得了博士学位。他的研究成果震动了当时的科学界,使他登上了有机化学家的宝座。

格氏试剂是一种有机金属化合物,通常称为烷基卤化镁,它的结构通常是以RMgX表示,是有机化学家使用的最有用和最多能的化学试剂之一。该试剂打开了有机金属在各种官能团合成的新领域。由于它的碳原子上具有相当的负碳离子的性质,因此能和某些具有活泼氢的化合物、二氧化碳、羰基化合物(如醛和酮)及金属或非金属卤代物反应,被称为格氏反应。反应后生成有机化学的基本原料,如烃、醇、醛、酮、羧酸等有机化合物及其衍生物,也可以得到一些难以直接制得但很有合成价值的格氏试剂。20世纪以来,许多化学家成功地采用了格氏试剂。用它很容易制取各种醇类:伯醇是用格氏试剂与甲醛作用而制得,仲醇是用格氏试剂与其他醛类作用而制得,叔醇则由格氏试剂与酮类作用制取。由于格氏试剂能使人们大量地制造自然界所没有但性能更好的各种化合物,因此该试剂在有机化学中占有很重要的地位。例如,烷烃从石油中分离、提纯是很复杂的,而格氏试剂和水反应生成烷烃却很容易。所以,格氏反应可以制备许多类型的有机化合物,是一种重要的有机合成方法。

由于格氏试剂的发现,格林尼亚于1912年获得该年度的诺贝尔化学奖金。他获得诺贝尔奖的喜讯不胫而走,他的名字也传遍了全国,整个世界为这轰动!有一天,他收到一封特殊的贺信,信中写着:"我永远敬爱你!"他为此无比激动!因为这是当年那位曾出言伤害他的美丽姑娘——波多丽伯爵在病榻上给他寄来的。此时此刻,他是多么感激波多丽啊!当年,多亏她出言伤害了他的自尊心,才使冷遇变成巨大的动力。

第一次世界大战开始后,格林尼亚被指派从事重油裂解提取甲苯的工作,还进行毒气的分析控制研究,他还和一些科学家一起研究化学军事工业的问题。1917年,他到美国在卡内基·梅隆学院演讲有关法美科学和工业方面合作的问题。1919年,他开始从事化学合成的一些研究,包括有醛、酮、碳氢裂化的缩合,不饱和化合物的结构组分,叔醇的酮裂解,定量的臭氧作用,催化氢化作用和在减压下的脱氢作用等。1919年,格林尼亚在里昂大学任普通化学教授,1921年任该校工业化学学院院长,1929年任该校科学院院长。

格林尼亚虽然在青年时代才开始发奋读书,像一只迟飞的小鸟,但由于他竭力猛飞、艰苦向上,所以才赶过了别人,攀上了科学的高峰,在化学发展史上写下了光辉灿烂的一页。

1935年12月13日,格林尼亚在里昂逝世。现在,他离开人间已经近90年了,但他的光辉科学业绩和浪子回头急起直追的攻关精神,仍然为人们所钦羡和崇敬!

第七章　有机化合物序列制备技术

简单的原料合成复杂的分子是有机合成最重要的任务之一,也是有机合成化学最有活力的领域,因为功能化的有机化合物往往具有特殊的结构。因此,当我们掌握了一些基本操作技术和完成一定的经典制备后,就要从基本原料开始,经过几个步骤,合成相对较复杂的分子结构的有机化合物。在多步有机合成实验中,有的中间体必须分离提纯,有的直接用于下一步合成,这要根据实际情况深入理解与分析,恰当地做出选择。在序列合成过程中,中间体的结构鉴定尤为重要。

第一节　合成有机染料对位红

对位红 1-(4-硝基苯基偶氮)-2-萘酚是一种偶氮染料。它可以将纺织物的纤维素染色为明亮的红色,但是不够牢固,对酸碱、肥皂等敏感。对位红通常用于纺织物的染色、生物学试验中的染色、低成本的油墨印刷及美术着色。对位红属于重氮系列化工合成染色剂,也应用于机油、蜡、油彩、汽油等工业产品。

一、目的要求

(1)能通过资料查阅,了解序列合成各化合物的物理化学特性,设计合成方案;
(2)能熟练通过搅拌、萃取、回流、重结晶、蒸馏等方式合成对位红;
(3)能进行沸点、熔点、折射率等物理量的测定并进行分析判定;
(4)了解所用危险化学品的职业危害和处置救援方法。

二、确定方案

1. 对位红的物理化学特性

对位红的分子式为 $C_{16}H_{11}N_3O_3$,相对分子质量为 293.28,多为暗红色固体,微溶于热甲苯及沸腾的乙醇中,在浓硫酸中呈品红色,稀释后呈黄光红色沉淀,遇浓硝酸呈朱红色,在氢氧化钾的醇溶液中为紫色溶液。对位红相对密度为 $1.35g/cm^3$,熔点为 248~252℃,沸点为 489.5℃。

2. 对位红的合成路线

据报道,对位红有多种合成路线,本实验以苯为原料,经过硝化、还原、酰基化、再硝化、水解、重氮化、偶合一系列反应得到最终产物。

3. 序列合成对位红小试方案

(1) 查阅资料并填写数据,如表 7-1 所示。

表 7-1 资料分析表(十九)

名称	摩尔质量 g/mol	颜色性状	熔点 ℃	沸点 ℃	密度 g/cm³	水溶性	投入量(或理论产量) 质量(体积) g(mL)	投入量(或理论产量) 物质的量 mol
苯								
硝酸								
硝基苯								
冰醋酸								
苯胺								
乙酰苯胺								
对硝基乙酰苯胺								
对硝基苯胺								
对位红								

(2) 硝基苯的制备流程示意图如图 7-1 所示,请填写空白处相应化合物的分子式。

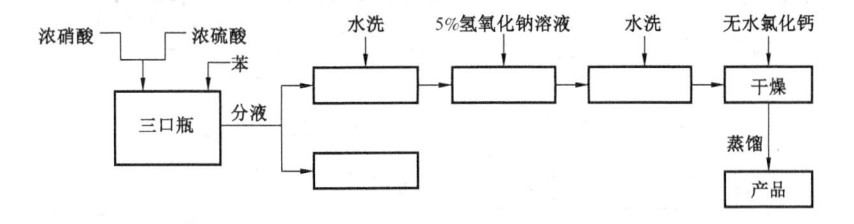

图 7-1 硝基苯制备流程示意图

(3) 制备苯胺的流程示意图如图 7-2 所示,请填写空白处相应化合物的分子式。

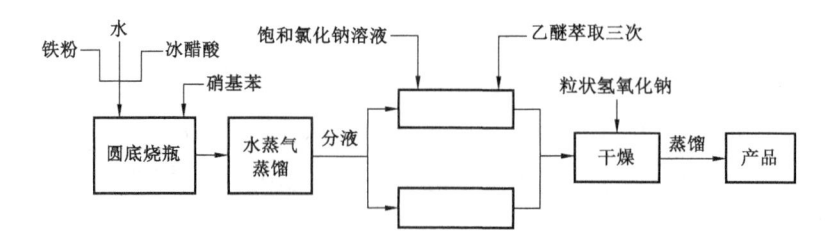

图 7-2 苯胺制备流程示意图

(4)乙酰苯胺的制备流程示意图如图 7-3 所示,请填写空白处相应化合物的分子式。

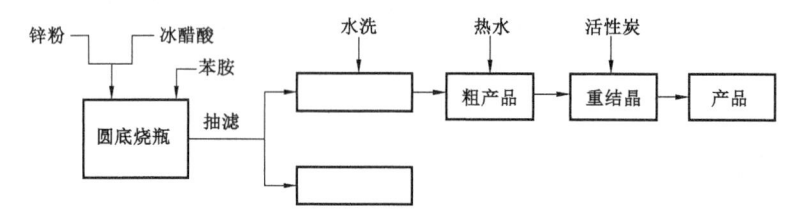

图 7-3 乙酰苯胺制备流程示意图

(5)对硝基苯胺的制备流程示意图如图 7-4 所示,请填写空白处相应化合物的分子式。

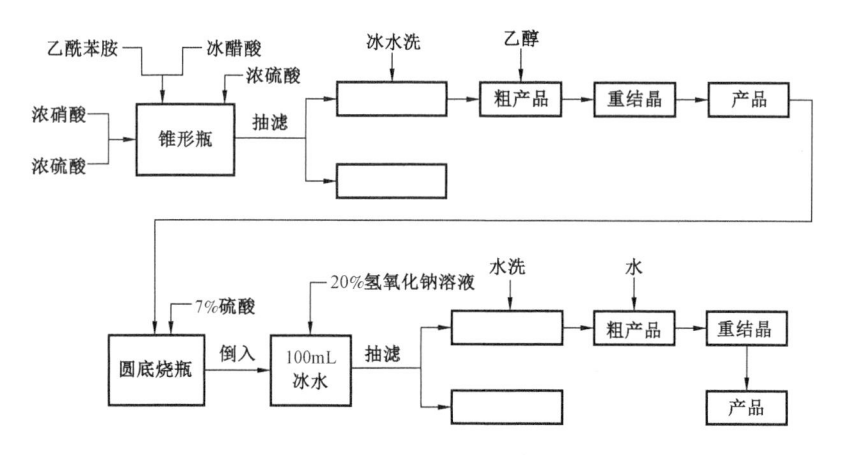

图 7-4 对硝基苯胺制备流程图

(6)对位红的制备流程示意图如图 7-5 所示,请填写空白处相应化合物的分子式。

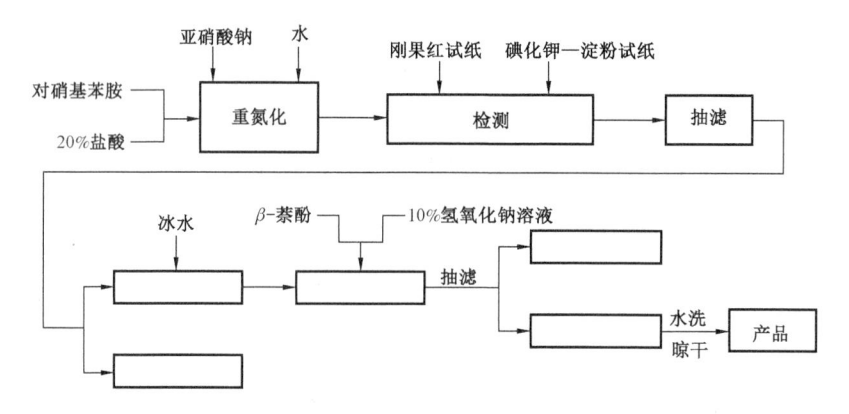

图 7-5 对位红制备流程示意图

三、合成过程

1. 硝基苯的制备和分离纯化

1) 硝基苯的制备

将 20mL 浓硝酸加入到 100mL 锥形瓶中，置于冷水浴中，一边摇动，一边将 20mL 浓硫酸慢慢加入锥形瓶中。

按图 5-2(c)的装置，在 250mL 三口烧瓶上装好冷凝管、温度计、滴液漏斗和搅拌器，加入 18mL 苯，水浴加热，待温度升至约 40℃，开动搅拌，将混合酸慢慢滴加其中，控制反应温度在 50~55℃ 之间，切勿超过 60℃，加完酸后，在 50~60℃ 继续搅拌 20min，使反应完全。

2) 硝基苯的分离纯化

反应物冷却后，移入分液漏斗中静置，分去混酸酸层，然后分别用水及 5% 氢氧化钠溶液洗涤至不显酸性，再用水洗涤一次，用无水氯化钙干燥，蒸馏，收集 205~210℃ 之馏分后称重。

3) 制备过程成功的关键

(1) 混酸和苯不互溶，必须用电动搅拌，使反应顺利进行。

(2) 用浓硝酸制硝基苯，若温度控制不好，易得到较多的二硝基苯，且也有部分硝酸和苯挥发逸去。

(3) 洗涤时不可过于用力振荡（特别是使用氢氧化钠溶液时），否则会使产品乳化而难以分层。若遇此情况，可向分液漏斗中加入固体氯化钙令其饱和（或滴加酒精），静置片刻，即可分层。

(4) 产品不可蒸干，以免残留的二硝基苯在高温下分解而爆炸。

思 考 题

1. 在本实验中，如果温度超过 60℃ 会有什么问题？
2. 粗产物硝基苯为什么要依次用水、碱液、水洗涤？
3. 如果粗产物中有少量的硝酸没除掉，在蒸馏过程中会发生什么现象？

---

2. 苯胺的制备和分离纯化

1) 苯胺的制备

将 27g 还原铁粉，50mL 水及 3mL 冰醋酸放入 500mL 圆底烧瓶中用力振摇，使其充分混合，装上回流冷凝管，用小火缓缓煮沸 5~10min，移去火源，稍冷后从冷凝管顶端分批加入 15.5mL 硝基苯，每次加完后要用力振摇，使反应物充分混合。反应强烈放热，足以使溶液沸腾。加完后继续加热回流 0.5~1h，由于该反应为非均相反应，所以在反应过程中要不断摇动，使两相充分接触，以促使反应完全，此时冷凝管回流液应不再呈现硝基苯的黄色。

2) 苯胺的分离纯化

稍冷后，将反应瓶改成水蒸气蒸馏装置，进行水蒸气蒸馏，直至馏出液澄清，再多收集 20mL 清液，分出有机层，水层用食盐饱和后，用乙醚萃取三次，每次 20mL，将乙醚萃取液与粗产物合并,用粒状氢氧化钠干燥后,蒸去乙醚,残留物用空气冷凝管蒸馏,收集180~184℃的馏分。

3)制备过程成功的关键

(1)反应强烈放热,足以使溶液沸腾,故加入硝基苯时,不需要加热。

(2)由于反应是固液两相反应,因此需要经常振荡反应混合液。硝基苯为黄色油状物。如果回流液中黄色油状物消失而转变成乳白色油珠,表示反应已完成。还原作用必须完全,否则残留在反应液中的硝基苯在以下几步提纯过程中很难分离,影响产品纯度。

(3)纯苯胺为无色液体,但在空气中由于氧化而呈淡黄色,加入少许锌粉重新蒸馏可去掉颜色。

思 考 题

1. 如果以盐酸代替醋酸,则反应后要加入饱和碳酸钠至溶液呈碱性后,才进行水蒸气蒸馏,这是为什么?本实验为何不进行中和?

2. 如果最后制得的苯胺中含有硝基苯,应如何加以分离提纯?

3. 乙酰苯胺的制备和分离纯化

1)乙酰苯胺的制备

在500mL圆底烧瓶中加5mL新蒸馏的苯胺、7.5mL乙酸和约0.1~0.2g的锌粉,装上一个短的分馏柱,分馏柱上端与一带有150℃温度计的蒸馏头相接,蒸馏头支管直接和接液管相连,用量筒收集馏出的水和少量冰醋酸。

用小火加热反应物至沸腾,控制温度计读数在105℃左右。反应进行约40~60min后,所生成的水基本蒸出。当温度计读数上下波动时(有时反应器会出现白雾)反应到达终点,停止加热。

2)乙酰苯胺的分离纯化

在不断搅拌下,将反应物趁热缓慢地倒入盛有100mL冷水的烧杯中,剧烈搅拌,冷却后抽滤,得到白色或带黄色的粗乙酰苯胺固体。

用水将粗乙酰苯胺重结晶,必要时加少量活性炭脱色,得到无色片状晶体,干燥后称重,计算产率。

3)制备过程成功的关键

(1)苯胺久置后由于氧化而带有颜色,会影响乙酰苯胺的质量,故需要采用新蒸馏的无色或淡黄色的苯胺。

(2)反应物冷却后,固体产物立即析出,沾在瓶壁不易处理,故需趁热在搅动下倒入冷水中,以除去过量的醋酸及未作用的苯胺。

(3)在加入活性炭时,一定要等溶液稍冷后才能加入,不要在溶液沸腾时加入,否则会引起突然暴沸,致使溶液冲出容器。

(4)抽滤时,布氏漏斗要充分预热,否则会引起操作上的麻烦和造成损失。

思 考 题

1. 制备乙酰苯胺的装置中,为什么要用分馏柱?能否改用蒸馏蒸出水?为什么?
2. 为何反应温度控制在105℃?温度再高有什么影响?
3. 反应后生成的混合物中含未反应的苯胺和过量的醋酸,本实验是利用了它们的什么性质,怎么将它们除去的?

4. 硝基苯胺的制备和分离纯化

1)对硝基苯胺的制备

将5g乙酰苯胺和5mL冰醋酸放入100mL锥形瓶内,用冰水冷却,边摇动锥形瓶,边缓慢加入10mL浓硫酸,使乙酰苯胺尽量溶解完全,将制得溶液放入冰水中冷却至0~2℃。在冰水中配制2.2mL浓硝酸和1.4mL浓硫酸的混酸,一边振摇锥形瓶,一边用滴管缓慢滴加此混酸,注意使反应温度不高于5℃。从冰水中取出锥形瓶,室温放置30min,间歇振荡,然后在搅拌条件下将此反应物缓慢倒入20mL水和30g碎冰的混合物中,立即析出固体,放置约10min,抽滤,用冰水洗涤三次,每次10mL,利用95%乙醇进行重结晶,干燥,计算产率。

2)硝基苯胺的分离纯化

将4g对硝基乙酰苯胺放入50mL圆底烧瓶中,加入20mL的7%硫酸,加热回流15~20min。将透明的热溶液倒入100mL冰水中,加入过量的20%氢氧化钠溶液(注意:一定要过量,可用pH试纸检验),使对硝基苯胺沉淀出来,冷却后抽滤,滤饼用冷水洗去碱液,水重结晶,干燥后称重,计算产率。

3)制备过程成功的关键

(1)乙酰苯胺可以在低温下溶解于浓硫酸里,但速度较慢,加入冰醋酸可加速其溶解,缩短反应时间。

(2)乙酰苯胺与混酸在5℃下作用,主要产物是对硝基乙酰苯胺;在40℃作用,则生成约25%的邻硝基乙酰苯胺,所以控制反应温度很重要。

(3)利用邻硝基乙酰苯胺和对硝基乙酰苯胺在乙醇中溶解度的不同,在乙醇中进行重结晶,可除去溶解度较大的邻硝基乙酰苯胺。

(4)可取1mL反应液加到2~3mL水中,如溶液仍清澈透明,表示水解反应已完全。

思 考 题

1. 对硝基苯胺是否可从苯胺直接硝化来制备?为什么?
2. 如何除去对硝基乙酰苯胺粗产物中的邻硝基乙酰苯胺?
3. 在酸性或碱性介质中都可以进行对硝基乙酰苯胺的水解反应,试讨论各有什么优缺点。

— 195 —

5. 对位红的制备和分离纯化

1）对位红的制备

将1.4g对硝基苯胺放入250mL烧杯中，再加入20%盐酸8mL，在水浴中温热到全溶。冷却后加入10g碎冰，并将烧杯放入冰水浴中冷却至5℃以下。

在50mL烧杯中将0.8g亚硝酸钠溶解于7mL水中。在搅拌下，迅速将此溶液倒入对硝基苯胺的盐酸溶液中，继续搅拌，用刚果红试纸检测溶液的酸性，用碘化钾—淀粉试纸检测亚硝酸钠是否过量。在冰浴中放置15min后，抽滤。用冰水稀释滤液至200mL，然后保存在冰浴中备用。

将1.5g研细的β-萘酚加入50mL烧杯中，再倒入10%氢氧化钠溶液8mL，使其全溶。在搅拌下，将此溶液以细流状倒入上述冰浴中备用的重氮盐溶液中，保持温度在5℃左右，继续搅拌15min。

2）对位红的分离纯化

将得到的产品进行抽滤，用水将滤饼洗至中性，抽干，取出产物后放在干净的表面皿中晾干，得到红色的对位红粒状晶体。

3）制备过程成功的关键

（1）重氮化和偶合反应均需在0~5℃的低温下进行，各试剂的浓度和用量必须准确。

（2）对硝基苯胺在盐酸中形成其盐酸盐，如果温度较低可能会有沉淀析出。

（3）重氮化反应中反应液呈酸性，亚硝酸钠不得过量，以减少副反应。

（4）用淀粉—碘化钾检验时，若在15~20s内试纸变蓝，说明亚硝酸钠用量已够。若没有变蓝，应在搅拌后再测试一次，若仍不变蓝，则应补加亚硝酸钠。

思 考 题

1. 重氮化反应和偶合反应为何都必须在低温下进行？
2. 本实验中的偶合反应为何要在碱性介质中进行？
3. 如果重氮化反应中亚硝酸钠过量了怎么办？

四、安全提示和应急处理

1. 硝基苯的危害性

硝基苯，又名密斑油、苦杏仁油，为无色或微黄色具苦杏仁味的油状液体。难溶于水，密度比水大；易溶于乙醇、乙醚、苯和油。硝基苯可引起高铁血红蛋白血症，也可引起溶血及肝损害。其急性中毒症状为：头痛、头晕、乏力、皮肤黏膜紫绀、手指麻木等；严重时可出现胸闷、呼吸困难、心悸，甚至心律紊乱、昏迷、抽搐、呼吸麻痹。有时硝基苯中毒后会出现溶血性贫血、黄疸、中毒性肝病。硝基苯慢性中毒症状为：可有神经官能症改变；慢性溶血时可出现贫血、黄疸；可引起中毒性肝炎。

硝基苯遇高热、明火或与氧化剂接触，有引起燃烧爆炸的风险。

2. 苯胺的危害性

苯胺,又称阿尼林、阿尼林油、氨基苯,为无色或微黄色油状液体,有强烈气味。苯胺稍溶于水,易溶于乙醇、乙醚等有机溶剂。苯胺主要引起高铁血红蛋白血症、溶血性贫血和肝、肾损害,易经皮肤吸收。苯胺急性中毒症状为:患者口唇、指端、耳廓紫绀,有头痛、头晕、恶心、呕吐、手指发麻、精神恍惚等;重度中毒时,皮肤、黏膜严重青紫,呼吸困难,抽搐,甚至昏迷、休克;苯胺易导致溶血性黄疸、中毒性肝炎及肾损害,可导致化学性膀胱炎,眼睛接触易引起结膜角膜炎。苯胺慢性中毒症状为:患者有神经衰弱综合征表现,伴有轻度紫绀、贫血和肝、脾肿大,皮肤接触可引起湿疹。

苯胺遇明火、高热可燃。与酸类、卤素、醇类、胺类发生强烈反应,会引起燃烧。

3. 乙酰苯胺的危害性

乙酰苯胺,学名 N - 苯(基)乙酰胺,为白色有光泽片状结晶或白色结晶粉末,在水中再结晶析出呈正交晶片状。乙酰苯胺为无臭或略有苯胺及乙酸气味,微溶于冷水,溶于热水、甲醇、乙醇、乙醚、氯仿、丙酮、甘油和苯等,不溶于石油醚。乙酰苯胺对上呼吸道有刺激性,高剂量摄入可引起高铁血红蛋白血症和骨髓增生,反复接触可发生紫绀。乙酰苯胺对皮肤有刺激性,可致皮炎,能抑制中枢神经系统和心血管系统,大量接触会引起头昏和面色苍白等症。

乙酰苯胺遇明火、高热可燃。受热分解放出有毒气体。

4. 对硝基苯胺的危害性

对硝基苯胺常温下为黄色针状结晶,具高毒性,易升华。对硝基苯胺微溶于冷水,溶于沸水、乙醇、乙醚、苯和酸溶液。对硝基苯胺可引起比苯胺更强的血液中毒,如果同时存在有机溶剂或在饮酒后,这种作用更为强烈。急性中毒表现为开始头痛、颜面潮红、呼吸急促,有时伴有恶心、呕吐,之后肌肉无力、发绀、脉搏频弱及呼吸急促。皮肤接触对硝基苯胺后会引起湿疹及皮炎。

对硝基苯胺遇明火、高热可燃,受热分解时放出有毒的氧化氮烟气。对硝基苯胺与强氧化剂接触可发生化学反应。

5. 硝酸的危害性

硝酸是一种具有强氧化性、腐蚀性的强酸,属于一元无机强酸。易溶于水,常温下纯硝酸为无色透明液体,浓硝酸为淡黄色液体(溶有二氧化氮),有窒息性刺激气味。吸入硝酸气雾会刺激呼吸道,可引起急性肺水肿。口服硝酸可引起腹部剧痛,严重者可造成胃穿孔、腹膜炎、喉痉挛、肾损害、休克以及窒息。眼和皮肤接触硝酸易引起灼伤。长期接触硝酸可引起牙齿酸蚀症(慢性)。

硝酸为强氧化剂,能与多种物质如金属粉末、电石、硫化氢、松节油等猛烈反应,甚至发生爆炸。与还原剂、可燃物如糖、纤维素、木屑、棉花、稻草或废纱头等接触,可引起燃烧并散发出剧毒的棕色烟雾,具有强腐蚀性。

6. 硫酸、苯、亚硝酸钠、醋酸的危害性

硫酸的危害性参照第六章第一节中的安全提示和应急处理部分。
苯的危害性参照第六章第十七节中的安全提示和应急处理部分。
亚硝酸钠的危害性参照第六章第十八节中的安全提示和应急处理部分。
醋酸的危害性参照第六章第七节中的安全提示和应急处理部分。

第二节 合成重要化工原料三苯甲醇

三苯甲醇的羟基很活泼,与干燥氯化氢在乙醚中生成三苯氯甲烷。与一级醇作用成醚,是重要的化工原料和医药中间体,它的多种衍生物是重要的有机染料。

一、目的要求

(1)能通过资料查阅,了解序列合成各化合物的物理化学特性,设计合成方案;

(2)能熟练操作搅拌、加热、蒸馏、分馏、回流、洗涤、干燥、过滤、结晶等多种基本操作;

(3)能进行沸点、折射率等物质的物理化学参数的测定并进行分析判定;

(4)了解所用危险化学品的职业危害和处置救援方法。

二、确定方案

1. 三苯甲醇的物理化学特性

三苯甲醇属于醇类,也属于芳香族,其分子式为 $C_{19}H_{16}O$,相对分子质量为 260.33,为无色三角形结晶。其熔点为 160~163℃,沸点为 360℃,相对密度为 1.990,易溶于醇、醚、苯中,溶于浓硫酸时呈深黄色,溶于冰醋酸时无色,不溶于水及石油醚。

2. 三苯甲醇的合成路线

三苯甲醇是芳香族叔醇,可通过格氏反应来制取。本实验以苯、乙醇、溴苯为原料,用溴苯与金属镁在干醚存在下制得格利雅试剂(苯基溴化镁),苯甲酸乙酯与苯基溴化镁在干醚存在下发生加成反应,加成产物水解即得三苯甲醇。

3. 序列合成三苯甲醇小试方案

(1)查阅资料并填写数据表,如表7-2所示。

表7-2 资料分析表(二十)

名称	摩尔质量 g/mol	颜色性状	熔点 ℃	沸点 ℃	密度 g/cm³	水溶性	投入量(或理论产量) 质量(体积) g(mL)	物质的量 mol
三苯甲醇								
溴乙烷								
乙苯								
苯甲酸								
苯甲酸乙酯								
溴苯								
镁								
乙醇								

(2)乙苯的制备流程示意图如图7-6所示,请填写空白处相应化合物的分子式。

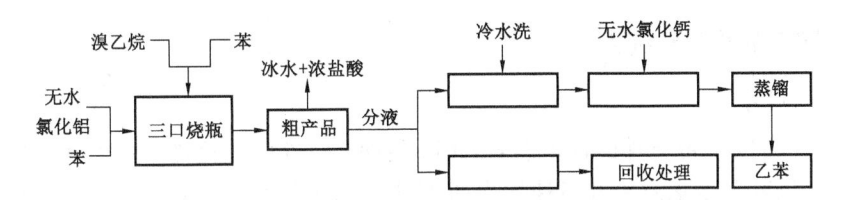

图7-6 乙苯的制备流程示意图

(3)制备苯甲酸流程示意图如图7-7所示,填写空白处相应化合物的分子式。

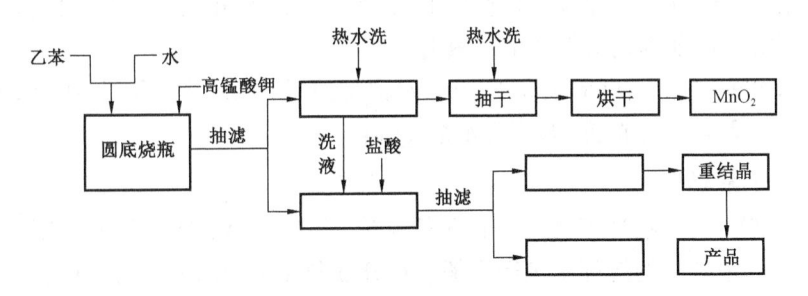

图7-7 苯甲酸制备流程示意图

(4)制备苯甲酸乙酯流程示意图如图7-8所示,填写空白处相应化合物的分子式。

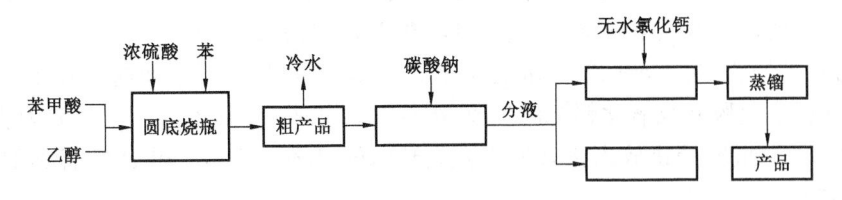

图7-8 苯甲酸乙酯制备流程示意图

(5)三苯甲醇的制备流程示意图如图7-9所示,请填写空白处相应化合物的分子式。

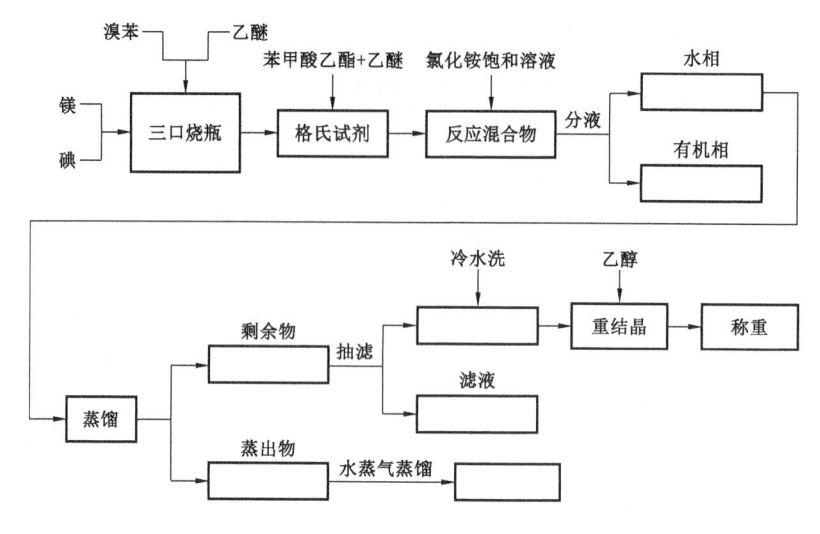

图7-9 三苯甲醇制备流程示意图

三、合成过程

1. 乙苯的制备和分离纯化

1) 乙苯的制备

按图5-2(b)安装带搅拌的回流装置,在冷凝管上口安装氯化钙干燥管和气体吸收装置,将250mL三口烧瓶置于水浴中并迅速加入研细的无水氯化铝3g、苯20mL。另外在滴液漏斗中加入10mL溴乙烷和10mL苯,并摇匀。

在不断搅拌下慢慢滴入溴乙烷和苯的混合物(以每秒2滴为宜),当观察到有溴化氢气体逸出,并有不溶于苯的红棕色配位化合物产生,表明反应已经开始。此时立即减慢加料速度,避免反应过于剧烈,保证溴化氢气体平稳逸出。

加料完毕,继续搅拌,当反应缓和下来时,小火加热,使水浴温度升到60~65℃,并在此温度范围保温1.5~2h。停止搅拌,改用冷水浴冷却。

2) 乙苯的分离纯化

待反应物充分冷却,在通风橱内,于不断搅拌下将反应液倒入预先配制好的100g冰、100mL水和10mL浓盐酸的烧杯中进行水解。在分液漏斗中分出上层有机层(保留下层水层,以备回收利用),用等体积冷水洗涤2~3次,将芳烃转入干燥的锥形瓶中,加入3g无水氯化钙干燥1~2h,溶液澄清。

将粗品转入干燥的250mL圆底烧瓶中进行蒸馏,水浴加热后收集85℃以前馏分,速度控制在每秒1~2滴。再改用电热套加热,另外收集132~138℃馏分。

铝化合物的回收:将上步保留的水层加热至70℃左右,移至通风橱内。滴加氨水,并轻轻搅拌,即有蓬松白色胶状氢氧化铝沉淀生成,继续滴加氨水,直到不再产生沉淀为止(溶液pH值为7)。冷却后抽滤,滤饼放入盛有70℃左右热水的烧杯中搅匀后再抽滤,滤饼烘干,即得白色氢氧化铝粉末。

3) 制备过程成功的关键

(1) 反应前,反应装置、试剂和溶剂必须充分干燥,因为氯化铝非常容易水解,将严重影响实验结果或使反应难以进行。

(2) 无水氯化铝是小颗粒或粗粉状,露于湿空气中立刻冒烟,实验时氯化铝必须无水,称取和加入速度均尽量快。

(3) 氯化铝存在时苯与溴乙烷作用,其反应速率很快,只要0.5s即可生成乙苯。因此,通常将烷基化剂滴加到芳香族化合物、催化剂和溶剂的混合物中,并不断搅拌冷却使反应速率减慢。

思 考 题

1. 在制备乙苯时,苯的用量大大超过理论量的原因是什么?
2. 乙苯化反应所用仪器等为何要充分干燥? 如不充分干燥,会造成什么结果?
3. 对乙苯粗品分离时,为什么采用分馏法将苯分离出来?

---

2. 苯甲酸的制备和分离纯化

1) 苯甲酸的制备

在圆底烧瓶中加入5.3g乙苯和300mL水,按图5-1(a)安装回流冷凝装置,加热至沸腾。从冷凝管上口分批加入31.6g的高锰酸钾,加完后用少量水冲洗冷凝管内壁附着的高锰酸钾,继续煮沸回流,并不断摇动烧瓶,直到乙苯层近乎消失,回流液不再出现油珠。

2) 苯甲酸的分离纯化

趁热减压过滤,并用少量热水洗涤滤饼(保留,以备后用),滤液和洗液合并,放入冰水浴冷却,然后用浓盐酸酸化,直到苯甲酸完全析出,减压过滤,并用少量冷水洗涤,压去水分,即得苯甲酸粗品,将此粗品置于烧杯中,加入适量水进行重结晶,烘干,得精制的苯甲酸。

二氧化锰回收,将上一工序热过滤的滤饼抽干,压平,用少量热水分批洗涤数次,直至滤液呈中性。取出滤饼烘干,即得黑色的二氧化锰粉末。

3) 制备过程成功的关键

(1) 加高锰酸钾时,需注意回流情况,如回流冷凝管中有积水则不能加高锰酸钾,否则会产生冲料现象。

(2) 滤液如呈紫色,可以加入少量亚硫酸氢钠,使紫色褪去,并重新进行抽滤。

思 考 题

1. 氧化反应中影响苯甲酸产量的主要因素有哪些?
2. 氧化反应完毕后,如果滤液是紫色,为什么要加亚硫酸氢钠?

3. 苯甲酸乙酯的制备和分离纯化

1) 苯甲酸乙酯的制备

在圆底烧瓶中加入 12.2g 苯甲酸、40mL 乙醇、20mL 苯和 4mL 浓硫酸，摇匀后加入少许沸石，按图 5-1(c)安装带分水器的反应装置。由回流冷凝管上口加水至油水分离的支管处，然后放去 9mL 水。将圆底烧瓶置于水浴上加热回流，随着回流的进行，分水器中出现上、中、下三层液体，继续加热回流约 4h，分水器中层液体达 9mL 左右时，即可停止加热。放出中、下层液体，继续用水浴加热，将圆底烧瓶中多余的苯和乙醇蒸至分水器中（保留此混合液，以备回收利用）。

2) 苯甲酸乙酯的分离纯化

将上述圆底烧瓶中的反应混合液倒入盛有 160mL 冷水的烧杯中，然后在搅拌下分批加入研细的碳酸钠粉末，直到无二氧化碳气体产生（用 pH 试纸检验，溶液呈中性），用分液漏斗分出粗制的苯甲酸乙酯，然后在水层中用 50mL 乙醚分两次萃取水层的苯甲酸乙酯。将乙醚萃取液及粗制的苯甲酸乙酯合并，用适量无水氯化钙干燥。将干燥后的澄清溶液移入干燥的蒸馏烧瓶中，先用水浴蒸去乙醚，再在电热套上加热蒸馏，收集 210~213℃的馏分。

3) 制备过程成功的关键

（1）加碳酸钠是为了除去硫酸及未作用的苯甲酸，操作时必须小心分批加入，以避免产生大量泡沫而溢出，造成损失。

（2）采用乙醚为萃取剂，是因为苯甲酸乙酯易溶于乙醚，而且乙醚的密度与水差异较大，乙醚的沸点较低，易于分层，有利于分离。另外，乙醇为低沸点液体，周围切忌明火。

思 考 题

1. 萃取苯甲酸乙酯为什么用乙醚做萃取剂？使用时应注意什么问题？
2. 制备苯甲酸乙酯时，何种原料过量？为什么？为什么要加苯？
3. 在萃取和分液时，两相之间有时出现絮状物或乳浊液，难以分层，如何解决？

---

4. 三苯甲醇的制备和分离纯化

1) 三苯甲醇的制备

在三口烧瓶中加入 1.5g 镁屑、一小粒碘。滴液漏斗中加入 9.4g 溴苯及 25mL 无水乙醚，混合均匀。按图 5-2(b)安装带搅拌器的回流装置，在冷凝管和滴液漏斗的上口分别装上氯化钙干燥管。先向三口烧瓶中滴入 10mL 混合液，片刻后碘的颜色逐渐消失即起反应。若反应经过几分钟不发生，可用温水浴加热。反应开始，同时搅拌，继续缓慢滴入其余的溴苯乙醚溶液，以保持溶液微沸，最后用温水浴加热回流 1h，使镁屑作用完全，冷却至室温。

在滴液漏斗中放入 3.8mL 苯甲酸乙酯与 5mL 无水乙醚，混匀后，缓慢滴入上述反应混合液中，水浴温热，保持反应液微沸，回流 1h。冷却至室温，再由滴液漏斗慢慢滴入 30mL 氯化铵饱和溶液，以分解加成产物。

2) 三苯甲醇的分离纯化

将三口烧瓶中的反应混合液转入分液漏斗中,分去水层,上层乙醚层转入 250mL 三口烧瓶中,在水浴上蒸馏,回收乙醚,然后改为水蒸气蒸馏装置,蒸至无油状物蒸出为止,留在瓶中的三苯甲醇呈蜡状。冷却、抽滤、用少量冷水洗涤,粗产品用乙醇—水重结晶,加活性炭脱色,可得纯度较高的产品,称量质量并计算产率。

动画 7-2-3
三苯甲醇
精制过程

可以通过测三苯甲醇的熔点和沸点分析其产品的质量。纯净三苯甲醇为无色棱状晶体,利用光谱分析技术,记录产品三苯甲醇的红外光谱图(图 7-10),并与图 7-11 三苯甲醇红外光谱图比较,确定样品的结构。

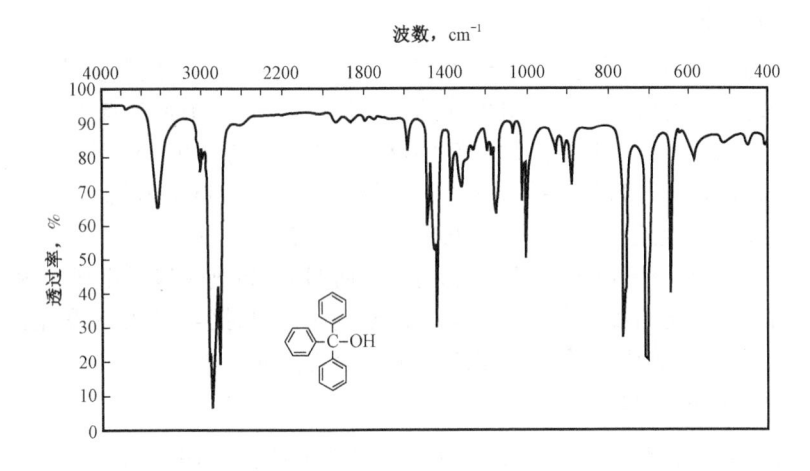

图 7-10 三苯甲醇红外光谱图

3) 制备过程成功的关键

(1) 大部分溴苯必须在少量溴苯与镁反应开始后加入,并且滴加速度应缓慢,避免因溴苯局部过量而发生剧烈的副反应,导致实验失败。

(2) 滴加苯甲酸乙酯的乙醚溶液时,必须不断振摇烧瓶,使反应物充分接触。

(3) 若反应物中絮状氢氧化镁未完全溶解,可放置过夜,使之慢慢溶解,也可加入少量稀盐酸,促使其全部溶解。

(4) 反应不可过猛,否则乙醚会从冷凝管上口逸出。

思 考 题

1. 在三苯甲醇制备中,为什么要用饱和的氯化铵水溶液来分解加成产物?
2. 本实验中乙醚起什么作用?
3. 在制备苯基溴化镁时,如果溴苯滴加过快,会有什么后果?
4. 碘在制备过程中的主要作用是什么?

四、安全提示和应急处理

图片7-2-4 三苯甲醇安全提示和应急处理

1. 三苯甲醇的危害性

三苯甲醇为无色三角形结晶,易溶于醇、醚和苯、溶于浓硫酸呈深黄色,溶于冰乙酸时无色,不溶于水及石油醚。三苯甲醇的羟基很活泼,与干燥氯化氢在乙醚中生成三苯氯甲烷,与一级醇作用成醚。

三苯甲醇对眼睛、皮肤、黏膜和上呼吸道有刺激作用。

用水雾、干粉、泡沫或二氧化碳灭火剂灭火。避免使用直流水灭火,直流水可能导致可燃性液体的飞溅,使火势扩散。

2. 乙苯的危害性

乙苯常温下为无色液体,有芳香气味,不溶于水,可混溶于乙醇、醚等多数有机溶剂。乙苯对皮肤、黏膜有较强刺激性,高浓度有麻醉作用。急性中毒:轻度中毒者有头晕、头痛、恶心、呕吐、步态蹒跚、轻度意识障碍、眼和上呼吸道刺激症状;重度中毒者可发生昏迷、抽搐、血压下降及呼吸循环衰竭,可造成肝损害;直接吸入乙苯液体可致化学性肺炎和肺水肿。慢性影响:眼及上呼吸道刺激症状、神经衰弱综合征,皮肤出现粗糙、皲裂、脱皮。

乙苯易燃,其蒸汽与空气可形成爆炸性混合物,遇明火、高热或与氧化剂接触,有引起燃烧爆炸的危险。乙苯与氧化剂接触会猛烈反应。乙苯流速过快时容易产生和积聚静电。其蒸汽比空气重,能在较低处扩散到相当远的地方,遇火源会着火回燃。

3. 苯甲酸乙酯的危害性

苯甲酸乙酯也称安息香酸乙酯,常温下为无色透明液体,微溶于热水,溶于乙醇和乙醚,稍有水果气味。吸入、摄入或经皮肤吸收后对身体有害。其蒸气或烟雾对眼睛、皮肤、黏膜和上呼吸道有刺激作用。

苯甲酸乙酯遇明火、高热可燃。

4. 镁的危害性

镁是一种银白色的轻质碱土金属,化学性质活泼,能与酸反应生成氢气,具有一定的延展性和热消散性。镁对眼、上呼吸道和皮肤有刺激性,吸入可引起咳嗽、胸痛等,口服对身体有害。

镁易燃,燃烧时产生强烈的白光并放出高热。镁遇水或潮气猛烈反应放出氢气,大量放热,易引起燃烧或爆炸。镁遇氯、溴、碘、硫、磷、砷和氧化剂剧烈反应,有燃烧、爆炸危险。其粉体与空气可形成爆炸性混合物,当达到一定浓度时,遇火星会发生爆炸。

5. 其他物质的危害性

苯、乙醇、溴苯、高锰酸钾、盐酸、溴乙烷、苯甲酸、乙醚的危害性,参照第六章相关节中的安全提示和应急处理部分。

第三节 合成局部麻醉剂苯佐卡因

苯佐卡因是局部麻醉药中结构最简单的一种,能麻痹感觉神经的末梢,麻醉力虽不强,但作用持久,吸收缓慢且毒性小,外用为撒布剂,用于手术后创伤止痛,溃疡痛,一般性止痒等。

一、目的要求

(1) 能通过资料查阅,了解序列合成各化合物的物理化学特性,设计合成方案;
(2) 能熟练搅拌、加热、回流、洗涤、干燥、过滤、结晶等基本操作;
(3) 能进行熔点物理参数的测定,并记录化合物红外光谱,进行分析判定;
(4) 了解所用危险化学品的职业危害和处置救援方法。

二、确定方案

1. 苯佐卡因的物理化学特性

苯佐卡因,其化学名称为对氨基苯甲酸乙酯,别称麻因,其化学式为 $C_9H_{11}NO_2$,相对分子质量为165.19,常温下为无色斜方形结晶,无臭,味微苦,随后有麻痹感,遇光渐渐变黄,熔点为90℃,沸点为172℃,相对密度为1.17。苯佐卡因难溶于水,溶于乙醇和乙醚,也溶于稀酸。

2. 苯佐卡因的合成路线

据报道,苯佐卡因有多种合成路线,本实验以对硝基甲苯为原料,经氧化、还原、酯化制得苯佐卡因,具体如下:

$$\underset{NO_2}{\underset{|}{C_6H_4}}-CH_3 \xrightarrow[H_2SO_4]{K_2Cr_2O_7} \underset{NO_2}{\underset{|}{C_6H_4}}-COOH \xrightarrow[HCl]{Sn} \underset{NH_2}{\underset{|}{C_6H_4}}-COOH \xrightarrow[浓H_2SO_4]{CH_3CH_2OH} \underset{NH_2}{\underset{|}{C_6H_4}}-COOCH_2CH_3$$

3. 序列合成苯佐卡因小试方案

(1) 查阅资料并填写数据,如表 7-3 所示。

表 7-3 资料分析表(二十一)

名称	摩尔质量 g/mol	颜色性状	熔点 ℃	沸点 ℃	密度 g/cm³	水溶性	投入量(或理论产量) 质量(体积) g(mL)	投入量(或理论产量) 物质的量 mol
对硝基甲苯								
重铬酸钾								
对硝基苯甲酸								
锡粉								
浓盐酸								
对氨基苯甲酸								
无水乙醇								
苯佐卡因								

(2)对硝基苯甲酸的制备流程示意图如图7-11所示,请填写空白处相应化合物的分子式。

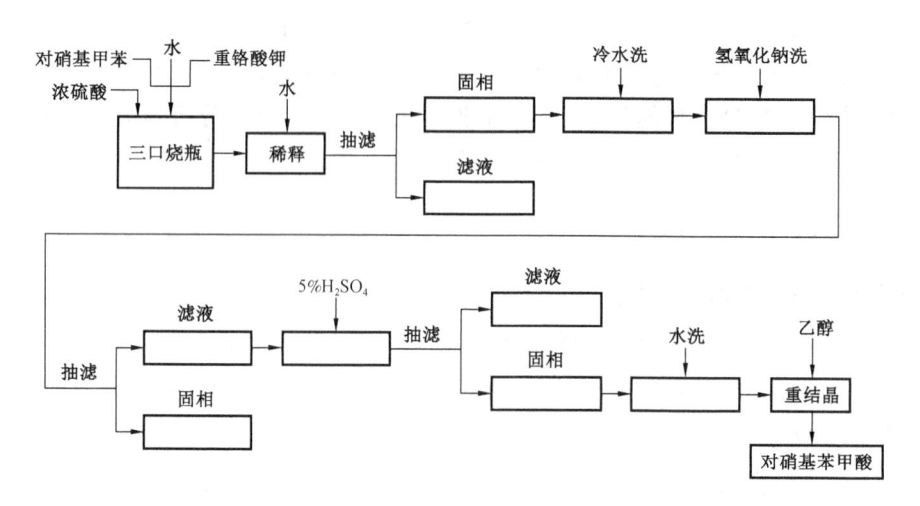

图7-11 对硝基苯甲酸制备流程示意图

(3)对氨基苯甲酸的制备流程示意图如图7-12所示,请填写空白处相应化合物的分子式。

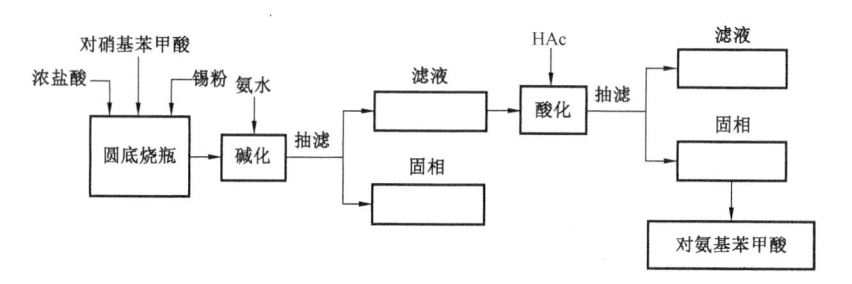

图7-12 对氨基苯甲酸制备流程示意图

(4)苯佐卡因的制备流程示意图如图7-13所示,请填写空白处相应化合物的分子式。

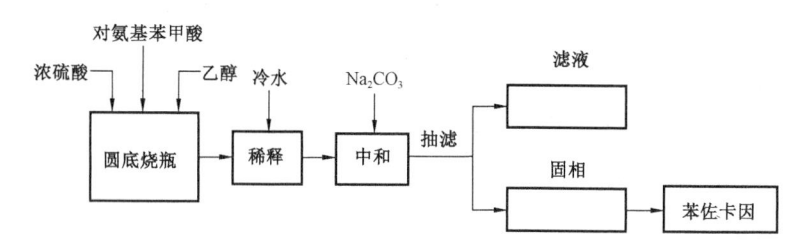

图7-13 苯佐卡因制备流程示意图

三、合成过程

1. 对硝基苯甲酸的制备和分离纯化

1)对硝基苯甲酸的制备

在100mL三口烧瓶中加入3g研细的对硝基甲苯、9.1g重铬酸钾和11mL水。按图5-2(b)

安装带搅拌的回流装置,在滴液漏斗中盛放 15mL 浓硫酸。开动搅拌器,并缓慢滴加浓硫酸,随着反应开始进行,温度升高,料液颜色也逐渐加深。硫酸加完后,用小火加热,使反应液保持微沸状态约 30min。

稍冷后,将反应混合液倒入盛有 40mL 冷水的烧杯中,粗品对硝基苯甲酸即呈结晶析出,充分冷却后,减压过滤,用冷水洗涤至滤液不显绿色。

2) 对硝基苯甲酸的分离纯化

将滤饼移至烧杯中,在搅拌下加入 38mL 5%氢氧化钠溶液,使晶体溶解,抽滤。在搅拌下,将滤液缓慢倒入盛 30mL 5%硫酸溶液的烧杯中,对硝基苯甲酸析出,充分冷却后,减压过滤,滤饼用少量冷水洗涤两次,压紧抽干,称量质量,必要时可用 50%乙醇溶液重结晶。

3) 制备过程成功的关键

(1) 滴加浓硫酸时,只搅拌,不加热;加浓硫酸的速度不能太快,否则会引起剧烈反应。

(2) 碱溶时可适当温热,但温度不能超过 50℃,以防未反应的对硝基甲苯熔化进入溶液。碱不宜过多,否则氢氧化铬会溶于过量的碱而成为可溶性的亚铬酸盐。

(3) 酸化时,将滤液倒入酸中,不能反过来将酸倒入滤液中。

思 考 题

1. 制备对硝基苯甲酸时,为什么要缓慢滴加硫酸?为什么不可一次加入?

2. 在对硝基甲苯的氧化反应结束后,为什么要加入 5mL 水后才能析出对硝基苯甲酸?在分离操作中,为什么要先加入 5% NaOH 溶液,后又将其慢慢加入至 5%硫酸中?

---

2. 对氨基苯甲酸的制备和分离纯化

1) 对氨基苯甲酸的制备

在 100mL 圆底烧瓶中加入 4g 对硝基苯甲酸、9g 锡粉和 20mL 浓盐酸。按图 5-1(a)安装回流装置,小火加热至还原反应发生(反应液呈微沸状态),停止加热,不断振摇烧瓶,约 30min 后,还原反应基本完成,反应液呈透明状。

2) 对氨基苯甲酸的分离纯化

冷却后,将反应混合液倒入烧杯中,在搅拌下滴加浓氨水至溶液刚好呈碱性(用 pH 试纸检测),抽滤,除去锡粉及氢氧化锡沉淀。

滤液转移到干净的烧杯中,在不断搅拌下缓慢滴加冰醋酸至溶液刚好呈酸性(用蓝色石蕊试纸检测),对氨基苯甲酸晶体析出,用冰—水浴充分冷却后,减压过滤,晾干,称量质量。

3) 制备过程成功的关键

(1) 在反应时,不可过热,以防氨基被氧化。若反应液不沸腾,可微热片刻,以保持反应进行。

(2) 对氨基苯甲酸是两性物质,碱化或酸化时要小心控制酸、碱用量,特别是滴加冰醋酸时,须小心慢慢滴加,避免过量或形成内盐。

思 考 题

1. 在还原操作中,过量锡是通过什么方法除去的?
2. 在对氨基苯甲酸的纯化过程中,加氨水和醋酸各起什么作用?

3. 苯佐卡因(对氨基苯甲酸乙酯)的制备和分离纯化

1) 苯佐卡因的制备

在干燥的100mL圆底烧瓶中加入2g对氨基苯甲酸、12.5mL无水乙醇和2.5mL浓硫酸,混匀后,加入几粒沸石。按图5-1(a)安装回流装置,用水浴加热回流1~1.5h。

2) 苯佐卡因的分离纯化

将反应混合液趁热倒入盛有80mL冷水的烧杯中,在不断搅拌下,分批加入碳酸钠粉末至液面有少许沉淀出现时,再慢慢滴加10%碳酸钠溶液至pH=7,苯佐卡因呈晶体完全析出。减压过滤(滤液保留),用少量水洗涤滤饼,压紧抽干,称量质量,必要时可用50%乙醇重结晶。

将滤液加热浓缩,当液面有晶体膜出现时,停止加热,冷却使硫酸钠晶体析出,抽滤,称量硫酸钠质量。

测定产物的熔点及红外光谱,记录产品对氨基苯甲酸乙酯的红外光谱图,并与图7-14对氨基苯甲酸乙酯红外光谱图比较,确定样品的结构。

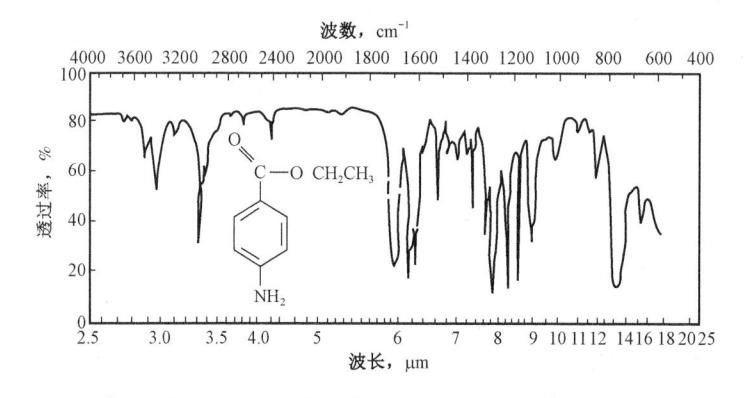

图7-14 对氨基苯甲酸乙酯红外光谱图

3) 制备过程成功的关键

(1) 碳酸钠粉末应分多次少量加入,待反应完全,不再有气泡产生后,测pH值,不足时再补加,切忌过量,太多则可能使酯水解。

(2) 酯化反应结束时,反应液要趁热倒出,冷却有苯佐卡因硫酸盐析出。

思 考 题

1. 酯化反应中为何先用固体碳酸钠中和,再用10%碳酸钠溶液中和反应液?
2. 酯化中为什么不中和至pH值为7,而要使pH值为9左右?
3. 如果产品中夹有铁盐(产品颜色发黄),应如何除去?

四、安全提示和应急处理

1. 对硝基甲苯的危害性

对硝基甲苯常温下为苯黄色斜方立面晶体,有苦杏仁味,不溶于水,易溶于乙醇、乙醚、氯仿和苯,与水分层(在下层)。对硝基甲苯对黏膜和皮肤有刺激作用,可引起高铁血红蛋白血症。对硝基甲苯急性中毒病人可有头痛、头昏、乏力、皮肤黏膜紫绀、手指麻木等症状。重者可出现胸闷、呼吸困难、心悸,甚至发生心律紊乱、昏迷、抽搐、呼吸麻痹。有时可引起溶血性贫血,肝损害。慢性中毒者有头痛、乏力、失眠、记忆力减退等神经衰弱综合征表现;有慢性溶血时,可出现黄疸、贫血;还可引起中毒性肝炎。

对硝基甲苯可燃、有毒,具腐蚀性、刺激性,可致人体灼伤。对硝基甲苯遇高热、明火或氧化剂接触,有引起燃烧的危险。对硝基甲苯易升华、具有爆炸性。对硝基甲苯受高热分解,产生有毒的氮氧化物和氯化物气体。

2. 重铬酸钾的危害性

重铬酸钾橙红色三斜晶系板状结晶体,有苦味及金属性味,稍溶于冷水,水溶液呈弱酸性,易溶于热水,不溶于乙醇,有毒。

急性中毒:吸入后可引起急性呼吸道刺激症状、鼻出血、声音嘶哑、鼻黏膜萎缩,有时出现哮喘和紫绀。重者可发生化学性肺炎。口服可刺激和腐蚀消化道,引起恶心、呕吐、腹痛和血便等;重者出现呼吸困难、紫绀、休克、肝损害及急性肾功能衰竭等。

慢性影响:有接触性皮炎、铬溃疡、鼻炎、鼻中隔穿孔及呼吸道炎症等。

重铬酸钾系强氧化剂,遇强酸或高温时能释出氧气,促使有机物燃烧。与还原剂、有机物、易燃物如硫、磷或金属粉末等混合可形成爆炸性混合物,有水时与硫化钠混合能引起自燃,与硝酸盐、氯酸盐接触剧烈反应,具有较强的腐蚀性。

3. 对硝基苯甲酸的危害性

对硝基苯甲酸常温下为黄色结晶粉末,无臭,能升华,微溶于水,能溶于乙醇等有机溶剂。遇明火、高热可燃,受热分解放出有毒的氮氧化物烟气。

对硝基苯甲酸对眼睛、皮肤、黏膜和上呼吸道有刺激作用,应避免与皮肤和眼睛接触。

4. 苯佐卡因(对氨基苯甲酸乙酯)的危害性

苯佐卡因是局部麻醉药,对呼吸道有刺激性,吸入后会引起咳嗽、气短。极少数病例口服可引起紫绀,对眼有刺激性,对皮肤有致敏作用。

苯佐卡因遇明火、高热可燃,粉体与空气可形成爆炸性混合物,当达到一定浓度时,遇火星会发生爆炸。本品受高热分解放出有毒的气体。

第四节 合成植物生长调节剂2,4-二氯苯氧乙酸

2,4-二氯苯氧乙酸,俗称2,4-D,是一种有效的除草剂,属于植物生长调节剂,在农业生产中被广泛应用。还可以用于柑橘等水果采后储藏保鲜,对保持柑橘果蒂绿色和蒂腐病的防治也有重要作用,用于延缓果实在储藏中的衰老。按植物种类的不同施用不同剂量的2,4-D,可以起到促进插条生根、果实早熟,防止落花落果等作用。但是如果剂量使用不当,

也会使植物受到严重伤害。

一、目的要求

(1) 能通过资料查阅,了解序列合成各化合物的物理化学特性,设计合成方案;
(2) 能熟练操作搅拌、加热、回流、萃取、重结晶等基本操作;
(3) 了解威廉逊(Williamson)法合成醚和芳环卤代反应的原理;
(4) 了解所用危险化学品的职业危害和处置救援方法。

二、确定方案

1. 2,4-二氯苯氧乙酸的物理化学特性

2,4-二氯苯氧乙酸的分子式为 $C_8H_6Cl_2O_3$,相对分子质量为221.04。常温下为白色菱形结晶,无臭,熔点为138℃,沸点为160℃,相对密度为1.563,能溶于醇、醚、酮等大多数有机溶剂,几乎不溶于水。

2. 2,4-二氯苯氧乙酸的合成路线

据报道,2,4-二氯苯氧乙酸有多种合成路线,本实验以苯酚和氯乙酸为原料,通过威廉逊(Williamson)法制备苯氧乙酸,苯氧乙酸是一种有效的防霉剂。苯氧乙酸发生环上氯化反应,可得对氯苯氧乙酸和2,4-二氯苯氧乙酸。

3. 序列合成2,4-二氯苯氧乙酸小试方案

(1) 查阅资料并填写数据,如表7-4所示。

表7-4 资料分析表(二十二)

名称	摩尔质量 g/mol	颜色性状	熔点 ℃	沸点 ℃	密度 g/cm³	水溶性	投入量(或理论产量) 质量(体积) g(mL)	物质的量 mol
氯乙酸								
苯酚								
苯氧乙酸								
冰醋酸								

续表

名称	摩尔质量 g/mol	颜色性状	熔点 ℃	沸点 ℃	密度 g/cm³	水溶性	投入量（或理论产量）	
							质量(体积) g(mL)	物质的量 mol
浓盐酸								
过氧化氢								
对氯苯氧乙酸								
次氯酸钠溶液								
2,4－二氯苯氧乙酸								

（2）苯氧乙酸的制备流程示意图如图 7－15 所示，请填写空白处相应化合物的分子式。

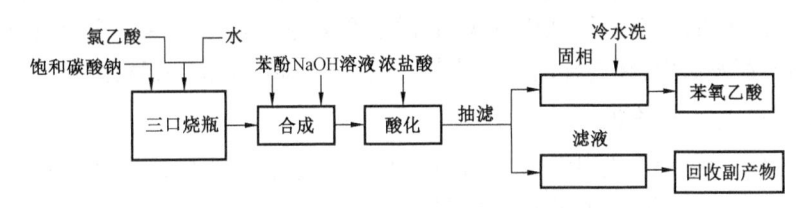

图 7－15　苯氧乙酸制备流程示意图

（3）对氯苯氧乙酸的制备流程示意图如图 7－16 所示，请填写空白处相应化合物的分子式。

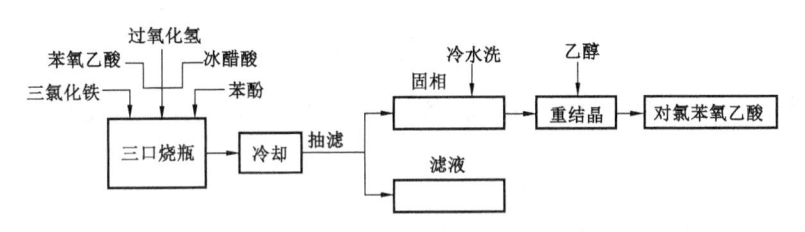

图 7－16　对氯苯氧乙酸制备流程示意图

（4）2,4－二氯苯氧乙酸的制备流程示意图如图 7－17 所示，请填写空白处相应化合物的分子式。

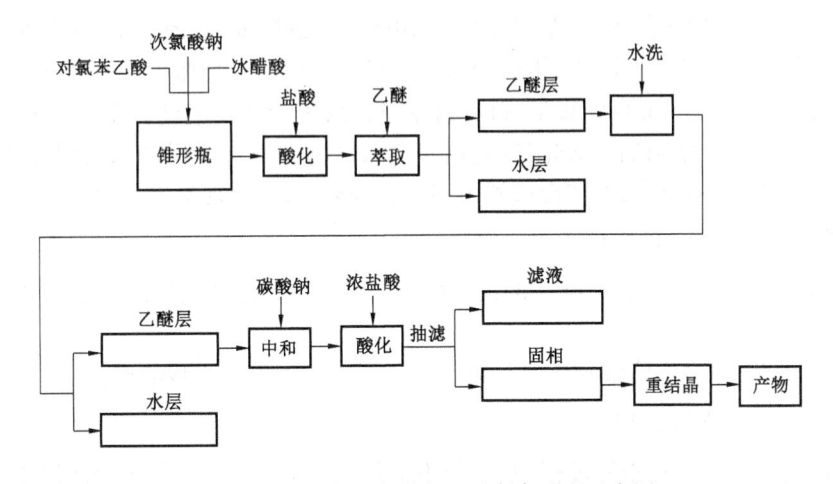

图 7－17　2,4－二氯苯氧乙酸制备流程示意图

三、合成过程

1. 苯氧乙酸的制备和分离纯化

1）苯氧乙酸的制备

在三口烧瓶中加入 7.6g 氯乙酸和 10mL 水,安装带电动搅拌器的回流装置,开动搅拌器,用滴管从另一侧口向三口烧瓶中滴加饱和碳酸钠溶液,至 pH 值为 7~8(用试纸检验)。然后加入 5g 苯酚,再慢慢滴加 35% 氢氧化钠溶液至 pH 值为 12。用沸水浴加热回流 45min,在此期间始终保持反应混合物的 pH 值为 12,如有降低,应补加氢氧化钠溶液。

2）苯氧乙酸的分离纯化

移去水浴,趁热向三口烧瓶中滴加浓盐酸,并振摇烧瓶,测试 pH 值为 3~4 为止。充分冷却溶液,待苯氧乙酸析出完全后,减压过滤,滤饼用冷水洗涤两次,压紧抽干,称量质量。

将滤液倒入蒸发皿中,在石棉网上加热蒸发浓缩,冷却后抽滤,得氯化钠晶体。

3）制备过程成功的关键

(1) 为防止氯乙酸水解,先用饱和碳酸钠溶液使之成盐,注意加碱速度要慢。

(2) 氯乙酸和苯酚腐蚀性强,取用一定要小心。

(3) 酸化要在通风橱中进行,盐酸不可过量,否则会生成盐而溶解。

> **思 考 题**
>
> 1. 在制备苯氧乙酸的过程中,pH 值应该控制在什么范围? pH 值过低或者过高会有什么不良后果?
> 2. 苯氧乙酸是依据什么原理制备的?

2. 对氯苯氧乙酸的制备和分离纯化

1）对氯苯氧乙酸的制备

在 150mL 三口烧瓶中加入 3g 苯氧乙酸和 10mL 冰醋酸,安装带电动搅拌器的回流装置,开动搅拌器,水浴加热,当水浴温度升至 55℃,取下塞子,向三口烧瓶中加入 20mg 三氯化铁和 10mL 浓盐酸,在此侧口安装滴液漏斗,滴液漏斗内盛放了 3mL 33% 过氧化氢溶液。当水浴温度升至 60℃ 以上时,开始滴加过氧化氢溶液(在 10min 内滴完),并保持水浴温度在 60~70℃ 之间,继续反应 20min,升高温度使反应器内固体全部溶解,停止加热,拆除装置。

2）对氯苯氧乙酸的分离纯化

将三口烧瓶中的反应混合液趁热倒入烧杯中,充分冷却,待结晶析出完全后,抽滤,用水洗涤滤饼两次,压紧抽干。

粗产品用 1∶3 乙醇水溶液重结晶后得纯品。测定对氯苯氧乙酸熔点,并检验其纯度。

3）制备过程成功的关键

(1) 在合成对氯苯氧乙酸的过程中,盐酸不能过量太多,否则会生成盐而溶于水,若未见沉淀生成,可再补加 2~3mL 浓盐酸。

(2)三氯化铁不可加多,否则影响产品的质量。

(3)若无沉淀产生,可能是反应温度太高,或氢气挥发,可降低温度,再加入适量的浓盐酸或过氧化氢。

思 考 题

1. 制备对氯苯氧乙酸时,为什么要加入过氧化氢溶液?加入的三氯化铁起什么作用?

2. 以苯乙酸为原料,如何制备对溴苯氧乙酸?能用本法制备对碘苯氧乙酸吗?为什么?

3. 2,4-二氯苯氧乙酸的制备和分离纯化

1) 2,4-二氯苯氧乙酸的制备

在250mL锥形瓶中加入1g对氯苯氧乙酸和12mL冰醋酸,搅拌使其溶解。将锥形瓶置于冰—水浴中冷却,在不断振摇下分批缓慢加入38mL次氯酸钠溶液。然后将锥形瓶自冰—水浴中取出,待反应混合液温度升至室温后再保持5min。

2) 2,4-二氯苯氧乙酸的分离纯化

向锥形瓶中加入50mL水,并用6mol/L盐酸溶液酸化至刚果红试纸变蓝。将此溶液倒入分液漏斗中,用50mL乙醚分两次萃取,合并萃取液,用15mL水洗涤一次,分去水层,再用15mL的10%碳酸钠溶液萃取。(注意排放产生的二氧化碳!)将碱萃取液放入烧杯中(醚层保留),加入25mL水,用浓盐酸酸化至刚果红试纸变蓝。

充分冷却,待结晶析出完全后,抽滤,用冷水洗涤滤饼两次,压紧抽干。

粗产品用15mL四氯化碳重结晶,可得纯品2,4-二氯苯氧乙酸。测定产物的熔点及红外光谱,记录产品的红外光谱图,并与图7-18标准的2,4-二氯苯氧乙酸红外光谱图比较,确定样品的结构。

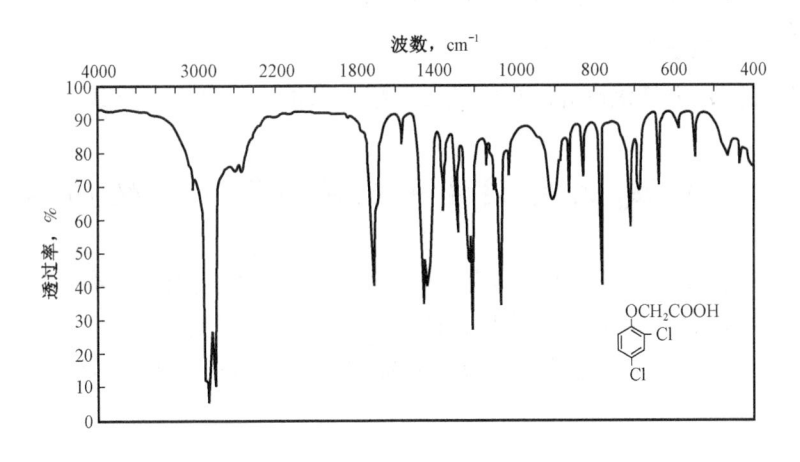

图7-18 2,4-二氯苯氧乙酸红外光谱图

回收溶剂,醚层用热水浴加热蒸馏,回收乙醚。

3) 制备过程成功的关键

(1) 实验过程中,次氯酸钠不能过量,否则会使产量降低。

(2) 在用碳酸钠洗时要小心,有二氧化碳气体逸出,故最好先在烧杯中进行,然后再转移至分液漏斗中充分振摇。

思 考 题

1. 制备2,4-二氯苯氧乙酸时,粗产物中的水溶性杂质是如何除去的?
2. 制备对氯苯氧乙酸和2,4-二氯苯氧乙酸时,加入的冰醋酸起什么作用?
3. 对氯苯氧乙酸和2,4-二氯苯氧乙酸在实际中有哪些应用?

四、安全提示和应急处理

1. 2,4-二氯苯氧乙酸的危害性

2,4-二氯苯氧乙酸具中等毒性,摄入、吸入或经皮肤吸收后对身体有害。对眼睛、皮肤有刺激作用,反复接触对肝、心脏有损害,能引起惊厥。2,4-二氯苯氧乙酸遇明火、高热可燃,受高热分解,放出刺激性的氯化氢气体。

2. 氯乙酸的危害性

氯乙酸为无色或淡黄色结晶,有刺激性气味,有腐蚀性,水溶液呈酸性反应。吸入高浓度氯乙酸蒸气或皮肤接触其溶液后,可迅速大量吸收,造成急性中毒。吸入初期为上呼吸道刺激症状。中毒后数小时即可出现心、肺、肝、肾及中枢神经损害,重者呈现严重酸中毒。患者可有抽搐、昏迷、休克、血尿和肾功能衰竭。酸雾可致眼部刺激症状和角膜灼伤。皮肤被本品灼伤可出现水疱,1~2周后水疱吸收。氯乙酸的慢性影响:经常接触低浓度氯乙酸酸雾可有头痛、头晕现象。

氯乙酸遇明火、高热可燃,受高热分解产生有毒的腐蚀性烟气。氯乙酸与强氧化剂接触可发生化学反应。遇潮时对大多数金属有强腐蚀性。

3. 其他物质的危害性

苯酚、盐酸、乙酸、氢氧化钠等的危害性参照第六章相关节中的安全提示和应急处理部分。

第五节 合成止咳酮4-苯基-2-丁酮的加成物

止咳酮是4-苯基-2-丁酮(又称为苄基丙酮)的亚硫酸氢钠加成物。苄基丙酮可由杜鹃科植物提取,具有祛痰、平喘、止咳作用,可以防治慢性支气管炎。但苄基丙酮有较强的辛辣味,对胃又有刺激作用,若制成它的亚硫酸氢钠加成物,则可以使辛辣味明显减少而药效不变,且易于保存。

一、目的要求

(1) 能通过资料查阅,了解序列合成各化合物的物理化学特性,设计合成方案;

(2) 了解4-苯基-2-丁酮及其加成物的合成方法;
(3) 掌握克莱森酯缩合及乙酰乙酸乙酯合成法在药物合成上的应用;
(4) 能熟练进行回流、蒸馏、减压蒸馏、洗涤、干燥等基本操作;
(5) 了解所用危险化学品的职业危害和处置救援方法。

二、确定方案

1. 4-苯基-2-丁酮的物理化学特性

4-苯基-2-丁酮的化学式为 $C_{10}H_{12}O$,相对分子质量为148.2017,常温下为无色透明液体,有花香和草香,具茉莉香韵,沸点为233~234℃,相对密度为0.985(22/4℃),折射率为1.511(22℃),闪点98℃。

2. 4-苯基-2-丁酮的合成路线

据报道,4-苯基-2-丁酮有多种合成路线,本实验以乙醇、乙酸为原料,通过乙酸乙酯、乙酰乙酸乙酯的制备,进而合成4-苯基-2-丁酮。作为治疗剂,它通常被制成亚硫酸氢钾或亚硫酸氢钠的加成物,便于服用和存放。

$$CH_3COOH \underset{H_2SO_4/\triangle}{\overset{CH_3CH_2OH}{\rightleftharpoons}} \underset{\text{乙酸乙酯}}{CH_3COOCH_2CH_3} \xrightarrow{NaOC_2H_5} [CH_3COCHCOOCH_2CH_3]^-Na^+$$

$$\xrightarrow{CH_3COOH} \underset{\text{乙酰乙酸乙酯}}{CH_3COCH_2COOCH_2CH_3} \xrightarrow[CH_3CH_2OH]{NaOC_2H_5} [CH_3COCHCOOCH_2CH_3]^-Na^+$$

$$\xrightarrow{C_6H_5CH_2Cl} \underset{CH_2C_6H_5}{\underset{|}{CH_3COCHCOOC_2H_5}} \xrightarrow[H_2O]{NaOH} \underset{CH_2C_6H_5}{\underset{|}{CH_3COCHCOONa}} \xrightarrow[-CO_2]{HCl} \underset{\text{4-苯基-2-丁酮}}{CH_3COCH_2C_6H_5}$$

$$\xrightarrow[H_2O]{Na_2S_2O_3} \underset{SO_3Na}{\overset{OH}{\underset{|}{\underset{|}{CH_3-C-CH_2CH_2C_6H_5}}}}$$

3. 序列合成4-苯基-2-丁酮小试方案

(1) 查阅资料并填写数据,如表7-5所示。

表7-5 资料分析表(二十三)

名称	摩尔质量 g/mol	颜色性状	熔点 ℃	沸点 ℃	密度 g/cm³	水溶性	投入量(或理论产量) 质量(体积) g(mL)	投入量(或理论产量) 物质的量 mol
乙酸乙酯								
乙酰乙酸乙酯								
无水乙醇								
金属钠								
乙酸								
氯化苄								
氢氧化钠								
4-苯基-2-丁酮								

(2)乙酸乙酯的制备参照第六章第七节,乙酰乙酸乙酯的制备参照第六章第十二节。

(3)4-苯基-2-丁酮及其亚硫酸氢钠加成物的制备流程示意图如图7-19所示,请填写空白处相应化合物的分子式。

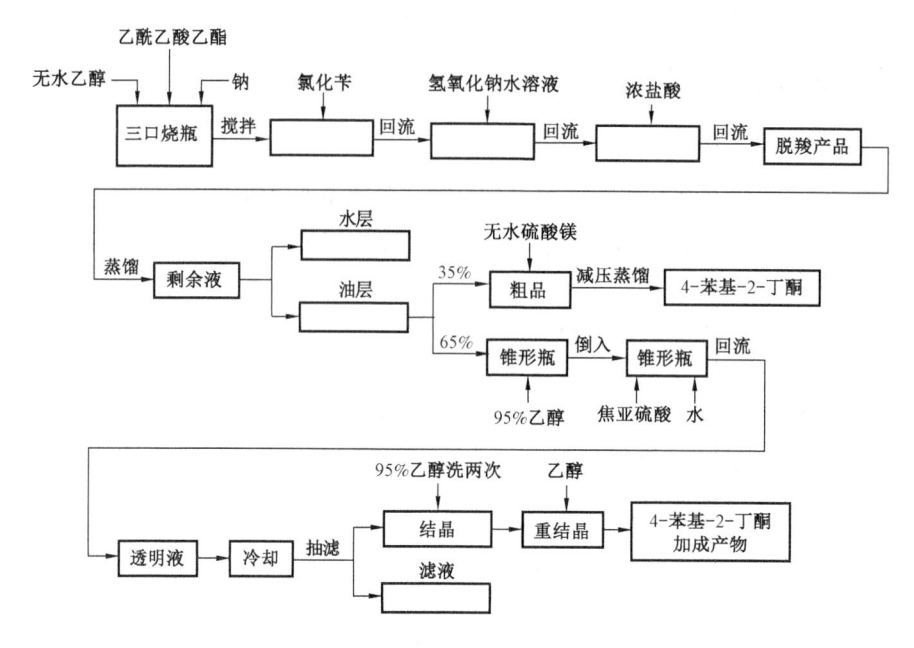

图7-19 4-苯基-2-丁酮及其亚硫酸氢钠加成物制备流程示意图

三、合成过程

1. 4-苯基-2-丁酮的制备和分离纯化

1) 4-苯基-2-丁酮的制备

在250mL三颈瓶上,按图5-2(b)安装带有搅拌器的回流装置,在反应瓶中加入40mL无水乙醇和3g切成小片或小块的金属钠(加入速度以维持溶液微沸为宜),搅拌至金属钠完全溶解。滴加20mL乙酰乙酸乙酯,加完后继续搅拌10min,然后在30min内滴加10.6mL氯化苄,继续搅拌10min后加热回流1.5h,反应物呈米黄色乳浊稠状液,停止加热。稍冷,慢慢加入用8g氢氧化钠和63mL水配制成的溶液,约15min加完,此时反应液呈橙黄色,为强碱性。加热回流2.5h,有油层析出,水层pH值为8~9。停止加热,冷却至40℃以下,缓慢加入约19mL浓盐酸至溶液变黄(pH值为12),大概20min加完,再加热回流1.5h,完成脱羧反应。

2) 4-苯基-2-丁酮的分离纯化

反应液稍冷后改为蒸馏装置,先在水浴上将低沸点物质蒸出,馏出液体体积约25mL,回收利用。

产物冷却后在分液漏斗中分出红棕色有机相约18g,含量约60%。粗品无须提纯即可用于制备亚硫酸氢钠的加成物。

如需制备纯的4-苯基-2-丁酮,可在脱羧反应后将体系冷却至室温,用稀的氢氧化钠水溶液中和至中性,然后用15mL乙醚萃取3次,合并有机层,水洗后用无水氯化钙干燥。水浴蒸去乙醚后,减压蒸馏收集96~102℃/1.07~1.2kPa馏分。

3）制备过程成功的关键

(1) 本实验要求仪器干燥并使用绝对乙醇,乙醇中含有少量的水会明显降低产率。

(2) 实验中使用的乙酰乙酸乙酯、氯化苄应是重新蒸过的。

(3) 用酸分解反应物时,会有二氧化碳气体放出,因此滴加速度不宜太快,以防止酸分解时逸出大量的二氧化碳而冲料。

思 考 题

1. 合成4-苯基-2-丁酮时用回收的乙醇的乙醇溶液有什么缺点?
2. 乙酰乙酸乙酯在合成上有什么用途?烷基取代乙酰乙酸乙酯与稀碱和浓碱作用将分别得到什么产物?
3. 用乙酰乙酸乙酯合成法还可以合成哪些化合物?试举例说明。

---

2. 4-苯基-2-丁酮亚硫酸氢钠加成物的制备和分离纯化

在100mL锥形瓶中加入11.7g 4-苯基-2-丁酮粗品、42mL 95%的乙醇,在水浴上加热至60℃,制成乙醇溶液备用。

在装有搅拌器的回流装置的三颈瓶中,加入6.3g焦亚硫酸钠和14mL水,加热至80℃左右,搅拌使固体溶解。在搅拌下将上述制成的乙醇溶液自冷凝管顶端慢慢加到三颈瓶中,加热回流15min,得透明溶液。冷却让其结晶,抽滤,并用少量乙醇洗涤,得白色片状结晶,为4-苯基-2-丁酮亚硫酸氢钠加成物。进一步提纯可用70%乙醇溶解,回流10min,趁热过滤,滤液无色透明。冷却,析出晶体,过滤,干燥后得加成物纯品约3~4g。

四、安全提示和应急处理

1. 氯化苄的危害性

氯化苄在通常情况下为无色或微黄色有强烈刺激性气味的液体,属致癌物质,具有刺激性气味,有催泪性。微溶于水,易溶于苯、甲苯等有机溶剂。持续吸入高浓度氯化苄蒸气可出现呼吸道炎症,甚至发生肺水肿。其蒸气对眼有刺激性,液体溅入眼内会引起结膜和角膜蛋白变性。皮肤接触氯化苄可引起红斑、大疱,或发生湿疹。口服氯化苄会引起胃肠道刺激反应、头痛、头晕、恶心、呕吐及中枢神经系统抑制。其对人体的慢性影响是损害肝、肾。

氯化苄遇明火、高热可燃,受高热分解产生有毒的腐蚀性烟气,与铜、铝、镁、锌及锡等接触会放出热量及氯化氢气体。

2. 其他物质的危害性

乙醇、钠、乙酸、氢氧化钠、乙酸乙酯、乙酰乙酸乙酯的危害性参照第六章相关节中的安全提示和应急处理部分。

第六节 合成解热镇痛药非那西汀

非那西汀,学名为对乙酰氨基苯乙醚,是具有解热、镇痛作用的药品。非那西汀内服后可降解为乙酰氨基酚,经30min后,出现解热作用,约可持续8h。非那西汀口服毒性低,长期以来曾广泛用于治疗关节痛、神经痛、头痛、发热感冒及痛经等,也是复方阿司匹林(APC)的一个组分。然而,当大剂量服用非那西汀后,因产生过量的变性血红蛋白,会导致眩晕、发绀、呼吸困难等副作用;特别是长期大量服用,会对肾脏、血红蛋白及视网膜产生损害。因此,非那西汀片和含非那西汀的"小儿退热片"已停止使用,但仍保留了非那西汀原料和含非那西汀的其他复方制剂,如APC等。

一、目的要求

(1)能通过资料查阅,了解序列合成各化合物的物理化学特性,设计合成方案;
(2)掌握还原、乙酰化、醚化合成反应的原理;
(3)能熟练操作回流、重结晶洗涤、干燥等基本操作;
(4)了解对氨基酚的氨基的选择性乙酰化而保留酚羟基的方法。
(5)了解所用危险化学品的职业危害和处置救援方法。

二、确定方案

1. 对乙酰氨基苯乙醚的物理化学特性

对乙酰氨基苯乙醚,别名非那西汀,其分子式为$C_{10}H_{13}NO_2$,相对分子质量为179.22。常温常压下本品为白色有光泽鳞状结晶或结晶性粉末,无臭,味微苦,在空气中稳定,极微溶于冷水,略溶于沸水,溶于16倍的冷乙醇或2倍的沸乙醇中,溶于氯仿,熔点为134~136℃。

2. 对乙酰氨基苯乙醚的合成路线

据报道,非那西汀有多种合成路线,本实验以对硝基苯酚、硫化钠为原料,通过对氨基苯酚、对乙酰氨基苯酚的制备,进而合成对乙酰氨基苯乙醚,其反应式为

$$\underset{NO_2}{\underset{|}{C_6H_4}}OH \xrightarrow[\text{还原}]{Na_2S/H_2O} \underset{NH_2}{\underset{|}{C_6H_4}}OH \xrightarrow[\text{乙酰化}]{(CH_3CO)_2O} \underset{NHCOCH_3}{\underset{|}{C_6H_4}}OH \xrightarrow[\text{醚化}]{C_2H_5ONa/C_2H_5I} \underset{NHCOCH_3}{\underset{|}{C_6H_4}}OC_2H_5$$

3. 序列合成对乙酰氨基苯乙醚的小试方案

(1)查阅资料并填写数据,如表7-6所示。

表7-6 数据分析表(二十四)

名称	摩尔质量 g/mol	颜色性状	熔点 ℃	沸点 ℃	密度 g/cm³	水溶性	投入量(或理论产量) 质量(体积) g(mL)	物质的量 mol
对硝基苯酚								
对氨基苯酚								
对乙酰氨基苯酚								
硫化钠								
乙酸酐								
碘乙烷								
对乙酰氨基苯乙醚								

(2)对氨基苯酚的制备流程示意图如图7-20所示。

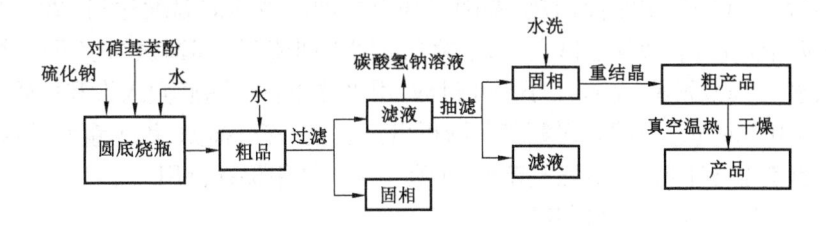

图7-20 对氨基苯酚制备流程示意图

(3)对乙酰氨基苯酚的制备流程示意图如图7-21所示。

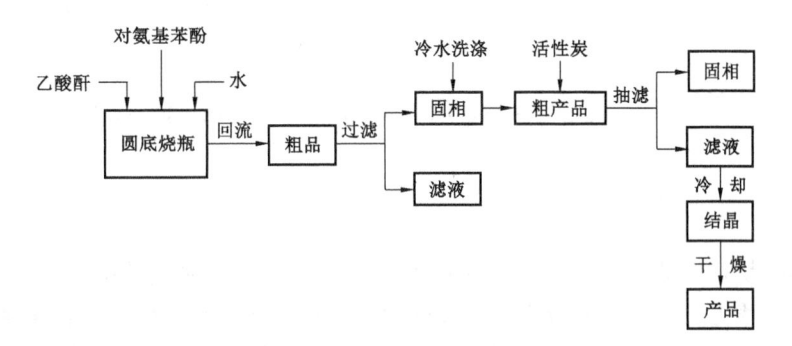

图7-21 对乙酰氨基苯酚制备流程示意图

(4)非那西汀—对乙酰氨基苯乙醚的制备流程示意图如图7-22所示。

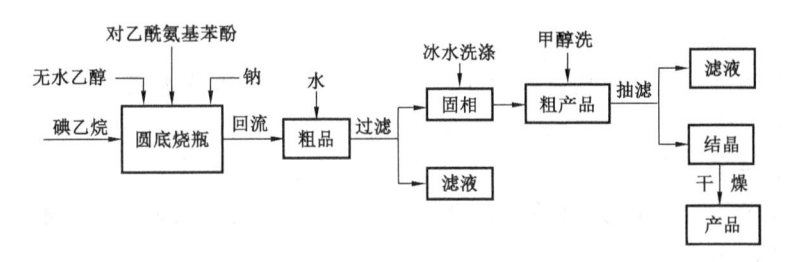

图7-22 非那西汀—对乙酰氨基苯乙醚制备流程示意图

三、合成过程

1. 对氨基苯酚的制备和分离纯化

1)无水硫化钠法

无水硫化钠法是以对硝基苯酚和无水硫化钠为原料合成对氨基苯酚的,其反应式为

$$4\,C_6H_4(OH)(NO_2) + 6Na_2S + H_2O \longrightarrow 4\,C_6H_4(OH)(NH_2) + 6NaOH + 3Na_2S_2O_3$$

在50mL圆底烧瓶中加入5g对硝基苯酚,14g无水硫酸钠及10mL水,摇匀混合后,装入一球形回流冷凝管。在油浴中慢慢加热,并随时加以摇动。当油浴温度达到120～140℃时,反应即开始,暂时中止加热,待反应减弱后,继续在油浴上回流2h,间断振摇使反应物混合均匀。放冷片刻,加水2.5mL稀释,随即用小漏斗过滤,用水洗涤。将滤液倾入饱和的碳酸氢钠溶液(10gNaHCO$_3$+100mL水)中即有对氨基苯酚析出。放置一夜,抽滤,用少量水洗涤,然后用重结晶法提纯,真空温热干燥,得对氨基苯酚,于真空干燥器中保存待用。

测定对氨基苯酚的熔点,分析其纯度。

2) 保险粉法

保险粉法是以对硝基苯酚、氢氧化钠和保险粉为原料合成对氨基苯酚的,其反应式为

$$\text{对硝基苯酚} + 3Na_2S_2O_4 + 6NaOH \longrightarrow \text{对氨基苯酚} + 6Na_2SO_3 + 2H_2O$$

在1000mL烧杯中放入8.6g氢氧化钠,加入80mL水、5g对硝基苯酚,搅拌。加热到60℃(橘红色溶液),移去火焰。然后分批加入25g(0.144mol)保险粉,充分搅拌,直到溶液橘红色完全褪去,变色为淡黄色溶液,并有白色片状晶体析出。用少量水冲洗烧杯壁,加热到98℃,使晶体溶解,然后冷却到15℃,将结晶重新析出,抽滤,用少量水洗涤、干燥,产品用水重结晶后,干燥,测熔点,并于真空干燥器中保存待用。

3) 制备过程成功的关键

(1) 体系的温度对反应产物有很大的影响,要注意控制反应的温度。

(2) 在加热过程中,一定要随时摇动,使反应物混合均匀。

(3) 反应后一定要热过滤后再进行抽滤,而不是冰浴才去抽滤。

(4) 对氨基苯酚为白至粉红色结晶性粉末,见光和露置的空气最终变为紫红色,所以应于真空干燥器中保存待用。

思 考 题

1. 对氨基苯酚的合成方法有哪些?
2. 保险法制备对氨基苯酚时,如何判断反应进行完全?
3. 对氨基苯酚有什么特性,应如何保存?

2. 对乙酰氨基苯酚的制备和分离纯化

1) 对乙酰氨基苯酚的制备

在50mL圆底烧瓶中加入2.2g对氨基苯酚及56mL水充分振摇使成乳浊液。加入2.8mL乙酐,用玻璃塞塞住后用力振摇使其充分混合(由于此反应为放热反应,温度自行升高)。待瓶内反应稳定后,取走玻璃塞,装上回流冷凝管,将瓶放在热水浴上加热使固体完全溶解后,再

加热 10min。

2）对乙酰氨基苯酚的分离纯化

反应产物冷却后,用小型漏斗将结晶滤出,并用少量冷水洗涤。所得粗品可能带有颜色,应把它移入附有指形冷凝管的装置中,加少量活性炭及 5～10mL 水,加热回流 15min,趁热抽滤,滤液冷却,所得的结晶经干燥后,称重,测定其熔点。

3）制备过程成功的关键

(1) 制备过程中所用乙酐一定要现蒸的。滴加速度不能过快,否则对氨基酚与乙酐反应不完全。

(2) 抽滤时要先插入抽滤管再抽滤,抽滤完后关闭电源再拔出抽滤管,避免液体倒流。

(3) 一定要加亚硫酸氢钠,可有效防止对乙酰氨基酚被空气氧化,但浓度不宜太高。

(4) 原料对氨基苯酚为白至粉红色结晶性粉末,见光和露置的空气最终变为紫红色,而产物对乙酰氨基苯酚为白色结晶粉末。可以根据两者的物理性状不同,来初步判断反应是否进行。

(5) 若产物的熔点与纯对乙酰氨基酚熔点相差较大时,可能是由于微量的二乙酰基化合物所致。可将产物溶于冷的稀碱液中,振摇片刻,然后加酸中和使之沉淀,过滤,干燥即可（因稀碱液能使二乙酰基化合物的 O-乙酰基发生水解）。

思 考 题

1. 如何判断乙酰化反应已经发生?
2. 为什么乙酰化发生在氨基上而不是发生在羟基上?
3. 精制过程选水做溶剂有哪些必要条件? 应注意哪些操作上的问题?
4. 试比较冰醋酸、醋酐、乙酰氯这三种乙酰化剂的优缺点。

3. 非那西汀—对乙酰氨基苯乙醚的制备和分离纯化

1）碘乙烷法

碘乙烷法是以对乙酰氨基苯酚、乙醇钠和碘乙烷为原料合成对乙酰氨基苯乙醚的,其反应式为

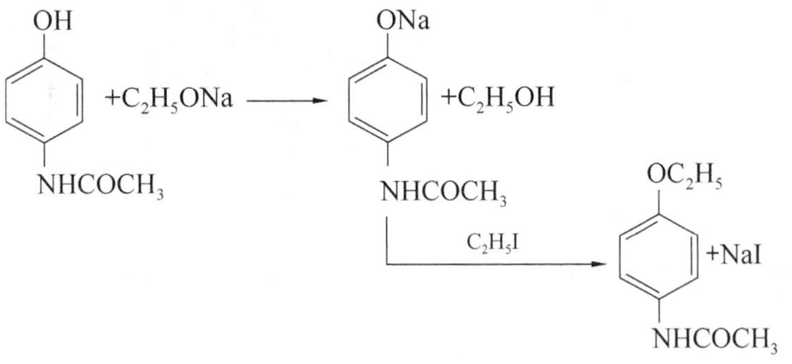

在充分干燥的、装有球形冷凝管的50mL圆底烧瓶中加入8mL无水乙醇及0.32g金属钠,待钠完全溶解后(如不能完全溶解则可将瓶放在温水中温热),冷却,加入2.0g对乙酰氨基苯酚,然后用刻度滴管由直型冷凝管上端慢慢地滴加1.6mL碘乙烷,加热回流约半小时,然后在冰浴中进一步冷却,滤集粗品,用数滴冰水洗涤,用16mL甲醇冲水洗粗品,在热水浴上加热使全溶,若不能全溶时再加甲醇数滴并再加热至全溶,冰水冷却,用小漏斗抽滤,并用数滴甲醇洗涤,空气中干燥,称重,测定其熔点。

2) 硫酸二乙酯法

硫酸二乙酯法是以对乙酰氨基苯酚、氢氧化钠和硫酸二乙酯为原料合成对乙酰氨基苯乙醚的,其反应式为

在一短颈试管中加入1.8g对乙酰氨基苯酚及6mL 2mol/L的氢氧化钠溶液,塞紧橡皮塞,用力振摇混合后,慢慢滴加2mL 硫酸二乙酯,温热到40℃充分振摇,放置4h,间断振摇,室温放置过夜。加入3mL 2mol/L的氢氧化钠溶液(用以破坏过量的硫酸二乙酯和溶解掉未反应的酚),振摇,放置2h后,抽滤,用冰水洗涤以除去游离碱等。粗品溶于5mL 热乙醇中,加入少量活性炭,过滤得无色滤液。加20mL水稀释,放置缓慢冷却,数小时后抽滤得无色的晶体,在空气中干燥,称重。

记录乙酰氨基苯乙醚的红外光谱图,并与图7-23标准的对乙酰氨基苯乙醚红外光谱图比较,确定样品的结构。

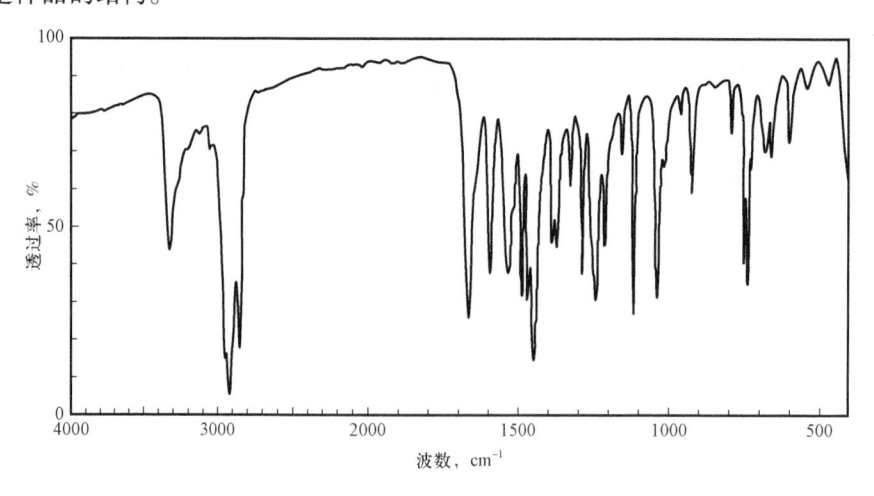

图7-23 对乙酰氨基苯乙醚红外光谱图

3) 制备过程成功的关键

(1) 将无水乙醇和金属钠放入圆底烧瓶中时，因有氢气放出，要小心加入。

(2) 在制备对乙酰氨基苯乙醚回流前，必须在无水条件下进行。

(3) 酰胺在强酸和强碱的水溶液中易水解脱酰基生成胺，本实验不能用 NaOH 水溶液而是用钠与乙醇反应生成碱性更强的醇钠。

(4) 在烧瓶中，若有固体析出，可再加热使其溶解。

思 考 题

1. 为什么从母液中分离出的结晶都要用少量溶剂洗涤？
2. 用威廉逊(Williamson)法合成醚时，对所用的卤代烃有何要求？
3. 合成非那西汀还有什么方法？

四、安全提示和应急处理

1. 对硝基苯酚的危害性

对硝基苯酚为无色至微黄色的结晶，有芳香甘甜气味，对皮肤有强烈刺激作用，能经皮肤和呼吸道吸收。动物实验时证明对硝基苯酚可引起高铁血红蛋白血症，体温升高，肝、肾损害。

对硝基苯酚遇明火、高热或与氧化剂接触，有引起燃烧爆炸的危险，受热分解则放出有毒的氧化氮烟气。

2. 对氨基苯酚的危害性

对氨基苯酚为白色片状晶体，有强还原性，易被空气中的氧气所氧化，遇光和在空气中颜色变灰褐。吸入过量的对氨基苯酚粉尘，可引起高铁血红蛋白血症。对氨基苯酚有致敏作用，能引起支气管哮喘、接触性变应性皮炎。对氨基苯酚不易经皮肤吸收。

对氨基苯酚遇明火、高热可燃，受热分解则放出有毒的氧化氮烟气。对氨基苯酚与强氧化剂接触可发生化学反应。

3. 对乙酰氨基苯乙醚的危害性

对乙酰氨基苯乙醚具有解热、镇痛作用，但无抗炎、抗风湿作用。其毒性较大，长期或过量应用可发生溶血性贫血、高铁血红蛋白血症，肾乳头坏死和肾盂转移性细胞癌。

4. 碘乙烷的危害性

碘乙烷为无色澄清重质液体，有醚的气味。吸入对呼吸道有强烈刺激性，并出现麻醉作用，可有肝、肾损害。眼和皮肤接触碘乙烷可引起强烈刺激，甚至发生灼伤。碘乙烷可经皮肤迅速吸收。口服碘乙烷会灼伤消化道。

碘乙烷遇明火、高热能燃烧。遇高热时能分解出有毒的碘化物烟雾。碘乙烷遇水或水蒸气反应放热并产生有毒的腐蚀性气体。碘乙烷与氧化剂接触猛烈反应。

5. 其他物质的危害性

硫化钠、乙酸酐、金属钠、无水乙醇、氢氧化钠等的危害性参照相关章节中的安全提示和应急处理部分。

第七节　合成 ε-己内酰胺和尼龙 6

ε-己内酰胺广泛应用于齿轮、轴承、管材、医疗器械及电气绝缘材料等。医药工业用作合成药物的原料。有机工业用于制造赖氨酸等。化工生产中用作溶剂。分析化学中用作气相色谱固定液等。用于制备己内酰胺树脂、聚己内酰胺纤维和人造皮革等。尼龙 6 又称 PA6，或聚酰胺 6，是模仿丝肽蛋白，经纺丝可制成纤维，是一种人工合成的多肽纤维，具有优良的强度和耐磨性，也是重要的工程塑料，可用于制作各种齿轮和医疗器械。

一、目的要求

（1）能通过资料查阅，了解序列合成各化合物的物理化学特性，设计合成方案；

（2）掌握贝克曼重排制备己内酰胺的原理和方法；

（3）掌握氧化反应、亲核反应、聚合反应的原理；

（4）进一步熟悉回流、蒸馏、减压蒸馏、重结晶、洗涤、干燥等基本操作。

二、确定方案

1. ε-己内酰胺和尼龙 6 的物理化学特性

ε-己内酰胺，别名 2-酮基六亚基亚胺，其分子式为 $C_6H_{11}NO$，相对分子质量为 113.16。常温下为有薄荷香味的白色小叶片状结晶体，熔点为 68~70℃，沸点为 270℃，溶于水，溶于乙醇、乙醚、氯仿等多数有机溶剂，相对密度（水 =1）为 1.05（70% 水溶液）。

尼龙 6，别名锦纶 -6，英文名称为 Polycarolactam，其单体的分子式为 $C_6H_{13}NO$。尼龙 6 为乳白色或微黄色透明到不透明的角质状结晶性聚合物。它无毒、无味、不霉烂，熔点为 215℃，相对密度为 1.13，热变形温度 68℃，耐寒温度 -30℃。具有良好的柔韧性、耐磨性、自润滑性，能缓慢燃烧，离火慢熄，有滴落、起泡现象。

2. ε-己内酰胺和尼龙 6 的合成路线

据报道，ε-己内酰胺和尼龙 6 有多种合成路线，本实验可由环己醇经氧化得到环己酮，与羟胺进行亲核反应后生成环己酮肟，再在酸作用下发生重排得到 ε-己内酰胺，经开环聚合即得到尼龙 6。

$$\text{PhOH} \xrightarrow[H_2SO_4]{Na_2Cr_2O_7} \text{环己酮} \xrightarrow{NH_2OH} \text{环己酮肟} \xrightarrow{H_2SO_4} \text{己内酰胺} \longrightarrow \left[\text{HN}-(CH_2)_5-\overset{O}{\overset{\|}{C}}\right]_n + nH_2O$$

3. 序列合成 ε-己内酰胺和尼龙 -6 小试方案

（1）查阅资料并填写数据，如表 7-7 所示。

表7-7 数据分析表(二十五)

名称	摩尔质量 g/mol	颜色性状	熔点 ℃	沸点 ℃	密度 g/cm³	水溶性	投入量(或理论产量) 质量(体积) g(mL)	物质的量 mol
环己醇								
环己酮								
环己酮肟								
己内酰胺								
尼龙6								
羟胺								
重铬酸钠								

(2)环己酮的制备流程示意图如图7-24所示,请填写空白处相应化合物的分子式。

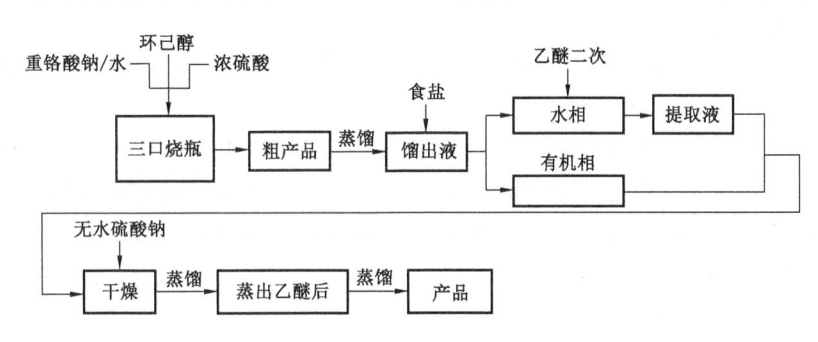

图7-24 环己酮的制备流程示意图

(3)环己酮肟的制备流程示意图如图7-25所示,请填写空白处相应化合物的分子式。

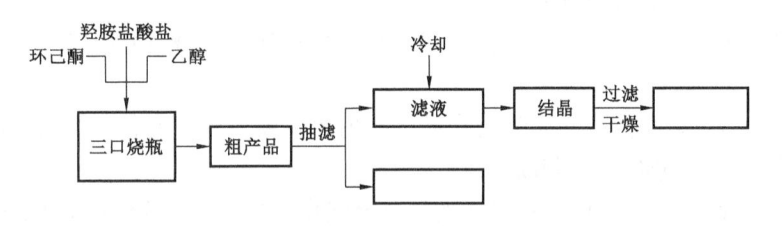

图7-25 环己酮肟的制备流程示意图

(4)ε-己内酰胺的制备流程示意图如图7-26所示,请填写空白处相应化合物的分子式。

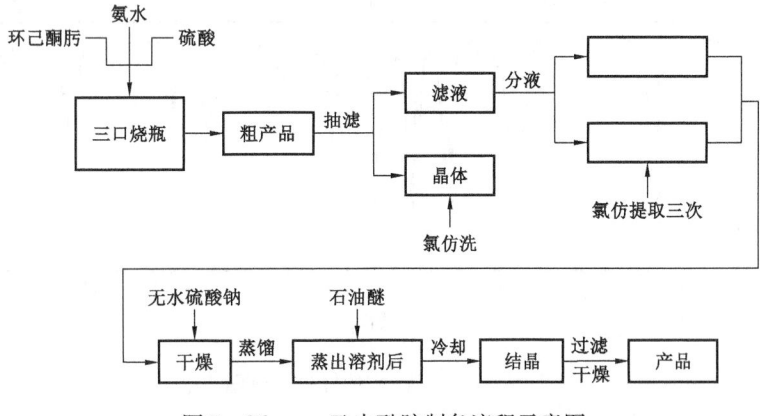

图7-26 ε-己内酰胺制备流程示意图

(5)聚己内酰胺的制备流程示意图如图7-27所示,请填写空白处相应化合物的分子式。

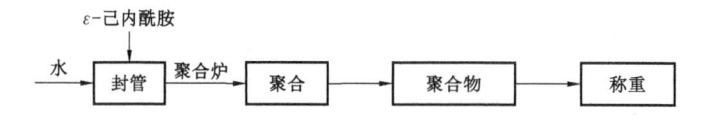

图7-27 聚己内酰胺制备流程示意图

三、合成过程

1. 方法一 常量法

1)环己酮的制备和分离纯化

(1)环己酮的制备。

将 10.5g $Na_2Cr_2O_7 \cdot 2H_2O$ 溶于 60mL 水中,在搅拌下慢慢加入 9mL 98% 浓硫酸,得一橙红色溶液,冷却至 0℃ 以下备用。

按图 5-2(b)安装好带搅拌器的回流装置,在三颈瓶中加入 5.3mL(0.05mol)环己醇和 25mL 乙醚,摇匀且冷却至 0℃。开动搅拌,将冷却至 0℃ 的 50mL 铬酸溶液从恒压漏斗中滴入三颈瓶中。加完后保持反应温度在 55~60℃ 之间继续搅拌 20min 后,加入 1.0g 的草酸,使反应完全,反应液呈墨绿色。

(2)环己酮的分离纯化。

将反应混合物用 NaCl 饱和,转移到分液漏斗中分出醚层,水层用乙醚萃取两次(每一次 12.5mL),将 3 次的醚层合并,用 12.5mL 5% Na_2CO_3 溶液洗涤 1 次,然后用 4×12.5mL 水洗涤。用无水 Na_2SO_4 干燥,过滤到烧瓶中。

用 50~55℃ 蒸去乙醚。改为空气冷凝蒸馏装置,再加热蒸馏,收集 152~155℃ 馏分。称重、计算产率。

用有机化合物折射率测定技术测定产品的折射率。将实验中所得的折射率同纯的环己酮的折射率比较,对产品进行纯度判断。

利用光谱分析技术,记录产品环己酮的红外光谱图,并与图 7-28 标准环己酮的红外光谱图比较,确定样品的结构。

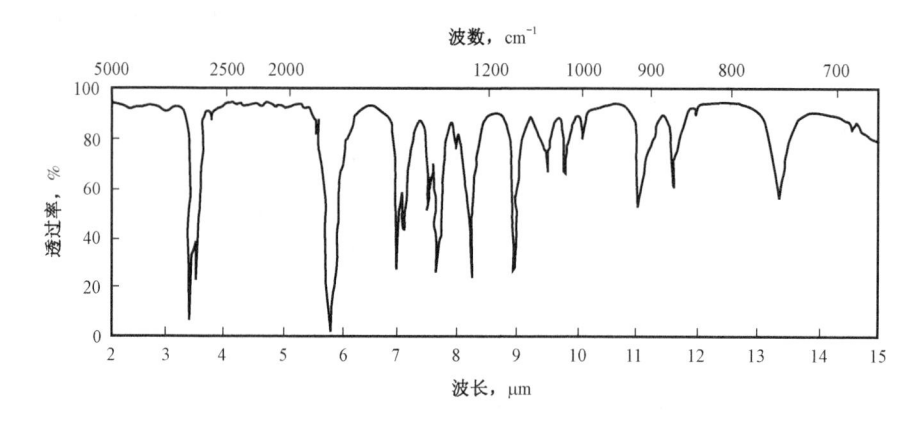

图7-28 环己酮的红外光谱图

(3)制备过程成功的关键。

① 浓 H_2SO_4 的滴加要缓慢,注意冷却。

② 铬酸氧化醇是一个放热反应,实验中必须严格控制反应温度以防反应过于剧烈。反应中控制好温度,温度过低反应困难,过高副反应增多。

③ 在第一次分层时,由于上下两层都带深棕色,不易看清其界线,可加少量乙醚或水,则易看清。

④ 环己酮31℃时在水中的溶解度为2.4g/100g。加入精盐的目的是降低环己酮在水中的溶解度,并有利于环己酮的分层。水的馏出量不宜太多,否则即使使用盐析,仍不可避免有少量环己酮溶于水而损失。

⑤ 环己酮和水可形成恒沸物(90℃,约含环己酮38.4%),使其沸点下降,用无水 Na_2SO_4 干燥时一定要完全。

思 考 题

1. 本实验的氧化剂能否改用硝酸或高锰酸钾,为什么?
2. 环己醇的氧化反应严格控制反应温度在 55~60℃ 之间,温度过高或过低有什么不好?
3. 蒸馏产物时为何使用空气冷凝管?

2) 环己酮肟的制备和分离纯化

(1) 环己酮肟的制备。

在50mL的烧杯内将2.5g盐酸羟胺溶解于7.5mL水中(可以微微加热)。然后慢慢用6mol/L氢氧化钠溶液中和(pH=8左右)并冷却至室温。

将2.7mL环己酮加入50mL的圆底烧瓶中,加入4.0mL乙醇,在不断搅拌下,滴加上述羟胺溶液。加毕,回流20min。

(2) 环己酮肟的分离纯化。

回流后如溶液中有不溶性固体杂质,则趁热减压过滤。将滤液冷却,析出晶体,过滤,干燥,称重,计算产率(一般85%),测定产品熔点。

(3) 制备过程成功的关键。

① 控制反应温度在要求范围内,否则增加反应复杂化,产率降低。

② 在加羟胺溶液时,应搅拌下分批加入。

思 考 题

1. 制备环己酮肟时,加入氢氧化钠的目的是什么?
2. 酸性过强对反应有什么负面影响?
3. 为什么要滴加羟胺溶液,而不是一次加入?
4. 为什么要在搅拌或激烈震荡下进行反应?

3) ε-己内酰胺的制备和分离纯化

(1) ε-己内酰胺的制备。

在 50mL 三口烧瓶中加入 2.00g 环己酮肟、3.0mL 85%的硫酸,摇匀,使反应物混合均匀。在小火上慢慢加热,至反应物有气泡产生时(约120℃),立即将火移开,反应剧烈放热,温度很快自行上升(可达160℃),反应在几秒内即完成。稍冷,装上温度计和恒压滴液漏斗,并在冰盐浴中冷却。当溶液温度降至0℃时,在不停搅拌下慢慢滴加20%氨水,控制温度在10℃以下,以免己内酰胺在受热分解,直至溶液恰好使石蕊试纸变蓝(pH≈8)。

(2) ε-己内酰胺的分离纯化。

抽滤,除去硫酸铵晶体,并用 10mL 氯仿洗涤晶体上吸附的产品。滤液转入分液漏斗中,分出有机相,再用 15mL 氯仿萃取水相三次,合并有机相,用水洗一次。如氯仿提取液颜色发黑,可用活性炭脱色。经无水硫酸镁干燥后,过滤,滤液在水浴上蒸去溶剂并在减压下抽净。残液倒入小锥形瓶中,小心加入 2mL 石油醚,至刚好出现混浊为止。于冰水浴中冷却结晶,抽滤,用少量石油醚洗涤沉淀。干燥、称重。己内酰胺易吸潮,应于密闭容器中储存。

(3) 制备过程成功的关键。

① 85%的硫酸是由 5 倍体积浓硫酸和 1 倍体积水混合而成,浓度不易过高。

② 环己酮肟的贝克曼重排反应剧烈,应选用较大的容器,以利于该反应散热。环己酮肟的纯度对反应有影响。

③ 由于反应液较少,升温容易过快,要控制好升温速度。

④ 开始滴加氨水时,反应放热较为剧烈,因此要控制好滴加速度。开始时要加得很慢,因为此时溶液较为黏稠,发热严重,否则温度突然升高,将影响反应产率。

⑤ 如有机相颜色太深,可用少量活性炭脱色。

⑥ 若蒸馏后所剩溶剂较多,加入石油醚后不易析出晶体;较少则所得晶体会包夹过多杂质。此外,加入的石油醚的量,都将影响产品重结晶结果。

思 考 题

1. 环己酮肟与硫酸溶液加热至有气泡产生时,所产生的气泡是什么?
2. 苯乙酮与羟胺反应后生成的酮肟,经贝克曼重排后,得到的主要产物是什么?
3. 反应过程中加入氨水的目的是什么,加入的量如何控制?

4) 尼龙6(聚己内酰胺)的制备和分离纯化

(1) 尼龙6(聚己内酰胺)的制备。

在一封管中加入 3g 己内酰胺,再用滴管加入单体质量 1%的蒸馏水。用纯氮置换封管中的空气,封闭管口。加入保护套后放入聚合炉,于 250℃加热约 5h。反应后期应得到极黏稠的熔融物。

(2) 尼龙6(聚己内酰胺)的分离纯化。

将封管从聚合炉内取出,任其自然冷却,管内熔融物即凝成固体,再打开封管,取出聚合物称重。

(3) 制备过程成功的关键。

① 封管一定要壁厚薄均匀,无结疤、裂纹等缺陷。

② 封管在使用前,需经碱洗、水洗和蒸馏水洗涤,并在烘箱中烘干。

③ 装料时要用长颈漏斗加料,不使药品沾污封管的颈部,以免熔封时碳化影响封管的质量。

④ 为了避免空气或湿气对反应的影响,一定要在封管封闭前做脱气或用惰性气体(如纯氮)置换管中的空气。

⑤ 封管受热后,因内容物的汽化或膨胀,内压很大,像一个不安全的炸弹,因此将它从加热炉中取出时应在防护套中放冷。操作者应戴好手套,用有机玻璃保护好身体和面部,然后将封管尖嘴部位抽出防护套。

思 考 题

1. 聚合时为何要通入氮气?
2. 如何用化学方法测定本实验制备的聚己内酰胺的相对分子质量?

2. 方法二 微量法

1) 环己酮肟的制备

在 15mL 圆底烧瓶中加入 1g 结晶乙酸钠、0.7g 盐酸羟胺和 3mL 水,振荡使其溶解。用 1mL 吸量管准确吸取 0.75mL(7.2mmol) 环己酮,加塞,剧烈振荡 2~3min。环己酮肟以白色结晶析出。冷却后抽滤,并用少量水洗涤沉淀,抽干。晾干后得 0.75~0.78g 产物,产率约 95%。

2) 环己酮肟重排制备己内酰胺

在 50mL 烧杯中加入 0.5g(4.4mmol) 干燥的环己酮肟,并加入 1mL85% 硫酸。边加热边搅拌至沸,立即离开热源。冷却至室温后再放入冰水浴中冷却。慢慢滴加 20% 氨水(约 7mL)恰至呈碱性,将反应物转移至分液漏斗中分出有机相,水相用二氯甲烷萃取 2 次,每次 2mL,合并有机相,并用等体积水洗涤两次后,用无水硫酸钠干燥,过滤所得滤液用已称重的锥形瓶接收,将锥形瓶在温水浴温热下,在通风柜中浓缩滤液至 1mL 左右,放置冷却,析出白色结晶。将该锥形瓶放入真空干燥器中干燥。称重,产量 0.2~0.3g,产率为 40%~50%。

四、安全提示和应急处理

1. 己内酰胺的危害性

经常接触己内酰胺可致神经衰弱综合征。此外,该物质还可引起鼻出血、鼻干、上呼吸道炎症及胃灼热感等。己内酰胺易经皮肤吸收,还可引起皮肤损害,接触者可出现皮肤干燥、角质层增厚、皮肤皲裂、脱屑等,可引发全身性皮炎。

图片 7-7-4 己内酰胺安全提示和应急处理

己内酰胺遇高热、明火或与氧化剂接触,有引起燃烧的危险。己内酰胺受高热分解,产生有毒的氮氧化物。己内酰胺的粉体与空气可形成爆炸性混合物,当达到一定的浓度时,遇火星发生爆炸。

2. 环己酮的危害性

环己酮常温下为无色或浅黄色黄色透明液体,具有麻醉和刺激作用。其急性中毒主要表现有眼、鼻、喉黏膜刺激症状和头晕、胸闷、全身无力等症状。重者可出现休克、昏迷、四肢抽搐、肺水肿,最后可因呼吸衰竭而死亡。脱离接触后能较快恢复正常。环己酮液体对皮肤有刺激性;眼接触有可能造成角膜损害。长期反复接触环己酮可致皮炎。

环己酮易燃,遇高热、明火有引起燃烧的危险,与氧化剂接触猛烈反应。

3. 环己酮肟的危害性

环己酮肟常温下为白色棱柱状晶体,溶于水、乙醇、醚、甲醇。吞食环己酮肟有害。若不慎食入,应给予意识清醒受害人 2~4 个满杯牛奶或水后立即就医。若不慎吸入,应立即转移到新鲜空气中。如果受害人没有呼吸,应进行人工呼吸。如呼吸困难,给输氧。若与皮肤接触至少 15min,应用大量肥皂和水冲洗皮肤去除被污染的衣服和鞋子后就医。若不慎进入眼睛,应冲洗眼睛,用大量的水冲洗至少 15min,偶尔抬一下上下眼睑后就医。

4. 重铬酸钠的危害性

重铬酸为钠红色至橘红色结晶,略有吸湿性。易溶于水,不溶于乙醇,其水溶液呈酸性。它有强氧化性,与有机物摩擦或撞击能引起燃烧。若不慎吸入该品,可引起急性呼吸道刺激症状、鼻出血、声音嘶哑、鼻黏膜萎缩,有时会出现哮喘和紫绀。重者可引发化学性肺炎。口服可刺激和腐蚀消化道,引起恶心、呕吐、腹痛、血便等;更为严重者会出现呼吸困难、紫绀、休克、肝损害及急性肾功能衰竭等。长期接触可致接触性皮炎、铬溃疡、鼻炎、鼻中隔穿孔及呼吸道炎症等。

第八节 合成抗癫痫药 5,5-二苯基乙内酰脲

5,5-二苯基乙内酰脲即苯妥英,是一种抗癫痫药。其中文别名为大伦丁、地伦丁、二苯妥英、二苯乙内酰脲。适用于治疗全身性强直阵挛性发作、复杂部分性发作(精神运动性发作、颞叶癫痫)、单纯部分性发作(局限性发作)和持续癫痫,也可用于治疗三叉神经痛。

一、目的要求

(1)能通过资料查阅,了解序列合成各化合物的物理化学特性,设计合成方案。
(2)掌握安息香缩合反应、氧化反应的原理,二苯异二酮和尿素制备 5,5-二苯基乙内酰脲方法和反应的原理。
(3)掌握安息香氧化反应的实验方法及薄层层析法监测反应的进程的实验方法。学会低温及 pH 值控制获得高产率的安息香和实验操作。
(4)进一步熟悉回流、抽滤和重结晶等基本操作。
(5)了解所用危险化学品的职业危害和处置救援方法。

二、确定方案

1. 5,5-二苯基乙内酰脲的物理化学特性

5,5-二苯基乙内酰脲的分子式为 $C_{15}H_{12}N_2O_2$,相对分子质量为 252.27,常温下为白色晶体或粉末,熔点为 293~295℃,无臭,味苦,不溶于水、乙醚、氯仿和苯,微溶于乙醇、丙酮。

2. 5,5-二苯基乙内酰脲的合成路线

5,5-二苯基乙内酰脲有多种合成路线,本实验可由安息香的辅酶催化合成安息香;安息香很容易被硝酸或硫酸铜的吡啶溶液、三氯化铁溶液氧化,或在乙酸中用重铬酸钠氧化生成二苯乙二酮;二苯乙二酮与尿素在碱性条件下缩合,经酸化得到产品 5,5-二苯基乙内酰脲。

3. 序列合成 5,5-二苯基乙内酰脲小试方案

(1) 查阅资料并填写数据,如表 7-8 所示。

表 7-8 资料分析表(二十六)

名称	摩尔质量 g/mol	颜色性状	熔点 ℃	沸点 ℃	密度 g/cm³	水溶性	投入量(或理论产量) 质量(体积) g(mL)	物质的量 mol
苯甲醛								
维生素 B1								
安息香								
二苯基乙二酮								
尿素								
二苯基乙内酰脲								

(2) 安息香的制备流程示意图如图 7-29 所示,请填写空白处相应化合物的分子式。

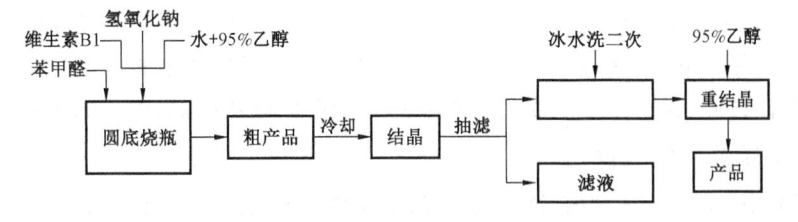

图 7-29 安息香制备流程示意图

(3)二苯乙二酮的制备流程示意图如图7-30所示,请填写空白处相应化合物的分子式。

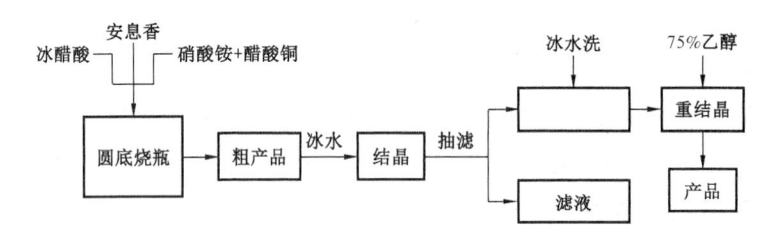

图7-30 二苯乙二酮制备流程示意图

(4)5,5-二苯基乙内酰脲的制备流程示意图如图7-31所示,请填写空白处相应化合物的分子式。

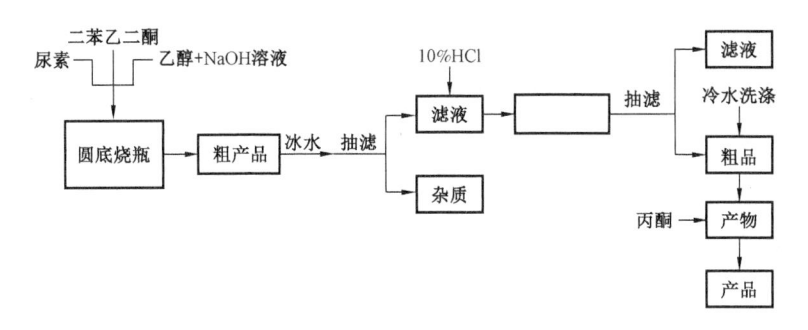

图7-31 5,5-二苯基乙内酰脲制备流程示意图

三、合成过程

1. 安息香的制备和分离纯化

1)安息香的制备

称取3.6g研磨过的维生素B1置于150mL圆底烧瓶中,加入12mL蒸馏水和30mL95%乙醇,振摇使其完全溶解,塞上瓶塞,于冰盐浴中冷却。在一个锥形瓶中加入20mL10%氢氧化钠溶液,置于冰盐浴中冷却10min。将冷却后的氢氧化钠溶液逐滴滴加到维生素B1的乙醇溶液中,用精密pH试纸监测溶液pH值,当溶液pH值达到9.6~9.8时停止滴加。分三批加入20mL新蒸苯甲醛,摇匀后检测溶液pH值为9~10。加几粒沸石,装上球形回流冷凝管,在65℃水浴中加热90min。水浴温度控制在60~70℃(不能使反应物剧烈沸腾),此时反应混合物呈橘黄或橘红色均相溶液。

2)安息香的分离纯化

将反应混合物冷至室温,析出浅黄色结晶。将烧瓶置于冰浴中冷却使结晶完全。若产物呈油状物析出,应重新加热使成均相,再慢慢冷却重新结晶(必要时可用玻璃棒摩擦瓶壁或投入晶种)。抽滤,用50mL冰水分两次洗涤结晶。抽干后用95%乙醇重结晶,得无色针状晶体。若产物呈黄色,可加入少量活性炭脱色。纯安息香为白色针状结晶,熔点为134~135℃。

3)制备过程成功的关键

(1)苯甲醛中不能含有苯甲酸,用前最好经5%碳酸钠溶液洗涤,而后减压蒸馏,并避光保存。

(2)维生素B1在酸性条件下是稳定的,但易吸水,在水溶液中易被空气氧化失效,遇光和铜、铁、锰等金属离子均可加速氧化。在氢氧化钠溶液中噻唑环易开环失效,因此维生素 B1 溶液、氢氧化钠溶液在反应前必须用冰水充分冷透;否则维生素 B1 在碱性条件下会被分解,这是实验成败的关键。

(3)反应过程中,溶液 pH 值的控制非常重要,如碱性不够,不易出现固体。

(4)由于冷却是在圆底烧瓶中,故在抽滤的时候结晶有很多残留在烧瓶里面无法倒出,造成了很大的损失。

思 考 题

1. 为什么加入苯甲醛后,反应混合物要保持 pH 值为 9~10? 溶液 pH 值过低有什么不好?
2. 为什么反应时,水浴温度保持在 60~70℃,不能将混合物加热至沸?
3. 影响安息香产率的主要因素有哪些?

2. 二苯乙酮的制备和分离纯化

1)二苯乙酮的制备

在 50mL 圆底烧瓶中加入 4.3g 安息香、12.5mL 冰醋酸、2g 粉状硝酸铵和 2.5mL 2% 醋酸铜溶液,加入几粒沸石,装上回流冷凝管,在水浴上缓缓加热并时加摇荡。当反应物溶解后,开始放出氮气,继续回流 1.5h 使反应完全。

2)二苯乙酮的分离纯化

将反应混合物冷至 50~60℃,在搅拌下倾入 20mL 冰水中,析出二苯基乙二酮。抽滤,并用少量冰水洗涤结晶固体,尽量压干,粗产品干燥后,用 75% 乙醇进行重结晶,得到浅黄色晶体,计算产率。

3)制备过程成功的关键

(1)本实验应将温度控制在 85~95℃之间,否则会影响产率。
(2)要保证反应进行完全,反应的时间不宜过长或过短,否则产率会偏低。
(3)反应后要先冰浴冷却,否则析出的晶体过细,抽滤时造成的损失较多。重结晶时加入的乙醇量不宜过多,否则会造成较大的产品损失。
(4)产物二苯基乙二酮为浅黄色晶体,原料安息香为白色晶体,这是因为安息香的共轭结构体系较小,其吸收带不在可见光区,而二苯基乙二酮共轭结构体系增加了很多,其吸收带达到了可见光区,因而产生了颜色。

思 考 题

1. 产物二苯基乙二酮为黄色结晶固体,原料安息香为白色固体。试从原料与产物的结构特点出发说明这种颜色的变化。
2. 影响二苯基乙二酮产率的主要因素有哪些?

3.5,5-二苯基乙内酰脲的制备和分离纯化

1) 5,5-二苯基乙内酰脲的制备

在100mL圆底烧瓶中加入3g二苯乙二酮、1.5g尿素、45mL 95%乙醇和9mL 30%氢氧化钠水溶液,装上回流冷凝管,在电磁搅拌下,水浴上加热回流2h。

2) 5,5-二苯基乙内酰脲的分离纯化

在回流时间结束后,在冰浴中冷却反应混合物,然后倒入盛有75mL水的烧杯中,抽滤,除去沉淀的杂质。向滤液中滴加10%盐酸,直至蓝色石蕊试纸呈酸性,使沉淀充分析出。再抽滤,收集二苯乙内酰脲粗产品,并用50mL冷水洗涤产物。产物用丙酮重结晶,加活性炭脱色,晾干,称量,计算产率。

用有机化合物熔点测定技术测定产品的熔点。将实验中所得的熔点同纯的5,5-二苯基乙内酰脲的熔点比较,对产品进行纯度判断。

利用光谱分析技术,记录产品5,5-二苯基乙内酰脲的红外光谱图,并与图7-32标准5,5-二苯基乙内酰脲的红外光谱图对比,指出其主要吸收带的归属。

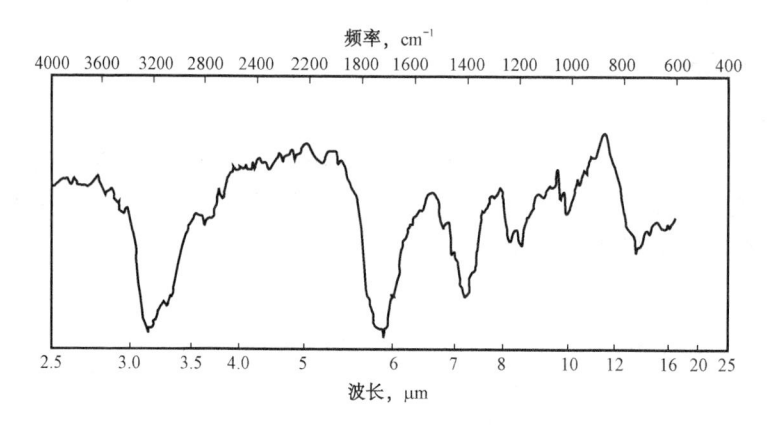

图7-32 5,5-二苯基乙内酰脲在KBr压片中的红外光谱图

3) 制备过程成功的关键

(1) 向滤液中加入10% HCl(质量)时,加入过快,可能导致酸性过大,使得产量下降。

(2) 氢氧化钠的滴入对反应有一定的影响,氢氧化钠溶液滴加太快,会导致副反应的发生,使反应物严重变色,有二苯乙炔二脲沉淀生成。氢氧化钠的碱性比较强,可以考虑用醋酸钠等碱性较弱的溶剂取代氢氧化钠。

(3) 重结晶时,所用丙酮量不宜过多,否则会导致产量较低。

(4) 重结晶时,活性炭加入不足或吸附时间不够充分,脱色会不完全,会影响产品性状。

思 考 题

1. 影响5,5-二苯基乙内酰脲产率的主要因素有哪些?
2. 在进行实验时直接让氢氧化钠和二苯乙二酮等物质混合,因此氢氧化钠对反应物有什么影响?

四、安全提示和应急处理

1. 尿素的危害性

尿素,常温下为无色或白色针状或棒状结晶体,工业品为白色略带微红色固体颗粒,有氨的气味。尿素溶于水、甲醛、液态氨和醇,难溶于乙醚、氯仿。尿素呈弱碱性,属微毒类,对眼睛、皮肤和黏膜有刺激作用。

尿素遇明火、高热可燃,与次氯酸钠、次氯酸钙反应生成有爆炸性的三氯化氮,受高热分解放出有毒的气体。

2. 硝酸铵的危害性

硝酸铵是一种铵盐,呈无色无臭的透明晶体或呈白色的晶体,极易溶于水,易吸湿结块,溶解时吸收大量热。对呼吸道、眼及皮肤有刺激性。接触硝酸铵后可引起恶心、呕吐、头痛、虚弱、无力和虚脱等。大量接触硝酸铵可引起高铁血红蛋白血症,影响血液的携氧能力,出现紫绀、头痛、头晕、虚脱,甚至死亡。口服硝酸铵可引起剧烈腹痛、呕吐、血便、休克、全身抽搐、昏迷,甚至死亡。

硝酸铵是强氧化剂,遇可燃物着火时,能助长火势,与可燃物粉末混合能发生激烈反应而爆炸,受强烈震动也会起爆。急剧加热硝酸铵时可发生爆炸。硝酸铵与还原剂、有机物、易燃物如硫、磷或金属粉末等混合可形成爆炸性混合物。

3. 其他物质的危害性

苯甲醛、氢氧化钠、乙醇、冰醋酸等的危害性参照相关章节中的安全提示和应急处理部分。

阅读材料

勤于探索　敢于担当　家国情怀

有这么一位医生,发明了当今中国57%的麻醉新药,其中一类新药已获转化经费近10亿元,还有源源不断的可持续提成——药品销售额的5%。这位医生,就是中国现代住院医师规范化培训的倡导者和实践者,华西医院麻醉手术中心主任刘进教授。

1956年,刘进出生在湖北恩施市的一个教师家庭。从湖北恩施医学专科学校毕业后,他被分配到了湖北黄石第二医院。报到那天,他主动选择了麻醉科这个在当时很多人不愿意去的科室。

20世纪90年代初,已经拿到美国"绿卡"、麻醉药研究工作进展得风生水起的刘进,做了一个让周围人都感到意外的决定——返回中国。他要推进中国的麻醉药研究,要推动"中国现代住院医师规范化培训"。

1995年,刘进获国家杰出青年基金。2002年,刘进被评为卫生部有突出贡献的中青年专家、并当选为四川省学术技术带头人。2005年,刘进担任中医师协会麻醉医师分会首任会长。2012年,刘进担任中华医学会麻醉分会第十一届委员。

潜心研究20余年,刘进教授除了在麻醉领域硕果累累,还是中国现代住院医师规范化培训的倡导者和实践者之一。他所在的麻醉科专业基地,已经培养出约全国5%的青年麻醉医师、约40%的麻醉科主任。2020年6月,刘进教授团队研发的"新型骨骼肌松弛药物""超长效局麻药"两类麻醉新药进行了成果转化,其中后者药效超过50个小时。刘进教授介绍,

"超长效局麻药"临床前研究显示其具有副作用小、安全性高的优势,可适用于术中局部麻醉或加全麻、术后镇痛、分娩镇痛、无痛康复、牙科、慢性疼痛和癌痛等。

2021年8月13日,在刘进65岁生日的前一天,他决定将研发麻醉新药科研转化的个人所得1亿元捐赠给华西医院,设立"刘进住院医师规范化培训发展基金",支持住院医师规范培训事业,激励更多的规培医生和带教师资,为中国培养更多优秀的医学人才。2021年9月27日,该基金的捐赠仪式在四川大学举行。刘进说,他从事研究和转化20多年了,在规范化培训这条路上也走了20多年了,希望这笔钱,能让更多的规培医生和老师们在这条路上继续前进,为基层培养更多合格的"健康守门人"。

陶行知先生说:"人生天地间,各自有禀赋。为一大事来,做一大事去。"

这个世界的改变从不是一个人做了很多,而是大多数人做了一点点。从一个念想到梦想成真,从一个科室到一家医院,从一小部分医师到全中国规培医师,刘进这一路,从不在意孤单路长,始终双眼清明、心怀炬火,有一分热,发一分光!

第八章　天然有机化合物的提取

　　天然产物是指动物、植物提取物或昆虫、海洋生物和微生物体内的组成成分或其代谢产物以及人、动物体内许许多多内源性的化学成分。存在于自然界中的天然产物种类繁多,根据它们的结构特征一般可分为六大类,即碳水化合物、类脂化合物、萜类和甾族化合物、生物碱、蛋白质和氨基酸、维生素。多数天然产物的提取物具有特殊的生理效能,可用作药物、香料和染料。天然产物的分离提纯和鉴定是有机化学中十分活跃的研究领域。我国有着独特和丰富的天然中药资源,因而对中药有效成分的分离和研究十分重要。随着现代色谱和波谱技术的发展,对天然产物的分离和鉴定变得更为有利和方便。

第一节　从橙皮中提取柠檬烯

一、目的要求

(1)熟悉从植物中提取香精油的原理和方法;
(2)加深对水蒸气蒸馏装置的安装和操作的认识;
(3)进一步熟悉利用萃取和蒸馏提纯液体有机物的操作技术。

二、实验原理

　　植物组织中的挥发性成分的混合物统称为精油,它的主要成分为萜类,大多具有令人愉快的香味,常用作食品、化妆品和洗涤用品的香料添加剂。

　　从柠檬、橙子和柚子等水果的果皮中提取的精油90%以上是柠檬烯。为无色油状液体,有类似柠檬的香味。柠檬烯的沸点为 175.5~176.5℃(101.72kPa),密度为 0.8402g/cm³ (20.85℃),可与乙醇混溶,几乎不溶于水,其化学式为

　　柠檬烯是一种单环萜,其分子中有一个手性中心。其 $S-(-)$-异构体存在于松针油、薄荷油中;$R-(+)$-异构体存在于柠檬油、橙皮油中;外消旋体存在于香茅油中。柠檬烯为无色油状液体,有类似柠檬的香味。由于柠檬烯容易挥发,可利用水蒸气蒸馏进行提取,然后用有机溶剂进行萃取,蒸去溶剂后,即可得到柠檬烯。

三、实验用品

三口烧瓶(500mL)、直形冷凝管、接液管、蒸馏头、锥形瓶(150mL)、分液漏斗(125mL)、水蒸气发生器等。

橙皮(新鲜)50g、二氯甲烷、无水硫酸钠。

四、实验过程

将2~3个(约60g)新鲜橙子皮剪成极小碎片后,放入250mL三口烧瓶或蒸馏烧瓶中,加入30mL水,按照图4-7安装水蒸气蒸馏装置,加热进行水蒸气蒸馏。控制馏出速度为每秒2~3滴,收集馏出液60~70mL时,停止蒸馏。

将馏出液倒入漏斗中,用30mL二氯甲烷分三次萃取,合并萃取液,置于干燥的50mL锥形瓶中,加入适量无水硫酸钠干燥0.5h小时以上。

将干燥好的溶液滤入150mL蒸馏瓶中,用水浴加热蒸馏。当大部分二氯甲烷基本蒸完后,再用水泵减压蒸馏以除去残留的二氯甲烷。最后瓶中只留下少量橙黄色液体即为橙油,主要成分为柠檬烯。测定橙油的折射率、比旋光度并用气相层析法测定橙油中柠檬烯的含量。

纯的R-(+)-柠檬烯的折射率为$n_D^{20}=1.4727$,旋光度为$[\alpha]_D^{19.0}=123.8℃$。

五、提取过程成功的关键

(1)橙皮最好是新鲜的,如果没有新鲜的,干的也可,但效果较差。

(2)果皮应尽量剪切得碎些,最好直接剪入烧瓶中,以防精油损失。

(3)蒸馏过程中如发现水从安全管顶端喷出或出现倒吸现象,说明系统内压力过大,应立即打开T形管的螺旋夹,停止加热,待排除故障后方可继续蒸馏。

(4)也可用旋转蒸发仪直接减压蒸馏。

六、安全提示和应急处理

二氯甲烷常温下为无色透明液体,有具有类似醚的刺激性气味。不溶于水,溶于乙醇和乙醚。二氯甲烷有毒,可致癌。长期接触二氯甲烷可能会导致肺部、肝脏、胰腺肿瘤,可能对生殖系统和胚胎造成损害。摄入二氯甲烷会导致胃肠道刺激,产生恶心、呕吐、腹泻等症状,还可能产生中枢神经系统抑制,有兴奋、头晕、恶心等症状,严重的可造成呼吸衰竭和死亡。吸入二氯甲烷蒸汽可产生呼吸道刺激,有麻醉作用,引起头晕和窒息,过量吸入可导致血液中碳氧血红蛋白增加和迟发性肺水肿。皮肤和眼睛接触二氯甲烷可导致灼伤,产生皮炎和化学性结膜炎等。

二氯甲烷一般不会燃烧,但受高热可分解产生有毒的腐蚀性烟气。二氯甲烷与碱金属和氧化剂可发生剧烈反应,并可能发生燃烧甚至爆炸。

实验过程中应防止吸入或摄入二氯甲烷,不要触及皮肤。萃取操作最好在通风橱中进行。蒸馏时接受器应浸入冰浴中,以防其蒸气挥发。接液管的支管应连接一长橡胶导管,接入下水道。

若皮肤接触二氯甲烷,应脱去污染的衣着,用肥皂水和清水彻底冲洗皮肤。若眼睛接触,提起眼睑,用流动清水或生理盐水冲洗后就医。若不慎吸入,应迅速脱离现场至空气新鲜处,保持呼吸道通畅。如呼吸困难,给输氧。如呼吸停止,应立即进行人工呼吸后就医。若不慎食入,应饮足量温水,催吐后就医。被污染的衣物应清洗干净后再使用。

思 考 题

1. 为什么可以采用水蒸气蒸馏的方法提取香精油?
2. 干燥的橙皮中,柠檬油的含量大大降低,试分析原因。
3. 蒸馏二氯甲烷时,为什么要用水浴加热?
4. 本次实验中,一共排放了多少废渣?有什么合适的治理方案?

第二节　从菠菜中提取天然色素

一、目的要求

(1) 熟悉从植物中提取天然色素的原理和方法;
(2) 加深对柱色谱分离的原理与方法的认识;
(3) 进一步熟悉萃取、分离等操作技术。

二、实验原理

绿色植物如菠菜茎、叶中含有叶绿素(绿)、胡萝卜素(橙)和叶黄素(黄)等多种天然色素。

叶绿素以两种相似的异构体形式存在——叶绿素 a($C_{55}H_{72}O_5N_4Mg$)和叶绿素 b($C_{55}H_{70}O_6N_4Mg$),它们都是吡咯衍生物与金属镁的络合物,是植物进行光合作用所必需的催化剂。叶绿素分子中含有一些极性基团,但大的烃基结构使它易溶于醚、石油醚等一些非极性的溶剂。

胡萝卜素($C_{40}H_{56}$)是具有长链结构的共轭多烯,属萜类化合物,有三种异构体,即 α-胡萝卜素、β-胡萝卜素和 γ-胡萝卜素。在生物体内,β-胡萝卜素受酶催化氧化形成维生素 A。目前 β-胡萝卜素已可进行工业生产,可作为维生素 A 使用,也可作为食品工业中的色素。它易溶于醚、石油醚等一些非极性的溶剂。

叶黄素($C_{40}H_{56}O_2$)是胡萝卜素的羟基衍生物,在绿叶中的含量通常是胡萝卜素的两倍。与胡萝卜素相比,叶黄素较易溶于醇,而在石油醚中溶解度较小。

本操作以石油醚和乙醇为混合溶剂,用柱色谱法进行分离,用石油醚—丙酮脱洗。

胡萝卜素极性最小,当用石油醚—丙酮洗脱时,随溶剂流动较快,第一个被分离出;叶黄素分子中含有两个极性的羟基,增加洗脱剂中丙酮的比例,便随溶剂流出;叶绿素分子中极性基团较多,可用正丁醇—乙醇—水混合溶剂将其洗脱。

三、实验用品

研钵,分液漏斗(125mL)、滴液漏斗(125mL)、玻璃漏斗、色谱柱、锥形瓶(100mL)、烧杯(200mL)、玻璃棒、电炉、剪刀、蒸馏装置。

菠菜叶(新鲜)20g、石油醚、乙醇、丙酮、无水硫酸钠、中性氧化铝。

四、实验过程

1. 色素的提取

将20g洗净新鲜的菠菜叶剪切成碎块放入研钵中捣烂,用30mL的2∶1石油醚—乙醇混合溶剂分三次,浸没菠菜叶片,用玻璃棒搅动数分钟,以利于菠菜叶的细胞破裂,色素浸出,分三次减压过滤。

合并三次抽滤液转入分液漏斗,分去水层,分别用等体积的饱和食盐水和蒸馏水洗涤两次,以除去萃取液中的乙醇。分去水层,石油醚层用无水硫酸钠干燥后滤入100mL圆底烧瓶中。

安装低沸易燃物蒸馏装置,用水浴加热蒸馏,回收石油醚。当烧瓶内液体剩下约5mL左右时,停止蒸馏,得到菠菜色素的浓缩液。

2. 柱色谱分离色素

在长为20cm、内径为1cm的色谱柱加入2/3高度的石油醚,用20g中性氧化铝进行干法装柱(见第四章第九节)。加样后用9∶1的石油醚—丙酮洗脱剂进行洗脱,当第一个橙黄色带流出时,换一接受瓶接收,它是胡萝卜素,约用洗脱剂50mL。换用7∶3的石油醚—丙酮洗脱,当第二个棕黄色带流出时,换一接受瓶接收,它是叶黄素,约用洗脱剂200mL。再换用3∶1∶1的正丁醇—乙醇—水洗脱,分别接收叶绿素a(蓝绿色)和叶绿素b(黄绿色),约用洗脱剂30mL。

3. 薄层色谱分离分析色素

在10cm×4cm的硅胶板上,用分离后的胡萝卜素点样,用9∶1的石油醚—丙酮展开,可出现1~3个黄色斑点。用分离后的叶黄素点样,用7∶3的石油醚—丙酮展开,一般可呈现1~4个点。取4块板,一边点色素提取液点,另一边分别点柱层分离后的4个试液,用8∶2的苯—丙酮展开,或用石油醚展开,观察斑点的位置并排列出胡萝卜素、叶绿素和叶黄素的R_f值的大小次序。

五、提取过程成功的关键

(1)应尽量研细,通过研磨,使溶剂与色素充分接触,并将其浸出。
(2)洗涤时要轻轻振摇,以防止产生乳化。
(3)不可蒸得太干,以免色素溶液浓度较高,由烧瓶倒出时,沾到内壁上,造成损失。
(4)若洗脱速度慢,可用水泵稍减压。

六、安全提示和应急处理

1. 石油醚的危害性

石油醚是无色透明液体,有煤油气味,主要为戊烷和己烷的混合物。不溶于水,溶于无水乙醇、苯、氯仿、油类等多数有机溶剂。其蒸气或雾对眼睛、黏膜和呼吸道有刺激性。石油醚的中毒表现可有烧灼感、咳嗽、喘息、喉炎、气短、头痛、恶心和呕吐。石油醚可引起周围神经炎,对皮肤有强烈刺激性。

石油醚的蒸气与空气可形成爆炸性混合物,遇明火、高热能引起燃烧爆炸。石油醚燃烧时产生大量烟雾,与氧化剂能发生强烈反应。高速冲击、流动、激荡石油醚后可因产生静电火花放电而引起燃烧爆炸。其蒸气比空气重,能在较低处扩散到相当远的地方,遇火源会着火回燃。

2. 其他物质的危害性

丙酮、乙醇、正丁醇的危害性参照相关章节中的安全提示和应急处理部分。

思 考 题

1. 绿色植物中主要含有哪些天然色素?叶绿素在植物生长过程中起什么作用?
2. 本实验是如何从菠菜叶中提取色素的?
3. 在混合物的薄层色谱中,如何判定各组分在薄板上的位置?比较叶绿素、叶黄素和胡萝卜素三种色素的极性,为什么胡萝卜素在层析柱中移动最快?
4. 蔬菜胡萝卜中的胡萝卜素含量较高,试设计一合适实验方案进行提取。
5. 本次实验中,一共排放了多少废渣?有什么合适的治理方案?

第三节 从黄连中提取黄连素

一、目的要求

(1) 学习从中草药提取生物碱的原理和方法;
(2) 加深对回流、蒸馏、重结晶等操作技术的认识。

二、实验原理

黄连为多年生草本植物,为我国名药材之一。其根茎中含有多种生物碱,如黄连素(也称小檗碱)、甲基黄连碱、棕榈碱、非洲防己碱等。其中黄连素的含量约在4%~10%。除了黄连中含有黄连素以外,黄檗、白屈菜、伏牛花、三颗针等中草药中也含有黄连素,其中以黄连和黄柏中含量最高。黄连素有抗菌、消炎、止泻的功效,对急性菌痢、急性肠炎、百日咳、猩红热等各种急性化脓性感染和各种急性外眼炎症都有效。

视频 8-3-1
黄连素提取
知识准备

黄连素是黄色针状体,微溶于水和乙醇,较易溶于热水和热乙醇中,几乎不溶于乙醚。黄连素存在三种互变异构体,但自然界多以季铵碱的形式存在。黄连素的盐酸盐、氢碘酸盐、硫酸盐、硝酸盐均难溶于冷水,易溶于热水,故可用水对其进行重结晶,从而达到纯化目的。

（醇式） （醛式） （季铵碱式）

— 241 —

三、实验用品

研钵、圆底烧瓶(250mL)、球形冷凝管、直形冷凝管、蒸馏头、接液管、烧杯(200mL)、锥形瓶(250mL)、减压过滤装置。

黄连10g、95%乙醇、10%乙酸溶液、浓盐酸、丙酮。

四、实验过程

称取10g中药黄连,在研钵中捣碎后放入250mL圆底烧瓶中,加入100mL的95%乙醇,安装球形冷凝管,用水浴加热回流40min,再静置浸泡1h。减压过滤,滤渣用少量95%乙醇洗涤两次。

将滤液倒入250mL圆底烧瓶中,安装普通蒸馏装置,用水浴加热蒸馏,回收乙醇。当烧瓶内残留液呈棕红色糖浆状时,停止蒸馏(不可蒸得过干!)。

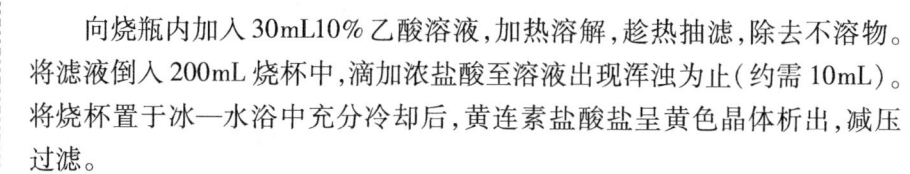

向烧瓶内加入30mL 10%乙酸溶液,加热溶解,趁热抽滤,除去不溶物。将滤液倒入200mL烧杯中,滴加浓盐酸至溶液出现浑浊为止(约需10mL)。将烧杯置于冰—水浴中充分冷却后,黄连素盐酸盐呈黄色晶体析出,减压过滤。

将滤饼放入200mL烧杯中,先加少量水,用石棉网小火加热,边搅拌边补加水至晶体在受热情况下恰好溶解。停止加热,稍冷后,将烧杯放入冰—水浴中充分冷却,抽滤,用冰水洗涤滤饼两次,再用少量丙酮洗涤一次,压紧抽干,称量。

五、产品检验

黄连素被硝酸等氧化剂氧化,转变为樱红色的氧化黄连素。黄连素在强碱中部分转化为醛式黄连素,在此条件下,再加几滴丙酮,即可发生缩合反应,生成丙酮与醛式黄连素缩合产物的黄色沉淀。

(1)产品少许,加浓硫酸2mL,溶解后加几滴浓硝酸,观察现象。

(2)取产品约50mg,加蒸馏水5mL,缓缓加热,溶解后加20%氢氧化钠溶液2滴,显橙色,冷却后过滤,滤液加丙酮4滴,即发生浑浊。放置后生成黄色的丙酮黄连素沉淀。

六、提取过程成功的关键

(1)为充分利用黄连素材料,滤渣可重复上述提取操作2次,在后续操作中,可合并3次所得滤液进行。

(2)本实验也可用索氏提取器连续提取2h,效果会更好。

(3)重结晶时,用丙酮洗涤,可加快干燥速度。

七、安全提示和应急处理

乙醇、乙酸、盐酸、丙酮的危害性参照相关章节中的安全提示和应急处理部分。

思 考 题

1. 黄连素的提取方法是根据黄连素的什么性质来设计的?
2. 用回流和浸泡的方法提取天然产物和用索氏提取器连续萃取,哪种方法效果好些? 为什么?
3. 作为生物碱,黄连素具有哪些生理功能?
4. 蒸馏回收溶剂时,为什么不能蒸得太干?
5. 在本次实验中,一共排放了多少废水与废液? 有什么合适的治理方案?

第四节 从花生中提取花生油

一、目的要求

(1) 掌握提取花生油的原理和方法;
(2) 加深索氏提取器的安装与操作技术的认识;
(3) 进一步熟悉液—固萃取的原理和方法。

二、实验原理

油脂是高级脂肪甘油酯的混合物,其种类繁多,均可溶于乙醚、苯、石油醚等脂溶性有机溶剂,常采用有机溶剂连续萃取法从油料作物中萃取得到。

本实验以烘干的花生粉为原料,以沸程为 60~90℃ 的石油醚为溶剂,在索氏提取器中进行油脂的连续提取,然后蒸馏回收溶剂,即得花生粗油脂,粗油脂中含有一些脂溶性色素、游离脂肪酸、磷脂、胆固醇及蜡等杂质。

组成油脂的脂肪酸中,除硬脂酸、软脂酸等饱和脂肪酸外,还有油酸、亚油酸等不饱和脂肪酸。不饱和脂肪酸的不饱和度可根据与溴或碘的加成作用进行定性或定量测定。

三、实验用品

索氏提取器、滤纸、圆底烧瓶、球形冷凝管、电热套、蒸馏装置。
花生粉 10g、石油醚、溴/四氯化碳溶液(10%)、羊油/四氯化碳溶液。

四、实验过程

称取 10g 花生粉(提前烘干并粉碎)装入滤纸筒内密封好,放入索氏脂肪提取器的抽提筒内,向干燥洁净的烧瓶内加入 65mL 石油醚和几粒沸石,按图 4-14 连接好装置。接通冷凝水,用电加热套加热,回流提取 1.5~2h,控制回流速率 1~2 滴/s。当最后一次提取器中的石油醚虹吸到烧瓶中时,停止加热。

冷却后,将提取装置改成蒸馏装置,用电加热套小心加热回收石油醚。当温度计读数明显下降时,停止加热,烧瓶中的残留物为粗油脂。

待烧瓶内油脂冷却后,将其倒入一量筒内量取体积,计算油脂的提取率(粗油脂的密度为 0.9g/mL)。

花生油为淡黄透明液体,其相对密度为 0.911~0.918(15/4℃),折射率 n_D^{20} 为 1.468~1.472。

在 2 支试管中分别加入 10 滴花生油和 10 滴羊油/四氯化碳溶液,然后分别逐滴加入溴的四氯化碳溶液,并随时加以振荡,直到溴的颜色褪去为止。记录二者所需要溴的四氯化碳溶液的量,并比较它们的不饱和程度。

五、提取过程成功的关键

(1)花生仁研得越细,提取速率越快。但太细的花生粉会从滤纸缝中漏出,堵塞虹吸管或随石油醚流入烧瓶中。

(2)滤纸筒的直径要略小于提取器的内径,其高度要超过虹吸管,但样品高度不得高于虹吸管的高度。

(3)回流速率不能过快,否则冷凝管中冷凝的石油醚会被上升的石油醚蒸气顶出而造成事故。

(4)蒸馏时加热温度不能太高,否则油脂容易焦化。

六、安全提示和应急处理

1. 溴的危害性

溴常温下为深红棕色发烟挥发性液体,有刺激性气味,其烟雾能强烈地刺激眼睛和呼吸道,在空气中可迅速挥发,易溶于乙醇、乙醚、氯仿、二硫化碳、四氯化碳、浓盐酸和溴化物水溶液,可溶于水。溴对皮肤、黏膜有强烈刺激作用和腐蚀作用,吸入较低浓度的溴,很快会发生眼和呼吸道黏膜的刺激症状,并有头痛、眩晕、全身无力、胸部发紧、干咳、恶心和呕吐等症状;吸入高浓度溴时有剧咳、呼吸困难、哮喘,严重时可发生窒息、肺炎、肺水肿,可出现中枢神经系统症状,皮肤接触高浓度溴蒸气或液态溴可造成严重灼伤。若长期吸入溴,除有黏膜刺激症状外,还伴有神经衰弱综合征。

2. 四氯化碳溶液

四氯化碳常温下为无色有毒易挥发液体,能溶解脂肪、油漆等多种物质,具氯仿的微甜气味。高浓度四氯化碳蒸气对黏膜有轻度刺激作用,对中枢神经系统有麻醉作用,对肝、肾可造成严重损害。四氯化碳急性中毒症状为:吸入较高浓度该品蒸气,最初出现眼及上呼吸道刺激症状,随后可出现中枢神经系统抑制和胃肠道症状。较严重病例数小时或数天后出现中毒性肝肾损伤;重者甚至发生肝坏死、肝昏迷或急性肾功能衰竭;吸入极高浓度四氯化碳可迅速出现昏迷、抽搐,可因室颤和呼吸中枢麻痹而猝死;口服中毒肝肾损害明显,少数病例发生周围神经炎;眼球后视神经炎;皮肤直接接触可致损害。四氯化碳慢性中毒症状为:神经衰弱综合征、肝肾损害、皮炎。

四氯化碳遇明火或高温易产生剧毒的光气和氯化氢烟雾。在潮湿的空气中会逐渐分解成光气和氯化氢。

> **思 考 题**
>
> 1. 试述索氏提取器的萃取原理,它和一般的浸泡萃取相比有哪些优点?
> 2. 本实验采取哪些措施提高花生油的出油率?

第五节 从丁香中提取丁香酚

一、目的要求

(1) 掌握从丁香中提取丁香酚的原理,并熟悉其相关操作;
(2) 进一步熟悉水蒸气蒸馏的技术;
(3) 进一步学习液—固萃取的原理和方法;
(4) 熟悉并掌握鉴定丁香酚的方法。

二、实验原理

丁香酚又名丁子香酚,是丁香油的主要成分。它具有酚和醚的结构,也是丁香香味的主要成分之一。丁香酚具有辛辣刺激的味道,用做牙医消毒和止痛药物,工业上用它配制牙膏和作为皂用香精。

丁香酚是无色至淡黄色液体,不溶于水而易溶于乙醇、醚、氯仿等有机溶剂。沸点为253～254℃。丁香酚与水在一起加热到100℃左右,可以和水一起蒸出,因此丁香酚可以通过水蒸气蒸馏提取。通过水蒸气蒸馏得到的油状物是丁香油,其中主要成分是丁香酚。丁香酚的结构式为

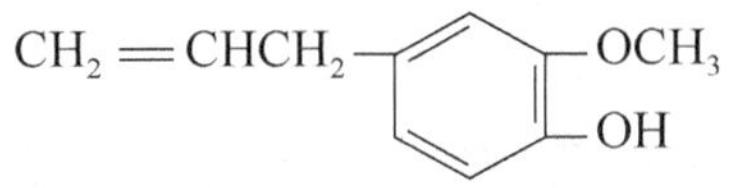

$$CH_2=CHCH_2-\underset{OH}{\overset{OCH_3}{C_6H_3}}$$

可以利用丁香油中的丁香酚在氢氧化钠存在下与2,4-二硝基氟苯作用,生成具有良好晶型和固定熔点的丁香酚2,4-二硝基苯醚来对丁香酚进行鉴定。此反应可以证明酚羟基的存在。

三、实验用品

蒸馏烧瓶、直型冷凝管、分液漏斗、烧杯、离心管(3mL)、锥形瓶(50mL)、量筒(5mL)、抽滤装置。

丁香花蕾10g、氯仿、氢氧化钠、2,4-二硝基氟苯、甲醇、苯、石油醚。

四、实验过程

1. 丁香酚的提取

取10g完整的干燥丁香花蕾和150mL水,加到500mL蒸馏瓶中,同时装好蒸馏装置,用文

火加热至沸,注意勿使沸腾物溅入冷凝器中。蒸馏至收集到的馏出液约100mL。注意蒸馏液的气味,记录蒸馏温度。将蒸馏液移入125mL分液漏斗中,用氯仿分3次萃取馏出液,每次10mL,将氯仿萃取液置于一干燥的100mL蒸馏瓶中,蒸馏至烧瓶中液体只剩5~7mL。冷却剩余物,并将其移入50mL烧杯中,用2~3mL氯仿洗涤烧瓶,将洗涤液并入烧杯的内产物中,用热水浴或加热套蒸发掉剩余的氯仿,烧杯中剩500~700mg无色或淡黄色油状物即为丁香油,其中主要成分是丁香酚。

2. 丁香酚2,4-二硝基苯醚的制备

在50mL锥形瓶中加入10mL 5%氢氧化钠水溶液,加10滴丁香油,振荡使油溶解。再加入10滴2,4-二硝基氟苯,用塞子塞住瓶口充分振荡5min,将锥形瓶置于冷水浴中冷却,以促使丁香酚2,4-二硝基苯醚的亮黄色结晶生成。抽滤收集结晶,用0.5mL甲醇洗涤。产物用1mL苯溶解,然后逐滴加入石油醚(30~60℃)1~2mL进行重结晶。测定此结晶的熔点(文献值为114~115℃)。

五、提取过程成功的关键

(1)氯仿密度比水大,提取液在下层。
(2)若试剂为结晶,需稍微加热,其熔点稍高于室温。

六、安全提示和应急处理

1. 氯仿的危害性

氯仿常温下为无色透明重质液体,极易挥发,有特殊气味。氯仿不溶于水,溶于醇、醚、苯。氯仿主要作用于中枢神经系统,具有麻醉作用,对心、肝、肾有损害。氯仿的急性中毒症状为:吸入或经皮肤吸收引起急性中毒,初期有头痛、头晕、恶心、呕吐、兴奋、皮肤湿热和黏膜刺激症状,以后呈现精神紊乱、呼吸表浅、反射消失、昏迷等,重者发生呼吸麻痹、心室纤维性颤动,同时可伴有肝、肾损害;误服中毒时,胃有烧灼感,伴恶心、呕吐、腹痛、腹泻,以后出现麻醉症状;液态可致皮炎、湿疹,甚至皮肤灼伤。氯仿的慢性影响为:主要引起肝脏损害,并有消化不良、乏力、头痛、失眠等症状,少数情况下可造成肾损害及嗜氯仿癖。

氯仿与明火或灼热的物体接触时能产生剧毒的光气。在空气、水分和光的作用下,酸度增加,因而对金属有强烈的腐蚀性。

2. 2,4-二硝基氟苯的危害性

2,4-二硝基氟苯常温下为淡黄色结晶或油状液体,久置遇光颜色可能变深。该物质为皮肤致敏物,60%~80%的接触者会发生皮炎,微量接触也能致病,表现为发痒、灼痛的丘疹、水疱,重者发生剥脱性皮炎。该物质可引起其他过敏反应,如支气管哮喘等。该物质全身性毒性微弱,偶见引起紫绀和全身中毒症状,还有可能引起肝损害。

该物质可燃、有毒、具致敏性。在150℃下受强烈震动能引起爆炸。

3. 其他物质的危害性

氢氧化钠、甲醇、苯、石油醚的危害性参照本书相关章节的安全提示和应急处理部分。

思 考 题

1. 丁香酚为何溶于碱液?
2. 写出丁香酚与2,4-二硝基氟苯在氢氧化钠存在下的反应式。
3. 丁香酚具备了什么条件,使其可以通过水蒸气蒸馏提取?

第六节 从烟叶中提取烟碱

一、目的要求

(1)掌握从烟叶中提取烟碱的原理,并掌握其相关操作;
(2)进一步熟悉萃取、分离及衍生物制备等基本操作技术;
(3)学习重结晶原理及其应用,熟悉重结晶的装置,并掌握其相关操作。

二、实验原理

烟碱又名尼古丁,是烟草生物碱的主要成分,于1928年首次被分离出来。烟碱具有两个含氮环,即吡啶环和吡咯烷环,天然产烟碱为左旋体。

烟碱在商业上用作杀虫剂以及兽医药剂中寄生虫的驱除剂。烟碱为剧毒物质,致死剂量为40mg。

烟碱为无色或灰黄色油状液体,无臭,味极辛辣,一经日光照射即被分解,转变为棕色并有特殊气味的烟嗅。其沸点为247℃/99.32kPa(745mmHg),沸腾时部分分解。其$[\alpha]_D^{20}$为-169°,呈强碱性反应。在60℃以下可与水结合形成水合物,可与水以任意比例混合。烟碱易溶于酒精、乙醚等许多有机溶剂,能与水蒸气挥发而不分解。由于其分子中两个氮都显碱性,故一般能与2mol的酸成盐。

烟碱与柠檬酸或苹果酸结合为盐类而存在于植物体中,在烟叶中约含2%~3%。本实验以强碱溶液(5% NaOH)处理烟叶,使烟碱游离,再经乙醚萃取和衍生物制备进行精制。由于烟碱是液体,从2g烟叶中得到的烟碱量很少,不便纯化和操作,因此本实验采用在萃取液中加入苦味酸,将烟碱转变成二苦味酸盐的结晶进行分离纯化,并通过测定衍生物的熔点加以鉴定。

实现此提取过程的方案如图 8-1 所示。

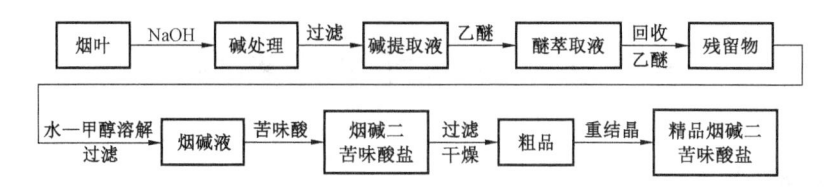

图 8-1 烟碱提取过程示意图

三、实验用品

烧杯(250mL)、布氏滤斗、抽滤装置、分液漏斗、短颈漏斗、锥形瓶。
粗烟叶或烟丝、5%氢氧化钠溶液、乙醚、甲醇、乙醇、苦味酸盐的甲醇溶液。

四、实验过程

在 25mL 烧杯中加入 2g 干燥碎烟叶和 2mL 5%氢氧化钠溶液,搅拌 10min,然后用带尼龙滤布的布氏滤斗抽滤,并用干净的玻塞挤压烟叶以挤出碱提取液。接着用 4mL 水洗涤烟叶,再次抽滤挤压,将洗涤水合并至碱提取液中。

将黑褐色滤液移入 25mL 分液漏斗中,用 15mL 乙醚分三次萃取。萃取时应轻旋液体,勿振荡漏斗以免形成乳浊液导致分层困难。上层醚相从漏斗上口倒入 25mL 圆底烧瓶中。合并醚萃取液,在水浴上蒸去乙醚,并用水泵将溶剂抽干。

残留物中加入 2 滴水和 1mL 甲醇,使残渣溶解,然后将溶液通过放有玻璃毛的短颈漏斗滤入 25mL 烧杯中,并用 1mL 甲醇涮洗烧瓶和玻璃毛,合并至烧杯中。

在搅拌下往烧杯中加入 2mL 饱和苦味酸盐的甲醇溶液,立即有浅黄色的二苦味酸烟碱盐沉淀析出。用玻砂漏斗过滤,干燥称重,测定熔点,并计算所提取的烟碱的百分产量。此操作所得二苦味酸烟碱盐熔点为 217~220℃。

用刮刀将粗产物移入 10mL 锥形瓶中,加入 4mL 的 50%乙醇—水溶液,加热溶解,室温下静置冷却,析出亮黄色长形棱状结晶。抽滤,烘干,称重,测熔点。纯二苦味酸烟碱盐的熔点为 222~223℃。

五、提取过程成功的关键

(1)滤纸在碱液中会很快溶胀并失去作用。此处宜采用尼龙滤布挤压过滤。
(2)在分液漏斗中进行乙醚萃取时,应注意不时放气,减低乙醚蒸气在漏斗内的压力。此时可一手握紧上口旋塞,让漏斗倾斜下,支管口朝上,另一只手打开分液旋塞放气,或者在垂直放置时打开上口旋塞放气。在分离液层时,应小心使醚层与出现在漏斗尖底部的少量黑色乳状液相分离。上层液从上口倒出,下层液从下口放出。

(3) 在蒸馏乙醚时应用水浴加热,不能直火加热。同时应开窗通风,避免外泄的乙醚蒸气富集遇火点燃而酿成火灾。

(4) 烟碱毒性极强,其蒸气或其盐溶液被吸入人体或渗入人体可使人中毒死亡。操作高浓度的烟碱液时务必小心。若不慎手上沾上烟碱提取液,应及时用水冲洗后用肥皂擦洗。

六、安全提示和应急处理

氢氧化钠溶液、乙醚、甲醇、乙醇的危害性参照本书相关章节的安全提示和应急处理部分。

思 考 题

1. 试设计以烟杆等废弃物为原料,制取杀蚜虫药烟碱硫酸盐的一个简易方法。
2. 若用硝酸或高锰酸钾氧化烟碱,将得到什么产物?

第七节 从毛发中提取 L-胱氨酸

一、目的要求

(1) 掌握从毛发中提取胱氨酸的原理,并掌握其相关操作;
(2) 进一步熟悉回流、分离及脱色的基本操作技术;
(3) 复习重结晶原理及其应用,熟悉重结晶的装置,并掌握其相关操作。

二、实验原理

最初,人们是在膀胱结石中发现 L-胱氨酸的,因而得名胱氨酸。胱氨酸比半胱氨酸稳定,在体内转变成半胱氨酸后参与蛋白质合成和各种代谢过程,具有促进机体细胞氧化和还原作用,可促进毛发生长和防止皮肤老化。在医学临床上,L-胱氨酸主要用于治疗各种膀胱炎、秃发症、肝炎、神经痛、中毒性病症、放射损伤以及各种原因引起的细胞减少症,也用于治疗痢疾、伤寒、流感等急性传染病,并是治疗一些药物中毒等的特效药。L-胱氨酸在食品工业、生化及营养学研究领域也有广泛的应用(如食用油脂抗氧剂、日用化学品添加剂等)。

L-胱氨酸的学名为双-β-硫代-α-氨基丙酸,其分子式为 $C_6H_{12}N_2O_4S_2$,相对分子质量为 240.3,是由两个 β-巯基-α-氨基丙酸组成的含硫氨基酸,常温下为白色六角形板状晶体或结晶粉末,易溶于酸、碱溶液,不溶于乙醇、乙醚,难溶于水,在热碱溶液中可被分解。

L-胱氨酸存在于人发、猪毛、羊毛、马毛、羽毛及动物角等的蛋白质中,其中人发含量最高,达 17.6%。L-胱氨酸是氨基酸中最难溶于水的一种,因此可利用这种特性,通过酸性水解,从废杂猪毛、人发、鸡毛、羊毛等角蛋白中,分离提取 L-胱氨酸。目前,随着养殖业的发展,我国废旧杂毛资源很广,但利用率极低,从这些废旧杂毛中提取 L-胱氨酸具有重要的现实意义。提取胱氨酸所需投资少、成本低,产品可供出口创汇,利润可观。

本实验利用毛发的水解制取 L-胱氨酸,毛发经水解提取 L-胱氨酸的工艺路线并不复杂,但是要高收率地提取L-胱氨酸却要严格控制水解条件。影响毛发水解的因素较多,如水解液中酸的浓度、水解温度以及水解时间等。一般来说,酸的浓度高有利于加速水解,否则水解速度慢。水解过程中温度的把握要适中,温度太低会延长水解时间,升高温度虽有利于水解缩短水解时间,但对胱氨酸的破坏也随之加剧,一般以110℃为宜。另外,正确判断水解终点,控制水解时间也是十分重要的。如水解时间过短,水解不完全;如水解时间过长,则氨基酸容易遭破坏。

本实验可采用缩二脲试验来确定水解终点。缩二脲在碱性介质中与二价铜盐反应,产生具有粉红色或紫色的配合物,观察到这种显色现象时,称此试验为阳性。

$$NH_2CNHCNH_2 + NaOH \xrightarrow{Cu^{2+}} (NH_2CNHCNH_2)_2 \cdot 2NaOH \cdot Cu(OH)_2$$

蛋白质及其分解产物多肽也会发生缩二脲阳性反应,所形成的铜配合物的颜色,取决于被肽键所结合的氨基酸数目。例如,三肽显紫色,四肽或更复杂的多肽则显红色;而氨基酸以及二肽只显蓝色,此为缩二脲阴性反应。显然,只有当毛发水解液对二价铜呈阴性反应,水解才告完成(或近终点)。

从毛发中提取L-胱氨酸,选用盐酸作为水解液,以碱中和、沉淀,活性炭作为脱色剂,再用重结晶的方法提纯粗品。实现此提取过程的方案如图8-2所示。

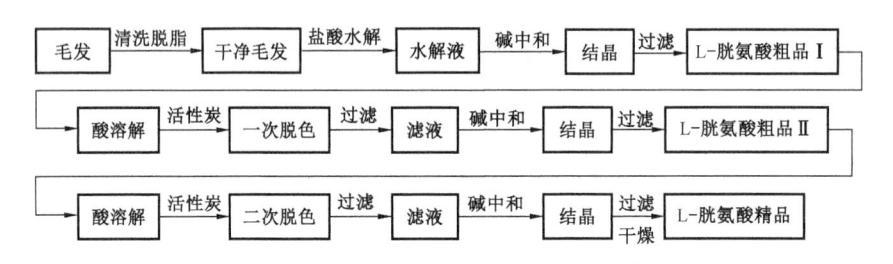

图8-2 从毛发中提取L-胱氨酸提取过程示意图

三、实验用品

烧杯(500mL)、带搅拌器的回流装置、普通回流装置、抽滤装置。

毛发、30%盐酸、10%氢氧化钠溶液、2%硫酸铜溶液、活性炭。

四、实验过程

取50g毛发置于500mL烧杯中,加入少许洗发精和150mL温热水,不断搅拌,洗净毛发上的油脂,将洗涤液倾倒弃除,再用清水洗涤毛发数次,然后甩干或晒干。

在500mL三口烧瓶上配置搅拌器和回流冷凝管。依次加入50g洗净的毛发和100mL 30%盐酸,再配上温度计。搅拌并加热升温,控制在110℃左右水解8h。

取0.5mL毛发水解溶液注入试管中,加0.5mL 10%氢氧化钠溶液,加1滴2%硫酸铜溶液,振摇。若溶液显粉红色或紫色,表明水解不完全,还须继续水解,直到水解液对硫酸铜溶液呈阴性反应。水解结束后,停止加热,立即趁热过滤。

将以上过滤好的滤液在搅拌下加入30%氢氧化钠溶液,中和时,仍保持温度在50℃左右,并不断搅拌,不时测 pH 值。当 pH 值达到 3.0 后,慢慢加碱,直到 pH 值达 4.8 为止。继续搅拌 20min,若 pH 值不再变化,停止加碱。

在室温下静置 3 天,使 L-胱氨酸析出完全,抽滤、水洗二次得灰棕色 L-胱氨酸粗品。

将 L-胱氨酸粗品置于 250mL 圆底烧瓶中,加入 70mL30% 盐酸,加热使粗产品溶解,然后加入 1g 活性炭,装上回流冷凝管,加热回流煮沸 20min,趁热对脱色液过滤,用少量稀盐酸对滤饼进行洗涤,将洗涤液与滤液合并。若滤液颜色尚深,需再加入少许活性炭作进一步脱色,直至无色为止。

将无色澄清的滤液用 12% 氨水中和至 pH 值为 4.0,在室温下静置 5~6h,使结晶沉淀完全。抽滤,所得晶体用少许热水洗二次(以除酪氨酸),然后依次用少许乙醇、乙醚淋洗一遍,抽干后,放在烘箱内烘干(保持温度在 60℃ 左右)或真空干燥,即得产品,称重。测熔点,测 L-胱氨酸的红外光谱图并计算产率。

五、提取过程成功的关键

(1)洗涤毛发时,不要用碱性洗涤剂,否则会明显降低 L-胱氨酸的产率。
(2)回流时要严格控制回流的温度,中和时注意加碱量,控制 pH 值。

思 考 题

1. 从毛发中提取 L-胱氨酸的原理是什么?
2. 有哪些因素会对本实验产生影响?
3. 如何判断蛋白质水解的终点?
4. 在后处理中为何要严格控制 pH 值? pH 值的高或低会对实验有何影响?

第八节　从青蒿中提取青蒿素

一、目的要求

(1)熟悉从青蒿中提取青蒿素的原理和方法;
(2)加深对高效液相色谱分析的原理与方法的认识;
(3)进一步熟悉萃取、分离等操作技术。

二、实验原理

青蒿为菊科植物黄花蒿的地上部分,青蒿素是从青蒿中提取分离得到的一种无色针状结晶,易溶于丙酮、乙酸乙酯,可在乙醇、乙醚中溶解,微溶于冷石油醚,几乎不溶于水。对热不稳定,易受潮、热和还原性质的影响而分解。青蒿素是继氯喹、乙氨嘧啶、伯喹和磺胺后最热门的抗疟特效药,尤其对脑型疟疾和抗氯喹疟疾具有速效和低毒的特点,已成为世界卫生组织推荐的药品。青蒿素在原植物青蒿中含量很低,一般只有 7‰ 左右,因此,研究青蒿素的提取率,对缩短提取时间、降低生产成本具有重要的意义。

本试验采用单因素和多因素试验研究了提取次数、提取时间、提取温度和提取溶剂量对提取的影响,确定了最佳提取条件,提取所得滤液经减压浓缩,除去杂质,重结晶,干燥精制后得青蒿素试验成品。

三、实验用品

HP1100 液相色谱仪、示差检测器、色谱柱 KromasilKR100-C18E17580(250×4.6mm)、精密吸取青蒿素对照品溶液与供试品溶液各 20μL、注入液相色谱仪、圆底瓶(1000mL)、分液漏斗、索氏提取器。

6 号溶剂油、120 号溶剂油、青蒿叶末(40℃时烘 3h 后打碎)、甲醇—水混合液(72:28)、HPLC、青蒿素对照品(中国药品生物制品检定所)。

四、实验过程

1. 提取溶剂

称取青蒿叶粗粉 4 份,每份 100g,分别置 1000mL 圆底烧瓶中,其中 2 份每次加 5 倍量的 6 号溶剂油,另 2 份每次加 5 倍量的 120 号溶剂油,50℃提取 3 次,每次 2h,分别合并 3 次提取液。

2. 提取方法

提取方法主要有冷浸提取、回流提取、索氏提取、超声波提取和温浸提取等方法,按照下述试验操作进行提取方法考察:

(1)冷浸提取:称取青蒿叶粗粉 100g,置 1000mL 分液漏斗中,每次用 5 倍量的 6 号溶剂油冷浸提取 3 次,每次 24h,合并提取液。

(2)回流提取:称取青蒿叶粗粉 100g,置 1000mL 圆底瓶中,每次用 5 倍量的 6 号溶剂油回流提取 3 次,每次 2h,合并提取液。

(3)索氏提取:称取青蒿叶粗粉 100g,置索氏提取器中,用 10 倍量的 6 号溶剂油进行提取至虹吸下的溶剂近无色,收集提取液。

(4)超声波提取:称取青蒿素叶粗粉 100g,每次加入 5 倍量的 6 号溶剂油用超声波(200w)提取 3 次,每次 30min,合并提取液。

(5)温浸提取:称取青蒿素叶粗粉 100g,加入 5 倍量的 6 号溶剂油,温浸提取 3 次,温度为 55℃,第一次保温 2h,第二、三次保温 1.5h,合并提取液。

3. 平行实验

为了取得更佳的提取效果,在初步选定溶剂种类和提取方法之后,对影响提取效果的诸因素——提取次数、溶剂用量、提取时间以及提取温度等进行设计平行实验。取药材粗粉 9 份,每份 100g,在相应的实验条件下进行提取并进行测试。

五、提取过程成功的关键

(1)应尽量研细,通过研磨,使溶剂与青蒿素充分接触,并将其浸出。

(2)洗涤时要轻轻振摇,以防止产生乳化。

(3)不可蒸得太干,以免青蒿素溶液浓度较高而由烧瓶倒出时沾到内壁上,造成损失。

六、安全提示和应急处理

溶剂油具有易挥发性、易燃性,并且在运输和流动时易产生静电。其蒸气与空气可形成爆炸性混合物,遇明火、高热极易燃烧爆炸。与氧化剂能发生强烈反应。其蒸气密度比空气大,能在较低处扩散到相当远的地方,遇明火会引起回燃。

如发现溶剂油跑冒,应迅速切断泄漏源,防止进入下水道、排洪沟等限制性空间。大量泄漏时,构筑围堤、挖坑收容,用泡沫覆盖,降低蒸气灾害。小量泄漏时,用砂土、蛭石或其他惰性材料吸收、覆盖。

思 考 题

1. 哪种溶剂油对青蒿素的转移率高?
2. 哪种方法对青蒿素的转移率高?
3. 温浸法提取青蒿素的最佳工艺条件是什么?

阅读材料

呦呦鹿鸣,食野之蒿

2015年10月5日,从瑞典斯德哥尔摩传来令人振奋的消息:中国女科学家屠呦呦获得2015年诺贝尔生理学或医学奖。获奖理由是她发现了青蒿素,这种药品可以有效降低疟疾患者的死亡率。

疟疾是一种严重危害人类生命健康的世界性流行病。世界卫生组织报告,全世界约数10亿人口生活在疟疾流行区,每年约2亿人患疟疾,百余万人被夺去生命。特别是20世纪60年代初,全球疟疾疫情难以控制。当时正值美越交战,在越美军因疟疾减员80多万人。美国不惜投入,筛选出20多万种化合物,却未找到理想的抗疟新药。因疟原虫对喹啉类药物已产生抗药性,所以,防治疟疾重新成为各国医药界攻克的目标。继美国之后,英、法、德等国也花费大量人力物力,寻找有效的新结构类型化合物,但一直未能如愿。我国从1964年重新开始对抗疟新药的研究,从中草药中寻求突破是整个工作的主流,但是,通过对数千种中草药的筛选,却没有任何重要发现。在国内外都处于困境的情况下,1969年,39岁的屠呦呦临危受命,出任该项目的科研组长。她从整理历代医籍着手,四处走访老中医,搜集建院以来的有关群众来信,编辑了以640方中药为主的《抗疟单验方集》。然而筛选的大量样品,对抗疟均无好的苗头。她并不气馁,经过200多种中药的380多个提取物进行筛选,最后将焦点锁定在青蒿上。但大量实验发现,青蒿的抗疟效果并不理想。她又系统查阅文献,特别注意在历代用药经验中提取药物的方法。当她再一次转向古老中国智慧时,东晋名医葛洪《肘后备急方》中称:"青蒿一握,以水二升渍,绞取汁,尽服之"可治"久疟"。琢磨这段记载,她认为很有可能在高温的情况下,青蒿的有效成分被破坏了。于是她改用乙醇冷浸法,所得青蒿提取物对鼠疟的效价显著提高;接着,用低沸点溶剂提取,效价更高,而且趋于稳定。终于,在经历了190次失败后,青蒿素诞生了。这剂新药对鼠疟、猴疟疟原虫的抑制率达到100%。

2011年9月,青蒿素研究成果获拉斯克临床医学奖。获奖理由是"因为发现青蒿素——

一种用于治疗疟疾的药物,挽救了全球特别是发展中国家的数百万人的生命"。正如颁奖词所说的"青蒿素这一医学发展史上的重大发现,每年在全世界,尤其在发展中国家,挽救了数以百万计疟疾患者的生命。"在基础生物医学领域,许多重大发现的价值和效益并不在短期内显而易见,但也有少数,它们的诞生对人类健康的改善所起的作用和意义是立竿见影的。由屠呦呦和她的同事们一起研发的抗疟药物青蒿素就是这样一个例子。

2015年的诺贝尔奖虽然有些姗姗来迟,但毕竟是令人庆幸的。这是中国科学家因为在中国本土进行的科学研究而首次获诺贝尔科学奖,是中国医学界迄今为止获得的最高奖项。当颁奖词的庄严声韵回响在地球上空的时候,各种肤色的人都在向这位耄耋老人表达深深的敬意。

2019年9月17日,国家主席习近平签署主席令,授予屠呦呦"共和国勋章"。

呦呦鹿鸣,食野之蒿。今有嘉宾,德音孔昭。

附　　录

附录一　常见元素的相对原子质量

常见元素的相对原子质量如附表1所示。

附表1　常见元素相对原子质量

元素名称	相对原子质量	元素名称	相对原子质量	元素名称	相对原子质量	元素名称	相对原子质量
银　Ag	107.87	铬　Cr	51.996	锂　Li	6.491	磷　P	30.97
铝　Al	26.98	铜　Cu	93.54	镁　Mg	24.31	铅　Pb	207.19
硼　B	10.81	氟　F	18.998	锰　Mn	54.938	钯　Pd	106.4
钡　Ba	137.34	铁　Fe	55.847	钼　Mo	95.94	铂　Pt	195.09
溴　Br	79.90	氢　H	1.008	氮　N	14.007	硫　S	32.064
碳　C	12.01	汞　Hg	200.59	钠　Na	22.99	硅　Si	28.086
钙　Ca	40.08	碘　I	126.904	镍　Ni	58.71	锡　Sn	118.69
氯　Cl	35.45	钾　K	39.10	氧　O	15.999	锌　Zn	65.37

附录二　常见有机溶剂的性质及纯化

有机化学实验离不开溶剂,溶剂不仅作为反应介质使用,而且在产物的纯化和后处理中也经常使用。市售的有机溶剂有工业纯、化学纯和分析纯等各种规格,纯度越高,价格越贵。在有机合成中,常常根据反应的特点和要求,选用适当规格的溶剂,以便使反应能够顺利地进行而又符合节约的原则。某些有机反应(如 Grignard 反应等),对溶剂要求较高,即使微量杂质或水分的存在,也会对反应速率、产率和纯度带来一定的影响。由于有机合成中使用溶剂的量都比较大,若仅依靠购买市售纯品,不仅价值较高,有时也不一定能满足反应的要求。因此,了解有机溶剂的性质及纯化方法是十分重要的。

一、有机溶剂简单纯化方法

有机溶剂的纯化是有机合成工作的一项基本操作。对于市售的普通溶剂,在实验室条件下常用的纯化方法有等温扩散法、蒸馏法、共沉淀法、重结晶法、溶剂萃取法、吸附分离法等。

二、常用有机溶剂的纯化

1. 无水乙醇 CH₃CH₂OH

无水乙醇的沸点为78.5℃,折射率n_D^{20}为1.3616,相对密度d_4^{20}为0.7893。

市售的无水乙醇一般只能达到99.5%纯度,在许多反应中需用纯度更高的无水乙醇,经常需自己制备。通常工业用的95.5%的乙醇不能直接用蒸馏法制取无水乙醇,因95.5%乙醇和4.5%的水形成恒沸点混合物,不能用一般的分馏法除去水分。制备无水乙醇的方法很多,根据对无水乙醇质量的要求不同,可选择不同的方法。

(1)若要求98%~99%的乙醇,可采用下列方法:

第一种方法是利用苯、水和乙醇形成低共沸混合物的性质,将苯加入乙醇中进行分馏,在64.9℃时蒸出苯、水、乙醇的三元恒沸混合物,多余的苯在68.3℃与乙醇形成二元恒沸混合物被蒸出,最后蒸出乙醇。工业中多采用此法。第二种方法是用生石灰脱水。于100mL95%乙醇中加入新鲜的块状生石灰20g,回流3~5h,使乙醇中的水与生石灰作用生成氢氧化钙,然后再将无水乙醇蒸出。这样得到无水乙醇,纯度最高约99.5%。

(2)若要得到99.95%以上的乙醇,可采用下列方法:

第一种方法是用金属钠制取。在100mL99.5%乙醇中,加入7g金属钠,待反应完毕,再加入27.5g邻苯二甲酸二乙酯或25g草酸二乙酯,回流2~3h,然后进行蒸馏,先蒸出的10mL弃去,其后的收集于干燥洁净的瓶内储存。金属钠虽能与乙醇中的水作用,产生氢气和氢氧化钠,但所生成的氢氧化钠又与乙醇发生平衡反应,因此单独使用金属钠不能完全除去乙醇中的水,须加入过量的高沸点酯,如邻苯二甲酸二乙酯与生成的氢氧化钠作用,抑制上述反应,从而达到进一步脱水的目的。第二种方法是用金属镁制取。在250mL的圆底烧瓶中,放置0.6g干燥纯净的镁条、10mL99.5%乙醇,装上回流冷凝管,并在冷凝管上端加一只无水氯化钙干燥管。在沸点浴上或用火直接加热使达微沸,移去热源,立刻加入几粒碘片(此时注意不要振荡),顷刻即在碘粒附近发生作用,最后可以达到相当剧烈的程度。有时作用太慢则需加热,如果在加碘之后,作用仍不开始,则可再加入数粒碘(一般来说,乙醇与镁的作用是缓慢的,如所用乙醇含水量超0.5%则作用更为困难)。待全部镁作用完毕后,加入100mL99.5%乙醇和几粒沸石。回流1h,蒸馏,产物收存于玻璃瓶中,用一橡皮塞或磨口塞塞住。

2. 无水乙醚 CH₃CH₂OCH₂CH₃

无水乙醚的沸点为34.6℃,折射率n_D^{20}为1.3527,相对密度d_4^{15}为0.7193。

工业乙醚中常含有一定量的水、乙醇及少量过氧化物等杂质,这对于要求以无水乙醚作溶剂的反应(如Grignard反应),不仅影响反应的进行,且易发生危险。试剂级的无水乙醚往往也不合要求,且价格较贵,因此在实验中常需自行制备无水乙醚。制备无水乙醚时首先要检验有无过氧化物。为此取少量乙醚与等体积的2%碘化钾溶液,加入几滴稀盐酸一起振摇,若能使淀粉溶液呈紫色或蓝色,即证明有过氧化物存在。欲除去过氧化物,可在分液漏斗中加入普通乙醚和相当于乙醚体积1/5的新配制硫酸亚铁溶液,剧烈振摇后分去水溶液。然后除去过氧化物,按照下述操作进行精制。

(1)在250mL圆底烧瓶中,放置100mL除去过氧化物的普通乙醚和几粒沸石,装上冷凝管。冷凝管上端通过一带有侧槽的橡皮塞,插入盛有10mL浓硫酸的滴液漏斗。通入冷凝水,将浓硫酸慢慢滴入乙醚中,由于脱水作用所产生的热,乙醚会自行沸腾。加完后摇动反应物。

待乙醚停止沸腾后,拆下冷凝管,改成蒸馏装置。在收集乙醚的接受瓶支管上连一氯化钙干燥管,并用与干燥管连接的橡皮管将乙醚蒸气导入水槽。加入沸石,用事先准备好的水浴加热蒸馏。蒸馏速度不宜太快,以免乙醚蒸气冷凝不下来而逸散室内。当收集到约 70mL 乙醚,且蒸馏速度显著变慢时,即可停止蒸馏。瓶内所剩残液应倒入指定的回收瓶中,切不可将水加入残液中。将蒸馏收集的乙醚倒入干燥的锥形瓶中,加入 1g 钠屑或 1g 钠丝,然后用带有氯化钙干燥管的软木塞塞住,或在木塞中插入一末端拉成毛细管的玻璃管,这样可以防止潮气侵入并可使产生的气泡逸出。放置 24h 以上,使乙醚中残留的少量水和乙醇转化为氢氧化钠和乙醇钠。如不再有气泡逸出,同时钠的表面较好,则可储放备用。如放置后金属钠表面已全部发生作用,需重新压入少量钠丝,放置至无气泡发生。这种无水乙醚符合一般无水要求。

(2) 经无水氯化钙干燥后的乙醚,也可用 4A 型分子筛干燥,所得绝对无水乙醚能直接用于格氏反应。

为了防止乙醚在储存过程中生成过氧化物,除尽量避免与光和空气接触外,可向乙醚内加入少许铁屑或铜丝、铜屑,或干燥固体氢氧化钾,盛于棕色瓶内,储存于阴凉处。

为了防止发生事故,对在一般条件下保存的或储存过久的乙醚,除已鉴定不含过氧化物的以外,蒸馏时,都不要全部蒸干。

3. 甲醇 CH_3OH

甲醇的沸点为 64.96℃,折射率 n_D^{20} 为 1.3288,相对密度 d_4^{20} 为 0.7914。

市售的甲醇均由合成而来,含水质量分数不超过 0.5% ~ 1%。由于甲醇和水不能形成共沸点的混合物,为此可借高效的精馏柱将少量水除去。精制甲醇含有 0.02% 的丙酮和 0.1% 的水,一般已可应用。如要制得无水甲醇,可用金属镁制取的方法(见无水乙醇)。若含水量低于 0.1%,亦可用 3A 或 4A 型分子筛干燥。甲醇有毒,处理时应避免吸入其蒸气。

4. 无水无噻吩苯 C_6H_6

无水无噻吩苯的沸点为 80.1℃,折射率 n_D^{20} 为 1.5011,相对密度 d_4^{20} 为 0.87865。

普通苯常含有少量水(可达 0.02%),由煤焦油加工得来的苯还含有少量噻吩。噻吩的沸点为 84℃,与苯接近,不能用分馏或分步结晶等方法除去。为制得无水无噻吩的苯可采用下列方法:

将普通苯装入分液漏斗中,加入相当于苯体积七分之一的浓硫酸,振摇使噻吩磺化,弃去酸液,再加入新的浓硫酸,重复操作几次,直到酸层呈现无色或淡黄色并检验无噻吩为止。

将上述无噻吩的苯依次用 10% 碳酸钠溶液和水洗至中性,再用氯化钙干燥,进行蒸馏,收集 80℃ 的馏分,最后用金属钠脱去微量的水得无水苯。

噻吩的检验:取 1mL 苯加入 2mL 溶有 2mg 吲哚醌的浓硫酸,振荡片刻,若酸层导蓝绿色,即表示有噻吩存在。

5. 丙酮 CH_3COCH_3

丙酮的沸点为 56.2℃,折射率 n_D^{20} 为 1.3588,相对密度 d_4^{20} 为 0.7899。

普通丙酮中往往含有少量水及甲醇、乙醛等还原性杂质,可用下列方法精制:

(1) 在 100mL 丙酮中加入 0.5g 高锰酸钾回流,以除去还原性杂质,若高锰酸钾的紫色很快消失,需要加入少量高锰酸钾继续回流,直至紫色不再消失为止。蒸出丙酮,用无水碳酸钾或无水硫酸钙干燥,过滤,蒸馏收集 55 ~ 56.5℃ 的馏分。

(2)于100mL丙酮中加入4mL 10%硝酸银溶液及35mL 0.1mol/L氢氧化钠溶液,振荡10min,除去还原性杂质。过滤,滤液用无水硫酸钙干燥后,蒸馏,收集55~56.5℃的馏分。

6. 乙酸乙酯 CH$_3$COOCH$_2$CH$_3$

乙酸乙酯的沸点为77.06℃,折射率n_D^{20}为1.3723,相对密度d_4^{20}为0.9003。

乙酸乙酯沸点在76~77℃部分的质量分数达99%时,可直接应用。市售乙酸乙酯含量为95%~98%,含有少量水、乙醇和乙酸,可用下述方法精制:

(1)于100mL乙酸乙酯中加入10mL乙酸酐、1滴浓硫酸,加热回流4h,除去乙醇及水等杂质,然后进行分馏。馏液用2~3g无水碳酸钾振荡干燥后蒸馏,最后产物的沸点为77℃,纯度达99.7%。

(2)先用等体积5%碳酸钠溶液洗涤乙酸乙酯,再用饱和氯化钙溶液洗涤,然后用无水碳酸钾干燥后蒸馏。

7. 二硫化碳 CS$_2$

二硫化碳的沸点为46.25℃,折射率n_D^{20}为1.6319,相对密度d_4^{20}为1.2632。

二硫化碳是有毒的化合物(有使血液和神经组织中毒的作用),又具有高度的挥发性和易燃性,所以使用时必须十分小心,避免接触其蒸气。一般有机合成实验中对二硫化碳的要求不高,可在普通二硫化碳中加入少量研碎的无水氯化钙,干燥数小时后滤去干燥剂,然后用水浴(温度55~65℃)蒸馏收集。

若要制得较纯的二硫化碳,则需将试剂级的二硫化碳用0.5%高锰酸钾水溶液洗涤3次,除去硫化氢,再用汞不断振荡除去硫,最后用2.5%硫酸汞溶液洗涤,除去所有恶臭(剩余的硫化氢),再经氯化钙干燥,蒸馏收集。

8. 氯仿 CHCl$_3$

氯仿的沸点为61.7℃,折射率n_D^{20}为1.4459,相对密度d_4^{20}为1.4832。

普通的氯仿含有1%的乙醇,这是为了防止氯仿分解为有毒的光气而加进去的稳定剂。为了除去乙醇,可以将氯仿用一半体积的水振荡数次,然后分出下层氯仿,用无水氯化钙干燥数小时后蒸馏。

另一种精制方法是将氯仿与小量浓硫酸一起振荡两三次。每1000mL氯仿,用浓硫酸50mL。分去酸层以后的氯仿用水洗涤,干燥,然后蒸馏。除去乙醇的无水氯仿应保存于棕色瓶子里,并且不要见光,以免分解。

9. 石油醚

石油醚为轻质石油产品,是低相对分子质量烃类(主要是戊烷和己烷)的混合物。其沸程为30~150℃,收集的温度区间一般为30℃左右,如有30~60℃、60~90℃、90~120℃等沸程规格的石油醚。石油醚中含有少量不饱和烃,沸点与烷烃相近,用蒸馏法无法分离,必要时可用浓硫酸和高锰酸钾除去。通常将石油醚用其体积十分之一的浓硫酸洗涤两三次,再用10%的硫酸加入高锰酸钾配成的饱和溶液洗涤,直至水层中的紫色不再消失为止。然后再用水洗,经无水氯化钙干燥后蒸馏。如要得到绝对干燥的石油醚,则应加入钠丝(见无水乙醚)除水。

10. 吡啶 C$_5$H$_5$N

吡啶的沸点为115.5℃,折射率n_D^{20}为1.5095,相对密度d_4^{20}为0.9819。

通过分析可知"纯"的吡啶含有少量水分,但已可供一般应用。如要制得无水吡啶,可与粒状氢氧化钾或氢氧化钠一同回流,然后隔绝潮气蒸出备用。干燥的吡啶吸水性很强,保存时应将容器口用石蜡封好。

11. N,N-二甲基甲酰胺 HCON(CH$_3$)$_2$

N,N-二甲基甲酰胺的沸点为 149~156℃,折射率 n_D^{20} 为 1.4305,相对密度 d_4^{20} 为 0.9487。

N,N-二甲基甲酰胺含有少量水分。在常压蒸馏时有少量分解,产生二甲胺与一氧化碳。若有酸或碱存在时分解加快,所以在加入固体氢氧化钾或氢氧化钠并在室温放置数小时后,即有部分分解。因此,最好用硫酸钙、硫酸镁、氧化钡、硅胶或分子筛干燥,然后减压蒸馏,收集 76℃/4.79kPa(36mmHg) 的馏分。如其中含水较多时,可加入十分之一体积的苯,在常压及 80℃以下蒸去水和苯,然后用硫酸镁或氧化钡干燥,再进行减压蒸馏。

N,N-二甲基甲酰胺中如有游离胺存在,可用 2,4-二硝基氟苯产生颜色来检查。

12. 四氢呋喃 C$_4$H$_8$O

四氢呋喃的沸点为 67℃,折射率 n_D^{20} 为 1.4050,相对密度 d_4^{20} 为 0.8892。

四氢呋喃为具乙醚气味的无色透明液体,市售的四氢呋喃常含有少量水分及过氧化物。如要制得无水四氢呋喃,可与氢化锂铝在隔绝潮气下回流(通常 1000mL 约需 2~4g 氢化锂铝 76~77℃)除去其中的水和过氧化物,然后在常压下蒸馏,收集 66℃的馏分。精制后的液体应在氮气氛中保存,如需较久放置,应加 0.025% 4-甲基-2,6-二叔丁基苯酚作抗氧剂。处理四氢呋喃时,应先用小量进行试验,以确定只有少量水和过氧化物,作用不致过于猛烈时,方可进行。

四氢呋喃中的过氧化物可用酸化的碘化钾溶液来试验。如过氧化物很多,应另行处理为宜。

13. 二氯甲烷 CH$_2$Cl$_2$

二氯甲烷的沸点为 40℃,折射率 n_D^{20} 为 1.4242,相对密度 d_4^{20} 为 1.3266。

使用二氯甲烷比氯仿安全,因此常常用它来代替氯仿作为比水重的萃取剂。普通的二氯甲烷一般都能直接做萃取剂用。如需纯化,可用 5% 碳酸钠溶液洗涤,再用水洗涤,然后用无水氯化钙干燥,蒸馏收集 40~41℃ 的馏分,保存在棕色瓶中。

14. 二氧六环 O(CH$_2$CH$_2$)$_2$O

二氧六环的沸点为 101.5℃,折射率 n_D^{20} 为 1.442,相对密度 d_4^{20} 为 1.0336。

二氧六环能与水任意混合,常含有少量二乙醇缩醛与水,长时间存放的二氧六环可能含有过氧化物(鉴定和除去方法参阅乙醚)。二氧六环的纯化方法:在 500mL 二氧六环中加入 8mL 浓盐酸和 50mL 水的溶液,回流 6~10h,在回流过程中,慢慢通入氮气以除去生成的乙醛。冷却后,加入固体氢氧化钾,直到不能再溶解为止,分去水层,再用固体氢氧化钾干燥 24h。然后过滤,在金属钠存在下加热回流 8~12h,最后在金属钠存在下蒸馏,压入钠丝密封保存。

精制过的二氧六环应当避免与空气接触。

附录三 常用酸碱相对密度表

附表2 发烟硫酸的相对密度表

游离 SO_3 质量分数 %	相对密度 d_4^{20}	100mL 水溶液中含游离 SO_3, g	游离 SO_3 质量分数 %	相对密度 d_4^{20}	100mL 水溶液中含游离 SO_3, g
1.54	1.860	2.8	10.07	1.900	19.1
2.66	1.865	5.0	10.56	1.905	20.1
4.28	1.870	8.0	11.43	1.910	21.8
5.44	1.875	10.2	13.33	1.915	25.5
6.42	1.880	12.1	15.95	1.920	30.6
7.29	1.885	13.7	18.67	1.925	35.9
8.16	1.890	15.4	21.34	1.930	41.2
9.43	1.895	17.7	25.65	1.935	49.6

附表3 盐酸相对密度表

HCl 质量分数 %	相对密度 d_4^{20}	100mL 水溶液中含 HCl, g	HCl 质量分数 %	相对密度 d_4^{20}	100mL 水溶液中含 HCl, g
1	1.0032	1.003	22	1.0183	24.38
2	1.0082	2.006	24	1.1187	26.85
4	1.0081	4.007	26	1.1290	29.35
6	1.0279	6.167	28	1.1392	31.90
8	1.0376	8.301	30	1.1492	34.48
10	1.0474	10.47	32	1.1593	37.10
12	1.0574	12.49	34	1.1691	39.75
14	1.0675	14.95	36	1.1789	42.44
16	1.0776	17.24	38	1.1885	45.16
18	1.0878	19.58	40	1.198	47.92
20	1.0980	21.96			

附表4 氢氧化钾相对密度表

KOH 质量分数 %	相对密度 d_4^{20}	100mL 水溶液中含 KOH, g	KOH 质量分数 %	相对密度 d_4^{20}	100mL 水溶液中含 KOH, g
1	1.0083	1.008	12	1.1108	13.33
2	1.0175	2.035	14	1.1299	15.82
4	1.0359	4.144	16	1.1493	19.70
6	1.0544	6.326	18	1.1618	21.04
8	1.0730	8.584	20	1.1884	23.77
10	1.0918	10.92	22	1.2083	26.58

续表

KOH 质量分数 %	相对密度 d_4^{20}	100mL 水溶液中含 KOH,g	KOH 质量分数 %	相对密度 d_4^{20}	100mL 水溶液中含 KOH,g
24	1.2285	29.48	40	1.3991	55.96
26	1.2489	32.47	42	1.4215	59.70
28	1.2695	35.55	44	1.4443	63.55
30	1.2905	38.72	46	1.4673	67.50
32	1.3117	41.97	48	1.4907	71.55
34	1.3331	45.33	50	1.5143	75.72
36	1.3549	48.78	52	1.5382	79.99
38	1.3769	52.32			

附表 5 氢氧化钠相对密度表

NaOH 质量分数 %	相对密度 d_4^{20}	100mL 水溶液中含 NaOH,g	NaOH 质量分数 %	相对密度 d_4^{20}	100mL 水溶液中含 NaOH,g
1	1.0095	1.010	26	1.2848	33.40
2	1.0207	2.041	28	1.3064	36.58
4	1.0482	4.717	30	1.3279	39.84
6	1.0648	6.389	32	1.3490	43.17
8	1.0869	8.695	34	1.3696	46.57
10	1.1089	11.09	36	1.3900	50.04
12	1.1309	13.57	38	1.4101	53.58
14	1.1530	16.14	40	1.4300	57.20
16	1.1751	18.80	42	1.4494	60.87
18	1.1972	21.55	44	1.4685	64.61
20	1.2191	24.38	46	1.4873	68.42
22	1.2411	27.30	48	1.5065	72.31
24	1.2629	30.31	50	1.5253	76.27

附表 6 碳酸钠相对密度表

Na_2CO_3 质量分数 %	相对密度 d_4^{20}	100mL 水溶液中含 Na_2CO_3,g	Na_2CO_3 质量分数 %	相对密度 d_4^{20}	100mL 水溶液中含 Na_2CO_3,g
1	1.0086	1.009	12	1.1244	13.49
2	1.0190	2.038	14	1.1463	16.05
4	1.0398	4.159	16	1.1682	18.50
6	1.0606	6.364	18	1.1905	21.33
8	1.0816	8.653	20	1.2132	24.26
10	1.1029	11.03			

附表7 硫酸相对密度表

H$_2$SO$_4$质量分数 %	相对密度 d_4^{20}	100mL水溶液中含 H$_2$SO$_4$,g	H$_2$SO$_4$质量分数 %	相对密度 d_4^{20}	100mL水溶液中含 H$_2$SO$_4$,g
1	1.0051	1.005	65	1.5533	101.0
2	1.0118	2.024	70	1.6105	112.7
3	1.0184	3.055	75	1.6692	125.2
4	1.0250	4.100	80	1.7272	138.2
5	1.0317	5.159	85	1.7786	151.2
10	1.0661	10.66	90	1.8144	163.3
15	1.1020	16.53	91	1.8195	165.6
20	1.1394	22.79	92	1.8240	167.8
25	1.1783	29.46	93	1.8279	170.2
30	1.2185	36.56	94	1.8312	172.1
35	1.2579	44.10	95	1.8337	174.2
40	1.3028	52.11	96	1.8355	176.2
45	1.3476	60.64	97	1.8364	178.1
50	1.3951	69.76	98	1.8361	179.9
55	1.4453	79.49	99	1.8342	181.6
60	1.4983	89.90	100	1.8305	183.1

附表8 硝酸相对密度表

HNO$_3$质量分数 %	相对密度 d_4^{20}	100mL水溶液中含 HNO$_3$,g	HNO$_3$质量分数 %	相对密度 d_4^{20}	100mL水溶液中含 HNO$_3$,g
1	1.0036	1.004	65	1.3913	90.43
2	1.0091	2.018	70	1.4134	98.94
3	1.0146	3.044	75	1.4337	107.50
4	1.0201	4.080	80	1.4521	116.20
5	1.0256	5.128	85	1.4686	124.80
10	1.0543	10.54	90	1.4826	133.40
15	1.0842	16.26	91	1.4850	135.10
20	1.1150	22.30	92	1.4873	136.80
25	1.1469	28.67	93	1.4892	138.50
30	1.1800	35.40	94	1.4912	140.20
35	1.2140	42.49	95	1.4932	141.90
40	1.2463	49.85	96	1.4952	143.50
45	1.2783	57.52	97	1.4974	145.20
50	1.3100	65.50	98	1.5008	147.10
55	1.3393	73.65	99	1.5056	149.10
60	1.3667	82.00	100	1.5129	151.30

附录四 常用有机化合物的物理常数

附表9 常用有机化合物的物理常数表

化学式名称	相对分子质量	沸点 ℃	熔点 ℃	相对密度 d_4^{20}	折射率	溶解性
CS_2 二硫化碳	76.13	46.25	−111.53	1.2632	1.6319	
HCHO 甲醛	30.03	−21	−92	0.815		水、乙醇、乙醚、丙酮、苯
HCO_2H 甲酸	46.03	100.7	8.4	1.220	1.3714	水、乙醇、乙醚、丙酮、苯
$BrCH_2COOH$ 溴乙酸	138.95	208	50	$1.9335^{50/4}$	1.4804^{50}	水、乙醇、乙醚、丙酮、苯
$CH_2=CH_2$ 乙烯	28.05	−103.7	−169		1.363^{-100}	乙醚
C_2H_4O 环氧乙烷	44.06	13.2^{746}	−111	$0.8824^{10/10}$	1.3597	水、乙醇、乙醚、丙酮、苯
CH_3CHO 乙醛	44.05	20.8	−121	0.7834	1.3316	乙醇、苯
$HCOOCH_3$ 甲酸甲酯	60.05	31.5	−99	0.9742	1.3433	水、乙醇、乙醚
CH_3COOH 乙酸	60.05	$117.9, 17^{10}$	16.6	1.0492	1.3716	水、乙醇、丙酮、苯
C_2H_5Cl 氯乙烷	64.51	12.3	−136.4	0.8978	1.3676	乙醇、乙醚
C_2H_5Br 溴乙烷	108.97	38.4	−118.6	1.4604	1.4239	乙醇、乙醚、氯仿
CH_3CH_2I 碘乙烷	55.97	72.3	−108	1.9358	1.5133	乙醇、乙醚
$HCONHCH_3$ N−甲基甲酰胺	59.07	198~199		$1.011^{25/4}$	1.4319	水、乙醇、丙酮
CH_3CH_2OH 乙醇	46.07	78.5	−117.3	0.7893	1.3611	水、乙醚、丙酮、苯
$HOCH_2CH_2OH$ 乙二醇	62.07	197.2	−11.5	1.1088	1.4318	水、乙醇、乙醚、丙酮
$(CH_3)_2NH$ 二甲胺	45.08	7.4	−93	0.680	1.350	水、乙醇、乙醚

续表

化学式名称	相对分子质量	沸点 ℃	熔点 ℃	相对密度 d_4^{20}	折射率	溶解性
$C_2H_5NH_2$ 乙胺	45.08	16.6	−81	0.6829	1.3663	水、乙醇、乙醚
$H_2NCH_2CH_2NH_2$ 乙二胺	60.10	116.5	8.5	$0.8995^{20/20}$	1.4568	水、乙醇
C_3H_6 环丙烷	42.08	−32.7	−127.6	$0.720^{-79/4}$	1.3799^{-425}	乙醇、乙醚、苯
CH_3COCH_3 丙酮	58.08	56.2	−95.35	0.7899	1.3588	水、乙醇、乙醚
$HCOOC_2H_5$ 甲酸乙酯	74.08	54.5	−80.5	0.9168	1.3598^{10}	水、乙醇、乙醚、丙酮
CH_3COOCH_3 乙酸甲酯	74.08	57	−98.1	0.9330	1.3595	乙醇、乙醚、水、丙酮、苯、氯仿
$CH_3CONHCH_3$ N-甲基乙酰胺	73.09	204~206	28	$0.9517^{25/4}$	1.4301	水、乙醇、乙醚、丙酮、苯
$HCON(CH_3)_2$ N,N-二甲基甲酰胺	73.09	149~156	−60.5	0.9487	1.4305	水、乙醇、乙醚、丙酮、苯、氯仿
$HSCH_2CH(NH_2)CO_2H$ L-半胱氨酸	121.15		240 分解			水、乙醇、乙酸
$HOCH_2CH(OH)CH_2OH$ 甘油（丙三醇）	92.09	290 分解	20	1.2613	1.4746	水、乙醇
$C_2H_5NHCH_3$ 甲乙胺	95.57		126~130	1.0874		水、乙醇、乙醚、丙酮
C_4H_4O 呋喃	68.08	31.4	−85.6	0.9514	1.4214	乙醇、乙醚、丙酮、苯
$CH_3CH=CHCHO$ 巴豆醛	70.09	104~105	−74	$0.8495^{25/4}$	1.4355	乙醇、乙醚、丙酮、苯
$CH_3CH=CHCHO$ 2-丁烯醛	70.09	104~105	−74	$0.8495^{25/4}$	1.4366	乙醇、乙醚、丙酮、苯
$CH_3COCOCH_3$ 丁二酮	86.09	88	−2.4	$0.9808^{18.5/4}$	1.3951	水、乙醇、乙醚、丙酮
$CH_3CH=CHCO_2H$（顺） 2-丁烯酸	86.09	169.3	15.5	1.0267	1.448314	水、乙醇
$CH_3COOCH=CH_2$ 乙酸乙烯酯	86.09	72.3	−93.2	0.9317	1.3959	乙醇、乙醚、丙酮、苯、氯仿
$(CH_3CO)_2O$ 乙酸酐	102.09	139.55	−73.1	1.0820	1.39006	乙醇、乙醚、苯、水

续表

化学式名称	相对分子质量	沸点 ℃	熔点 ℃	相对密度 d_4^{20}	折射率	溶解性
$CH_3CH_2CH=CH_2$ 1-丁烯	56.11	-6.3	-185.3	0.5951	1.3962	乙醇、乙醚、苯
$CH_3CH_2CHBrCH_2Br$ 1,2-二溴丁烷	215.92	166.3	-65.4	1.7915	1.4025	乙醚、氯仿
$CH_3CH_2CH_2CHO$ 丁醛	72.11	75.7	-99	0.8170	1.3843	水、乙醇、乙醚、丙酮、苯
$(CH_3)_2CHCHO$ 异丁醛	72.11	64.2~64.6		0.7938	1.3730	水、乙醚、丙酮、氯仿
$CH_3CH_2COCH_3$ 2-丁酮(甲乙酮)	72.11	79.6	-86.3	0.8054	1.3788	水、乙醇、乙醚、丙酮、苯
$CH_3CH_2CH_2COOH$ 丁酸	88.11	165.5	-4.5	0.9577	1.3986	乙醇、乙醚
$(CH_3)_2CHCOOH$ 2-甲基丙酸	88.11	153.2	-46.1	0.9681	1.3930	乙醇、乙醚
$C_2H_5OCH_2COOH$ 乙氧基乙酸	104.11	206~207		1.1021	1.4194	水、乙醇、乙醚
$CH_3CH_2CH_2CH_2Cl$ 1-氯丁烷	92.57	78.44	-123.1	0.8862	1.4021	乙醇、乙醚
$(CH_3)_2CHCH_2Cl$ 1-氯-2-甲基丙烷	92.57	68~70	-130.3	0.8810	1.39841	乙醚、丙酮、氯仿
$CH_3CH_2CHClCH_3$ 2-氯丁烷	92.57	68.2	-131.3	0.8732	1.3971	乙醇、乙醚、苯、氯仿
$CH_3CH_2CH_2CH_2Br$ 1-溴丁烷	137.02	101.6	-112.4	1.2758	1.4401	乙醇、乙醚、丙酮、氯仿
$(CH_3)_2CHCH_2Br$ 1-溴-2-甲基丙烷	137.02	91.7	-117.4	1.2532	1.4348	乙醇、乙醚、丙酮、氯仿
$(CH_3)_3CBr$ 2-溴-2-甲基丙烷	137.02	73.25	-16.2	1.2209	1.4278	
$ClCH_2CH_2CH_2CH_2OH$ 4-氯-1-丁醇	108.57	84~85[16]		1.0833	1.4518	乙醇、乙醚
$CH_3CH_2CH_2CONH_2$ 丁酰胺	87.12	216	114.8	$0.8855^{120/4}$	$1.4087^{130/4}$	乙醇
$CH_3CH_2CH_2CH_2OH$ 正丁醇	74.12	117.2	-89.5	0.8098	1.3993	水、乙醇、丙酮、苯
$(CH_3)_2CHCH_2OH$ 2-甲基-1-丙醇	74.12	108.1		0.8018	1.3955	乙醇、乙醚、丙酮

续表

化学式名称	相对分子质量	沸点 ℃	熔点 ℃	相对密度 d_4^{20}	折射率	溶解性
$(dl)CH_3CH_2CH(OH)CH_3$ (dl)2-丁醇	74.12	99.5		0.8063	1.3978	乙醇、乙醚、丙酮、苯
$(d)CH_3CH_2CH(OH)CH_3$ (d)2-丁醇	74.12	99.5		0.8080	1.3954	水、乙醚、丙酮、苯
$(l)CH_3CH_2CH(OH)CH_3$ (l)2-丁醇	74.12	99.5		0.8070	1.3975	乙醇、乙醚、丙酮、苯
$(CH_3)_3COH$ 2-甲基-2-丙醇	74.12	82.3	25.5	0.7887	1.3878	水、乙醇、乙醚
$C_2H_5OC_2H_5$ 乙醚	74.12	34.5	116.2	0.7138	1.3526	乙醇、丙酮、苯、氯仿
C_5H_8 环戊烯	68.2	44.2	-135	0.7720	1.4225	乙醇、乙醚、苯
$CH_3COC_3H_5$ 环丙甲酮	84.12	114	68.4	0.8984	1.4251	水、乙醇、乙醚
$C_3H_7COOCH_3$ 丁酸甲酯	102.13	102	-84.8	0.8984	1.3878	乙醇、乙醚
$CH_3COCH_2COOCH_3$ 乙酰乙酸甲酯	116.12	171.7	27~28	1.0762	1.4184	水、乙醇、乙醚
C_5H_{10} 环戊烷	70.13	49.2	-93.9	0.7457	1.4065	乙醇、乙醚、丙酮、苯
C_5H_9OH 环戊醇	86.13	140.8	-19	0.9478	1.4530	乙醇、乙醚、丙酮
$CH_3COOC_3H_7$ 乙酸丙酯	102.12	101.6	-95	0.8878	1.3842	乙醇、乙醚
$CH_3COOC_3H_7$ 乙酸异丙酯	102.13	90	-73.4	0.8718	1.373	乙醇、乙醚、丙酮、水

注：1. 熔点与沸点这两项除另有注明者外，均指在760mmHg时的温度。注明"分解""升华"者，表示该物质受热到相当温度时分解或升华。

2. 相对密度如没有特别说明，一般表示20℃/4℃相对密度，即表示物质在20℃时相对于4℃水的密度。特殊情况于右上角注明。

3. 折射率如未特别说明，一般表示为 n_D^{20}，即以钠光灯为光源，20℃时所测得的 n 值。条件不同时另行注明。

附录五 常用试剂的配制程序及方法

一、配制程序

试剂瓶按清洁程序清洗干净烘干，将配好的指示液装进试剂瓶，贴上指示液标签，在瓶签上记录指示液名称、配制时间、配制人、储存期、配制依据,有序地放在试剂架上。指试剂应在储存期内使用,过期不得使用,须重新配制。

二、配制方法

1. 饱和亚硫酸氢钠溶液

在100mL40%亚硫酸氢钠溶液中,加入不含醛的无水乙醇25mL。

混合后,如有少量的亚硫酸氢钠结晶析出,必须过滤除去,或倾泻上层清液。此溶液不稳定,容易被氧化和分解,因此不能保存很长时间,实验前配置为宜。

2. 2,4-二硝基苯肼试剂

取2,4-二硝基苯肼3g,溶于15mL浓硫酸,将此酸性溶液慢慢加入70mL95%乙醇中,再加蒸馏水稀释到100mL,过滤,取滤液保存在棕色瓶中。

3. 羟胺溶液

取5g羟胺盐酸盐,溶解在50mL水中。

4. 碘—碘化钾溶液

取2g碘和5g碘化钾溶于100mL水中,搅拌全部溶解为止。

5. 1%酚酞溶液

取1g酚酞溶于90mL95%乙醇中,再加水稀释至100mL。

6. 卢卡斯(Lucas)试剂

卢卡斯试剂又称为氯化锌—盐酸试剂,取34g无水氯化锌放入蒸发皿中,强热熔融,并搅拌片刻。放置稍冷却后,转移到研钵中,研碎,在搅拌与冷却下,将此无水氯化锌溶于23mL浓盐酸(密度为1.19g/mL),此试剂一般用前配。

7. 费林(Fehling)试剂

费林试剂A:溶解3.5g硫酸铜晶体($CuSO_4 \cdot 5H_2O$)于100mL水中,如混浊,要进行过滤。

费林试剂B:溶解酒石酸钾钠晶体17g于15~20mL热水中,加入20mL20%氢氧化钠,稀释到100mL。

上述两种溶液要分别储藏,使用时取等量试剂A及试剂B混合。

由于氢氧化铜是沉淀,不易与样品作用。加入酒石酸钾钠,可与铜离子配合,形成深蓝色的溶液。

8. 希夫(Schiff)试剂

希夫试剂有三种配制方法。

(1)将0.2g对品红盐酸盐溶于100mL新制的冷却饱和二氧化硫溶液中,放置数小时,直至溶液无色或淡黄色,再用蒸馏水稀释至200mL,注入玻璃瓶中,塞紧瓶口,以免二氧化硫逸出。

(2)溶解0.5g对品红盐酸盐于100mL热水中,冷却后通入二氧化硫至饱和,至粉红色消失,加入0.5g活性炭振荡过滤,再用蒸馏水稀释到500mL。

(3)溶解0.2g对品红盐酸盐于100mL热水中,冷却后,加入2g亚硫酸氢钠和2mL浓盐酸,最后用蒸馏水稀释到200mL。

品红溶液原为粉红色,被二氧化硫饱和后变成无色的希夫试剂。醛类与希夫试剂作用后,反应液呈紫红色。

9. 托伦(Tollens)试剂

加 20mL 5%硝酸银溶液于一干净试管内,加入 1 滴 10%氢氧化钠溶液,然后滴加 2%氨水,振摇,直至沉淀刚好溶解,此即得托伦试剂。

配制托伦试剂应防止加入过量的氨水,否则将生成雷酸银。受热后将引起爆炸,试剂本身还将失去灵敏性。托伦试剂久放后将析出黑色的氮化银(Ag_3N)沉淀,它受震动时分解,将发生猛烈爆炸(有时潮湿的氮化银也能引起爆炸)。因此,托伦试剂必须现用现配。

10. 氯化亚铜氨溶液

取 1g 氯化亚铜加 1~2mL 浓氨水和 10mL 水,用力摇动后静置片刻,倾倒出溶液,并投入一块铜片(或一根铜丝)储存备用。

亚铜盐很容易被空气中的氧氧化成二价铜,此时,试剂呈蓝色,将掩盖乙炔亚铜的红色,为了便于观察现象,可在温热的试剂中滴加 20%盐酸羟胺($HONH_2 \cdot HCl$)溶液至蓝色褪去后,再通入乙炔,羟胺是一种强还原剂,可将 Cu^{2+} 还原成 Cu^+。

11. 刚果红试纸

取 0.2g 刚果红溶于 100mL 蒸馏水制成溶液,将滤纸放在刚果红溶液中浸透后,取出晾干,裁成纸条(长 70~80mm、宽 10~20mm),滤纸呈鲜红色。

刚果红适用于作酸性物质的指示剂,pH 值 3~5 时为变色范围。刚果红与弱酸作用显蓝黑色,与强酸作用显稳定蓝色,遇碱则又变红。

12. 本尼迪克特试剂

在 400mL 烧杯中使用 100mL 热水溶解 20g 柠檬酸钠和 11.5g 无水碳酸钠。在不断搅拌下将 2g 硫酸铜结晶的 20mL 水溶液慢慢地加到此柠檬酸钠和碳酸钠溶液中。此混合液应十分清澈,否则需过滤。本尼迪克特试剂在放置时不易变质,也不必像费林试剂那样配成 A、B 液再分别保存,所以比费林试剂作用方便。

13. α-萘酚酒精试剂

取 α-萘酚 10g 溶于 95%酒精内,再用 95%酒精稀释至 100mL,用前配制。

14. 间苯二酚—盐酸试剂

取间苯二酚 0.05g 溶于 50mL 浓盐酸内,再用水稀释至 100mL。

参考文献

段益琴,2013. 有机化学与实验操作技术. 北京:化学工业出版社.
高职高专化学教材编写组,2001. 有机化学实验. 上海:华东师范大学出版社.
关烨第,2002. 有机化学实验. 北京:北京大学出版社.
焦家俊,2000. 有机化学实验. 上海:上海交通大学出版社.
李明,李国强,杨丰科,2001. 基础有机化学实验. 北京:化学工业出版社.
李兆陇,阴金香,林天舒,2000. 有机化学实验. 北京:清华大学出版社.
刘新泳,等,2011. 实验室有机化合物制备与分离纯化技术. 北京:人民卫生出版社.
马学兵,2008. 有机物制备. 重庆:西南师范大学出版社.
麦禄根,2001. 有机化学实验. 上海:华东师范大学出版社.
索陇宁,2012. 有机化学实验技术. 北京:化学工业出版社.
周志高,初玉霞,2008. 有机化学实验. 北京:高等教育出版社.
朱红,朱英,2002. 综合性与设计性化学实验. 徐州:中国矿业大学出版社.